"十二五"职业教育国家规划教材

全国电力行业"十四五"规划教材

U0662011

工程热力学

（第三版）

主　编　彭　丹　杜雅琴

副主编　黄　蓉　吴　珂

编　写　杜婷婷　秦光耀

主　审　张天孙　张明智

中国电力出版社
CHINA ELECTRIC POWER PRESS

内 容 提 要

本书主要讲述工程热力学的基本概念、热力学基本定律、工质的热力性质、各种热力过程和热力循环的分析计算等。本书注意联系工程实践，编写时按照高职高专教育"必需、够用"的原则，突出实用性和针对性；另外在选取例题、思考题和习题时，结合热工理论在火力发电厂以及工程中的具体运用，力求使其体现代表性、启发性和灵活性；本书配有丰富的微课、动画等教学资源，涵盖大部分教学重难点，可用于指导学生自学。

本书主要作为高职高专热能动力工程技术、发电运行技术、供热通风与空调工程技术等专业的教材，也可作为电力行业的职业资格和岗位技能培训教材，还可作为相关工程技术人员的参考用书。

图书在版编目（CIP）数据

工程热力学/彭丹，杜雅琴主编. —3 版. —北京：中国电力出版社，2024.8
ISBN 978-7-5198-8891-6

Ⅰ.①工… Ⅱ.①彭…②杜… Ⅲ.①工程热力学－高等职业教育－教材 Ⅳ.①TK123

中国国家版本馆 CIP 数据核字（2024）第 099384 号

出版发行：中国电力出版社
地　　址：北京市东城区北京站西街 19 号（邮政编码 100005）
网　　址：http://www.cepp.sgcc.com.cn
责任编辑：李　莉（010-63412538）
责任校对：黄　蓓　郝军燕
装帧设计：王红柳
责任印制：吴　迪

印　　刷：北京雁林吉兆印刷有限公司
版　　次：2015 年 2 月第一版　2024 年 8 月第三版
印　　次：2024 年 8 月北京第一次印刷
开　　本：787 毫米×1092 毫米　16 开本
印　　张：12.75 插页 2
字　　数：311 千字
定　　价：40.00 元

※ 前 言

本书配套资源

为认真贯彻落实《国家职业教育改革实施方案》（职教 20 条）精神，着力推动职业教育"三教"（教师、教材、教法）改革，本书坚持突出职教特色、产教融合的原则，遵循技术技能人才成长规律，知识传授与技术技能培养并重，充分体现"精讲多练、够用、适用、能用、会用"的原则，主动服务于分类施教、因才施教的需要。

本书从工程实际出发，紧密联系生产实际，力求体现新技术、新工艺和新方法，充分体现科技发展、注重工匠精神及团队合作能力的培养，不但适合高职院校热能动力工程技术等相关专业在校学生"1＋X证书"学习的需要，也适用于相关专业领域技能型培训学员的培训和自学。

本书主要特点如下：

（1）基于本课程的性质和使用对象，按照必需、够用的原则，简化理论公式的推导，通过列举大量生活实例、自然现象和企业生产现场的真实设备，定性定量分析。

（2）及时将新技术、新工艺、新规范纳入教学标准和教学内容，强化学生实验实践。

（3）持续推进信息化资源建设，增加了大量微课、动画等教学资源，推进教材数字化、立体化的建设。

（4）补充和丰富趣味性强、联系紧密、行业指标突出的案例、例题和习题。

参加此次修订工作的有：郑州电力高等专科学校彭丹（绪论，第二、五章），郑州电力高等专科学校杜雅琴（第一、四、六章及部分课后习题），西安电力高等专科学校黄蓉（第三章及部分课后习题），郑州电力高等专科学校秦光耀（第七章），濮阳豫能发电责任有限公司杜婷婷（第八章），郑州电力高等专科学校吴珂（第九章）。彭丹、杜雅琴担任主编，其中彭丹负责全书的统稿工作。配套教学资源由彭丹、杜雅琴主持制作。

鉴于编者水平有限，难免有疏漏与不妥之处，恳请广大同行专家和读者批评指正。

编 者
2024.8

⁂ 第一版前言

　　本书主要讲述工程热力学的基本概念、基本定律、理想气体和水蒸气的热力性质、各种热力过程和热力循环的分析及计算等内容。除此之外，还适当选择熵产、㶲损失、双气联合循环等方面的内容，讲述了热工理论在火力发电厂中的具体运用。

　　本书注意联系工程实践，编写时按照高职高专教育"必需、够用"的原则，突出实用性和针对性，重视应用基本理论解决工程实践问题，注意学生创新能力的培养。本书参考了国内外同类教科书的特色，力图使所叙述内容寓理深刻而表述浅明，做到雅俗共赏，言简意赅，突出实用性、针对性。本书在选取例题、思考题和习题时，结合热工理论在火力发电厂以及工程中的具体运用，力求使其有代表性、启发性和灵活性。为了便于学生的学习，每章章首开宗明义指出重点，注意强调和专业课程相关的知识要点；章尾有总结概括的小结，起到提纲挈领的作用，达到融会贯通的目的；同时编者在附录中配有各章习题的解题过程和答案，供读者学习参考。书中带有 * 的内容是相对独立的，可根据教学的具体情况，部分或全部删减，并不影响全书的系统性。本书配有编者精心编写的电子教案，可以用于教师授课的参考和学生学习的指导。书后附有常用的理想气体和水蒸气各种热力性质图表。

　　参加本书编写工作的有：郑州电力高等专科学校杜雅琴（绪论，第一、二、六、七章及习题解答）；郑州电力高等专科学校尚玉琴（第四、五、八章）；西安电力高等专科学校黄蓉（第三章）；郑州电力高等专科学校彭丹（第九章）；杜雅琴、尚玉琴任主编，杜雅琴负责全书的统稿工作。本书的电子教案由郑州电力高等专科学校杨小琨和西安电力高等专科学校黄蓉主持编制。

　　本书由太原电力高等专科学校张天孙教授和华北电力大学张明智教授担任主审，编者十分感谢主审人对本书提出的宝贵意见，使编者受益匪浅。在编写过程中还得到了同行们的关心和支持，在此致以深深的谢意。

　　由于编者水平有限，书中难免存在疏漏和不妥之处，恳请读者批评指正。

编　者

2014.12

第二版前言

工程热力学课程是电厂热能动力装置、火电厂集控运行专业的必修课程和核心专业技术基础课程。主要研究热能和其他形式能量间的相互转换以及能量与物质特性之间的关系。通过本课程的学习，能掌握能量转换与传递的基本规律，并能正确运用这些规律进行各种热现象、热力过程和热力循环的分析，为培养学生的创新能力打好坚实的热力学基础；而且也为从事电厂集控运行、动力设备检修、维护、安装和技术管理等岗位工作提供重要的知识、能力和素质，使学生能正确地应用基本理论分析和解决电厂系统和热力设备的安全经济运行。

本书的编写成员既有有长期从事教学工作的一线教师，又有在企业工作多年、从事热力设计及分析的工程技术人员，编写团队互补角色，共享资源，分工精确，参编人员扬长避短，相互补益，精益求精，提升教材质量，使得本书既符合高等职业教育的教学基本要求，又融入职业岗位的工作内容和职业标准，具有鲜明的职业特征。

本教材在以多媒体教学、线上线下教学、理实一体教学、云课堂、雨课堂、翻转课堂为基础；运用文字、图片、视频编辑软件（Word/PPT/Camtasia），依托共建共享平台——云课堂智慧职教，校企"双元"合作开发，逐步扩大优质资源覆盖面；注重结合后续专业课程（锅炉设备及运行、汽轮机设备及运行、热力发电厂等）关联知识要点。扫描二维码可获取本书部分数字资源。

本书编写分工如下：郑州电力高等专科学校杜雅琴副教授负责绪论，第一、二、六章，西安电力高等专科学校黄蓉副教授负责三、四、五章的编写和大部分微课制作，郑州电力高等专科学校吴珂副教授参与编写第七章部分内容及课后习题的答案解析，郑州电力高等专科学校彭丹参与编写第八、九部分内容和制作部分课程动画，郑州电力高等专科学校杨小琨副教授负责制作课件，中国启源工程设计研究院有限公司高级工程师戚琳参与部分微课制作，濮阳豫能发电有限责任公司杜婷婷参与部分动画制作。杜雅琴和黄蓉任主编，负责全书的统稿工作。

本书由山西大学（原太原电力高等专科学校）张天孙教授和华北电力大学张明智教授担任主审，同时在编写过程中得到了同行的支持与协助，在此一并表示感谢！

由于编者水平所限，书中难免存在疏漏和不妥之处，恳请读者批评指正。

编　者
2019.8

主 要 符 号

拉丁字母

A	面积，m^2
a	声速，m/s
c	质量热容（比热容），J/(kg·K)，流体流速，m/s
c'	体积热容，J/(m^3·K)
c_m	摩尔热容，J/(mol·K)
c_p	比定压热容，J/(kg·K)
c_V	比定容热容，J/(kg·K)
d	汽耗率，kg/J，含湿量，g/kg
E	总能（储存能），J
e	比总能，J/kg
E_L	㶲损，J
e_L	比㶲损，J/kg
E_x	㶲，J
e_x	比㶲，J/kg
$E_{x,Q}$	热量㶲，J
$e_{x,q}$	比热量㶲，J/kg
E_k	宏观动能，J
E_p	宏观位能，J
F	力，N
H	焓，J
h	比焓，J/kg
M	千摩尔质量，kg/kmol
Ma	马赫数
m	质量，kg
n	物质的量，kmol；多变指数
P	功率，W
p	绝对压力，Pa
p_b	大气压力，背压，Pa
p_g	表压力，Pa
p_i	分压力，Pa
p_s	饱和压力，Pa
p_v	真空值，Pa；湿空气中水蒸气的分压力，Pa

Q	热量，J
q	比热量，J/kg
q_m	质量流量，kg/s
q_V	体积流量，m^3/s
R	普适气体常数，J/(mol·K)
R_g	气体常数，J/(kg·K)
S	熵，J/K
s	比熵，J/(kg·K)
S_g	熵产，J/K
s_g	比熵产，J/(kg·K)
S_f	熵流，J/K
s_f	比熵流，J/(kg·K)
T	热力学温度，K
t	摄氏温度，℃
t_d	露点温度，℃
t_s	饱和温度，℃
U	热力学能，J
u	比热力学能，J/kg
V	体积，m^3
v	比体积，m^3/kg
V_c	余隙容积，m^3
V_m	千摩尔体积，m^3/kmol
W	体积功，J
w	比体积功，J/kg
W_{net}	循环净功，J
w_{net}	比循环净功，J/kg
W_t	技术功，J
w_t	比技术功，J/kg
W_s	轴功，J
w_s	比轴功，J/kg
w_i	质量分数
x	干度
x_i	摩尔分数

希腊字母

α	抽汽率

γ	汽化潜热，J/kg	φ	相对湿度；喷管速度系数
ε	制冷系数	φ_i	体积分数
ε'	供热系数（热泵系数）	π	增压比
η_C	卡诺循环热效率	β	压力比
η_t	循环热效率	β_{cr}	临界压力比
κ	质量热容比（比热容比）；等熵指数		

※ 目 录

前言
第一版前言
第二版前言
主要符号

绪　　论

第一节　能源及热能的利用

一、能源的定义和分类

能源是人类生产生活的基础。广义能源的定义是指能够提供能量的资源。按照我国能源法中关于能源的描述，是指产生热能、机械能、电能、核能和化学能等能量的资源，主要包括煤炭、石油、天然气（含页岩气、煤岩气、生物天然气等）、核能、氢能、风能、太阳能、水能、生物质能、地热能、海洋能、电力和热力以及其他直接或者通过加工、转换而取得有用能的各种资源。

能源种类和形式多样，分类方法众多。

按其是否天然可获得，可分为一次能源：直接来自自然界的能源，如原煤、原油、天然气、太阳能、水能、风能、核能、地热能、生物能等；二次能源：通过一次能源加工或转换而来的能源，如电力、热力、成品油、沼气、洗煤、焦炭等。

按能源的使用能耗分类，可分为不可再生能源：随着人类的利用不断减少，如煤炭、石油、天然气等；可再生能源：不会随着人类的利用而减少，可以不断重复产生，风能、太阳能、水能、生物质能、地热能、海洋能等。

二、热能的利用

热能的利用有两种基本方式。一是热能的直接利用。直接利用就是不对其能量形式加以转换而直接利用，如在冶金、化工、食品等工业和生活中的应用。二是热能的间接利用。间接利用就是将热能转换为其他能量形式之后再进行利用，如将热能转化为机械能或电能，为人类社会的各方面提供动力。热力发电厂、机动车辆、船舶、飞机的热动力装置均属于此类。绝大多数的机械能和电能是由热能转换而来，水能和风能的利用却极为有限。机械能与电能之间的能量转换在理论上可以 100％地相互转换，而且实现也较为简单，但将热能转换为机械能或电能的有效利用程度较低。即使是当代最先进的大型燃气蒸汽联合循环发电装置热效率也只有 57％，而且实现热功转换的设备系统和过程也较为复杂。因此，如何更有效地实现热能与机械能的转换，是一个十分重要而迫切的课题。人们一直在寻找使热能或燃料化学能直接转变为电能的方法，如磁流体发电、太阳能电池、燃料电池等。

第二节　能量转换装置的工作过程

热能的转换与利用离不开能量转换装置，如蒸汽动力装置、内燃机、燃气轮机、制冷装置、空调装置等。

一、蒸汽动力装置的工作过程

热能转化为机械能是通过热能动力装置实现的，目前在工程上热能动力装置

微课 0-1　能量转换装置的工作过程

使用较多的有两种，即蒸汽动力装置和燃气动力装置。

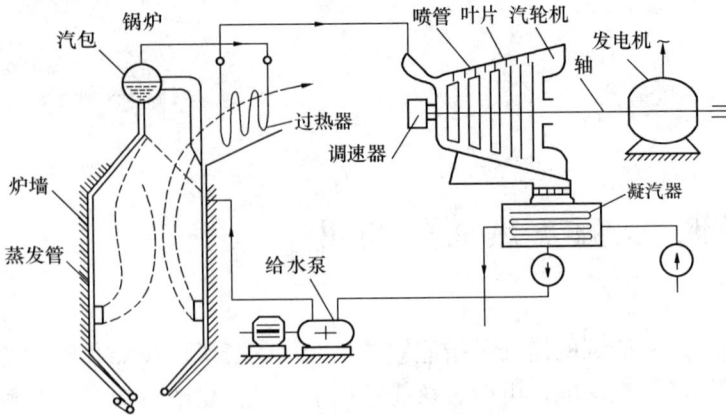

图 0-1　火力发电厂蒸汽动力装置示意

在火力发电厂中，热能转化为机械能是由蒸汽动力装置实现的。图 0-1 为火力发电厂蒸汽动力装置示意，它的主要设备包括锅炉、汽轮机、凝汽器、水泵等。

燃料在锅炉炉膛内燃烧产生高温烟气，燃料的化学能转变为烟气的热能。烟气的热能传递给锅炉的省煤器、水冷壁、过热器内的工质，工质受热变为高温的过热蒸汽，过热蒸汽经管道输送至汽轮机。在汽轮机的喷管中，蒸汽的压力降低，速度提高，利用蒸汽所获得的动能冲动汽轮机转子上的叶片，使汽轮机转子旋转，从而将蒸汽的热能转变为机械能，通过轴转动向外做功；汽轮机再带动发电机转子旋转而发出电能。做功后的蒸汽在冷凝器中放热而凝结成水，再由给水泵经低压加热器、除氧器、高压加热器送回锅炉，如此周而复始，就使燃料燃烧时释放的热能连续不断地变为电能。

从火电厂生产过程可以看出，省煤器、过热器、水冷壁、冷凝器等热力设备中进行的是热量的传递，而在汽轮机中进行的是热能向机械能的转化。

二、制冷装置的工作过程

制定一个低温环境并维持低温是利用制冷装置来实现的。制冷装置通过工质的循环将热能从低温物体移出并排向高温物体。图 0-2 为采用氟利昂为制冷剂的蒸汽压缩式制冷装置示意。低温低压的氟利昂蒸汽从蒸发器被吸入压缩机后，经压缩机压缩变为高温高压的过热蒸汽，送到凝汽器冷凝为高压液态氟利昂，再经膨胀机降压降温后送回蒸发器，吸收热量后汽化为蒸汽，蒸发器室则形成并保持

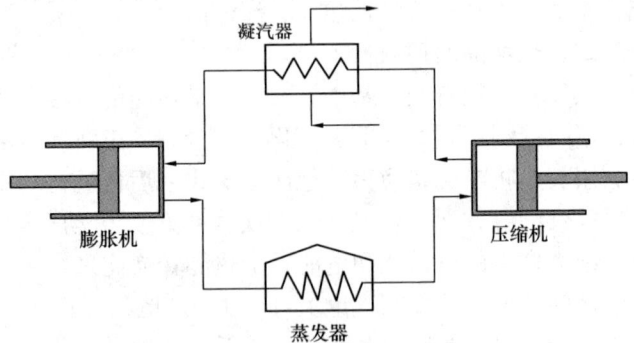

图 0-2　蒸汽压缩式制冷装置示意

低温环境。在这个制冷装置中，压缩机需要消耗机械能循环才能够不断进行。

三、能量转换装置的共同特性

蒸汽动力装置、制冷装置等能量转换装置的结构与工作方式虽然不同，但它们却有共同的特性。

（1）能量转换装置在工作中都需要工作介质（工质）的参与，尽管装置中使用的工质物性不同，但在能量转换中的作用是相同的。

（2）能量转换是在工质状态不断的变化中实现的。各种能量转换装置中要实现能量转换，工质都必然经历压缩、吸热、膨胀、放热等热力过程。

（3）能量转换是在周而复始的循环中完成的。蒸汽动力循环中将吸热量的一部分转变为机械能，制冷循环则消耗机械能，将热量从低温物体排向高温物体。

能量的转换及热量的传递是能量转换设备中的主要过程。如何使能量转换在最有利的条件下进行，直接关系到能量转换装置的经济性，而这些内容正是工程热力学所讨论的内容。

第三节　热力学发展简史

热现象是人们最常接触到的自然现象之一。人类最早利用热现象为自己服务，虽可追溯到钻木取火，但研究热现象并使之成为一门科学，则直到 19 世纪中叶才得以完成。

18 世纪中叶瓦特发明蒸汽机，实现了大规模的热能到机械能的转换，推动了欧洲的工业革命，也激发了人们研究热现象的兴趣。但是直到 18 世纪末，一种错误的热素说仍广为流传。热素说认为：热是一种没有质量的、不生不灭的物质，称为"热素"，它可以透入一切物体，物体的热和冷取决于所含热素的多少。由于热素说无法解释诸如摩擦生热等现象，人们开始认为热应该是和物质运动相关联的。伦福德于 1798 年首先提出，制造大炮时炮筒和切屑都产生高温，但并没有热素流入，因此，热必定与切屑时的运动有关。

1842 年迈耶首先提出热是一种能量形式，它可以和机械能相互转换，但总的能量保持不变。到 1850 年，焦耳以多种实验方法测定了热和功的当量关系。至此，关于能量守恒和转换的原理，即热力学第一定律，终于取代热素说而得以确认。

关于热力学第二定律，卡诺于 1824 年在研究提高蒸汽机效率的基础上最先指出，只要有温差存在，就能产生动力，热机必须在不同温度的热源之间工作，而热机的工作效率取决于高温热源和低温热源的温度，就像水轮机的效率取决于高、低水位的落差一样。卡诺的研究涉及热能转变为机械能的条件和效率（即热力学第二定律的内容），但卡诺所处的时代，热素说还占统治地位，卡诺也不例外，他的结论虽然是正确的，但他对热能本质的理解却是错误的，他只是猜到了热力学第二定律。

热力学第二定律的确立，应归功于克劳修斯。他于 1850 年提出了热力学第二定律的如下表述：热不可能自发地、不付任何代价地由低温物体传向高温物体，并以这一表述为前提正确论证了卡诺定理。

热力学两个基本定律的建立，构建了热力学理论的框架，指导了热机的发展和不断完善，并被推广应用于其他科技领域。

此后，能斯特于 1912 年在研究低温现象的基础上，提出了绝对零度不可能达到的原理，也被称作热力学第三定律。

如上所述，热力学理论在生产实践和科学实验中建立并充实，反过来它又推动了生产和科学技术的发展。在初期它所涉及的主要是热能和机械能的转换，以后由于热力学在化工、冶金、制冷、空调以及低温、超导、反应堆以及气象、生物等各个方面获得了越来越广泛的应用，因而它的研究范围目前已扩大到化学、物理化学、电、磁、辐射等现象。

第四节　工程热力学的研究内容及研究方法

一、工程热力学的研究对象和主要内容

热力学是研究与热现象有关的能量转换规律的科学，工程热力学是热力学最早发展起来

的一个分支，侧重于热力学基本原理在工程上的具体应用，其主要研究对象是热能与机械能及其他形式的能量之间相互转换规律的一门学科，其目的是改进和完善实现能量转换的热工设备，提高能量转换效率或能量利用效率。归纳起来，主要包含以下几部分内容。

（1）能量转换的基本原理，即热力学两大基本定律。热力学第一定律描述了能量转换时的数量守恒关系。热力学第二定律描述了能量转换时的质量不守恒关系，指出了热力过程进行的方向性。

（2）工质的热力性质，其主要内容是理想气体、水蒸气、湿空气、制冷剂等常用工质的基本热力性质。工质热力性质的研究是工程热力学的主要研究内容之一，是具体分析计算能量传递与转换过程的前提。研究工质的热力性质主要是研究工质与能量传递及转换有关的各种属性及关系。

（3）各种热工设备中能量传递、转换的热力过程，其主要内容有理想气体的热力过程、喷管内的流动过程、动力循环及制冷循环等热力过程的分析计算。这些分析计算是热力学基本定律结合工质性质和过程特性在工程实际中的具体应用，通过计算分析影响能量转换的因素，从而找出提高能量转换的途径。

二、工程热力学的研究方法

热力学有两种不同的研究方法：一种是宏观研究方法；另一种是微观研究方法。应用宏观研究方法的热力学称为宏观热力学（或经典热力学或唯象热力学）。应用微观研究方法的热力学称为微观热力学（或统计热力学）。

宏观研究方法把物质看作是连续的整体，用宏观物理量描述其状态，以根据大量的观察和实验所总结出的基本定律为依据，进行逻辑演绎和推理，得出描述物质性质的宏观物理量之间的关系式，以及能量传递与转换的结论。宏观研究方法的特点是简单、可靠，而且普遍适用。但这种方法对于一些物理现象和物质属性的本质，说明解释能力较弱。

微观研究方法是从物质的微观结构出发，把物质看作是由大量分子、原子等微观粒子组成，以微观粒子运动遵守量子力学原理为依据，在对物质的微观结构及粒子运动规律做某些假设的基础上，应用统计方法得出微观量的统计平均值，由微观量的统计平均值分析研究热现象的基本规律和物质的宏观物理属性。微观研究方法的特点是可以更深刻地解释一些物理现象和物质属性的本质，但由于所假设的简化模型与实际往往相差较远，其可靠性与适用性较差。

本课程主要采用宏观方法进行讨论，但为了对某些热现象的进一步理解，必要时也从微观方面做适当的解释。在本课程的学习中应注意以下几点：

（1）明确本课程的研究对象和任务。

（2）掌握本课程的学习方法。注意对复杂事物进行抽象、概括、理想化和简化，并注重理解和掌握所应用的一些基本定律和公式的具体研究方法。

（3）重视基本技能的训练。本课程具有很强的工程应用性。基本技能的训练是学习过程中的一个重要环节，应予重视，决不能放松。

第一章

基　本　概　念

　　工程热力学是研究热能和机械能相互转换规律的一门学科，本章围绕这一内容介绍热力系统、状态参数、热力过程、功和热量以及热力循环等基本概念。学习中应重点注意对基本状态参数及其特点、准平衡过程和可逆过程的特点和条件、功和热量的概念和计算的掌握。

第一节　工质和热力系统

一、工质

　　热机是实现热能向机械能转换的设备，如汽轮机、燃气轮机、内燃机等。无论哪一种热机，总是用某种物质从某个能源获取热能，使它具有高能量而对机器做功，最后又把余下的热能排向大气或冷却水。在能量转换装置中实现热能与机械能相互转换的媒介物质称为工质。能量的转换，依赖于工质吸热、膨胀等变化过程，要实现连续转换，必须不断将新鲜工质引入能量转换装置中，并将工作完了的工质排出，因此要求工质要有良好的膨胀性和流动性，此外还要求工质的热力性能良好、价廉、易得、无毒、无腐蚀性等。在热力发电厂中绝大多数是用水蒸气做工质。

微课 1-1　工质

二、热力系统

　　在热力学中分析一个现象或过程时，常将研究的对象用一些边界与周围有关的其他物体相分隔，这种人为分离出来的研究对象称为热力学系统，简称热力系统。热力系统以外的其他有关物体统称为外界或环境。热力系统与外界的分界面就是边界。边界可以是真实的（图 1-1 和图 1-2 中，取气体工质为热力系统时，汽缸内壁和活塞内壁可以认为是真实存在的界面），也可以是虚构的（图 1-2 中进口截面和出口截面可以认为是虚构的界面）；可以是固定的，也可以是变化的（图 1-1 中活塞内壁的截面是移动的）。热力系统与外界之间的一切相互作用（物质交换、热和功的传递）都通过边界来完成。

微课 1-2　热力系统

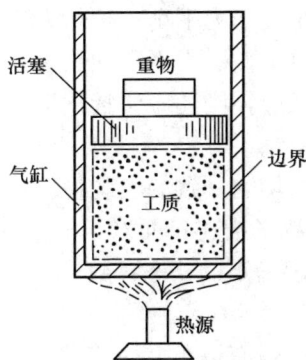

图 1-1　闭口热力系统

动画 1-1　闭口热力系统

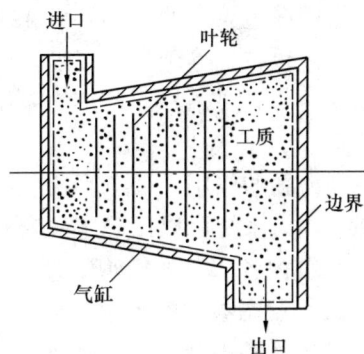

图 1-2　开口热力系统

动画 1-2　开口热力系统

　　按热力系统与外界进行物质和能量交换的情况，可将热力系统分类如下：

　　闭口热力系统——热力系统与外界无物质交换，或者说没有物质穿过边界。闭口热力系统简称为闭口系统，也可称为封闭热力系统。如图 1-1 所示取边界内的全部工质为热力系统时即为闭口热力系统。

　　开口热力系统——热力系统与外界有物质交换，或者说有物质穿过边界。开口热力系统简称为开口系统。如图 1-2 所示的取边界内的工质为热力系统时即为开口热力系统。

　　绝热热力系统——热力系统与外界无热量交换。在工程研究中，对许多虽有热量交换，但热量相对于通过边界的其他能量可忽略其数量时，也常作为绝热热力系统来对待，如水蒸气在汽轮机中的膨胀、流体流过阀门等。绝热热力系统简称为绝热系统。

　　孤立热力系统——热力系统与外界既无能量交换也无物质交换。孤立热力系统的一切相互作用都发生在系统内部。显然，孤立热力系统一定是绝热热力系统、闭口热力系统，但绝热热力系统、闭口热力系统却不一定是孤立热力系统。孤立热力系统简称为孤立系统。

动画 1-3　孤立系统

　　正确选择热力系统是对问题进行热力学分析的前提。热力系统的选取主要取决于所提出的研究任务和所采用的分析方法。例如，要计算某蒸汽轮机的功率，那么将蒸汽轮机或流过蒸汽轮机的蒸汽作为热力系统就可以了；要研究如何提高火力发电厂的热效率，那就应该将与之相关的蒸汽锅炉、蒸汽轮机、水泵、凝汽器、回热加热器等都包括进热力系统才能进行分析；要研究该电厂对环境的污染，那么整个电厂，包括它的煤场、水源以及周围的大气都应该包括在热力系统中。

第二节　状态与基本状态参数

　　在热现象研究过程中，确定了热力系统后，需要对热力系统内工质的状态进行描述。

一、状态、平衡状态与状态参数

　　工质的状态是指工质在某一瞬间所呈现的宏观物理状况。从各个不同方面描写这种宏观物理状况的物理量便是工质的各个状态参数。

　　在热工分析和计算中所研究的状态常常指平衡状态。平衡状态，是指一个热力系统如果在不受外界影响的条件下，其宏观性质不随时间而变化的状态。一个热力系统，当其内部无不平衡力，且作用在边界上的力和外力相平衡，则该热力系统处于力平衡；若热力系统内各部分的温度均匀一致，且等于外界温度，则该热力系统处于热平衡。力平衡和热平衡是工质处于平衡状态的两个必要条件。若热力系统内部还存在化学反应，则还应包括化学平衡，否则为不平衡状态。

　　若不考虑外力场的作用，处于平衡状态的热力系统应具有均匀一致的宏观物理状况，故对于平衡状态的热力系统可以用确定的宏观物理量即状态参数来描述；而对于非平衡状态，热力系统内各部分的宏观物理状况不一致，就不能用确定的状态参数来描述。

二、状态参数的特性

　　工质的平衡状态可以用状态参数来表示，状态参数有以下几个特性。

微课 1-3　状态参数及其特性

　　（1）工质的状态与状态参数之间是一一对应的关系。工质的状态一定，则描述状态的各个状态参数都具有唯一确定的数值；状态参数一旦确定，工质的状态也就确定了，状态参数的全部或一部分发生变化，即表明物质所处的状态发生了变化。

（2）状态参数的变化量只取决于给定的初始和最终状态，而与变化过程中所经历的一切中间状态和路径无关。即初终状态相同，经历不同的变化过程，状态参数的变化量是相等的。若用 x 表示某一状态参数，该特性用积分式表示为

$$\int_1^2 \mathrm{d}x = x_2 - x_1$$

（3）若工质由某一状态经历一系列变化又回到原状态时，状态参数的变化量为零。用积分式表示为

$$\oint \mathrm{d}x = 0$$

三、基本状态参数

在工程热力学中常见的状态参数包括压力、比体积、温度、热力学能、焓、熵等，其中压力、比体积、温度可以直接测量，称为基本状态参数，其他几个参数不能直接测量，需要利用可测量参数进行计算或导出才能确定。在这里先介绍压力、比体积和温度这三个基本的状态参数，热力学能、焓、熵在后续内容中介绍。

（一）压力

压力是指单位面积上所承受的垂直指向作用面的作用力。气体的压力是组成气体的大量分子在紊乱的热运动中对容器壁频繁撞击的总效应。在物理学中，把这种单位面积上所承受的垂直作用力称为"压强"，而把容器壁上承受的总作用力称为压力；而在工程上，习惯地把物理学上的压强称为压力，而把它的压力称为总压力。

微课 1-4 基本
状态参数——
压力

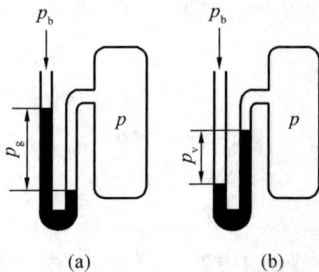

1. 压力的表达式

根据压力的定义可知，其表达式为

$$p = \frac{F}{A} \tag{1-1}$$

式中　p——压力；

　　F——垂直作用于器壁上的总压力；

　　A——容器壁的总面积。

2. 压力的表示

根据表示压力零基准点选取的不同，压力有绝对压力与相对压力两种表示。式（1-1）所表示的压力为工质对容器壁产生的真实压力，通常称绝对压力。但是当利用表计测量压力时，因为压力计是处于大气环境中，故通常测出的是欲测的绝对压力与当地大气压力 p_b 的差值，称相对压力。

如图 1-3 所示，当所测对象的压力高于大气压力时，表计指示的是超出大气压力的部分，称为表压力，用 p_g 表示，即

$$p_g = p - p_b \tag{1-2}$$

工程上将绝对压力低于大气压力的状态称为真空状态。此时大气压力与绝对压力的差值称为真空压力，以 p_v 表示，即

$$p_v = p_b - p \tag{1-3}$$

图 1-3 压力测量原理
(a) 表压力；(b) 真空压力

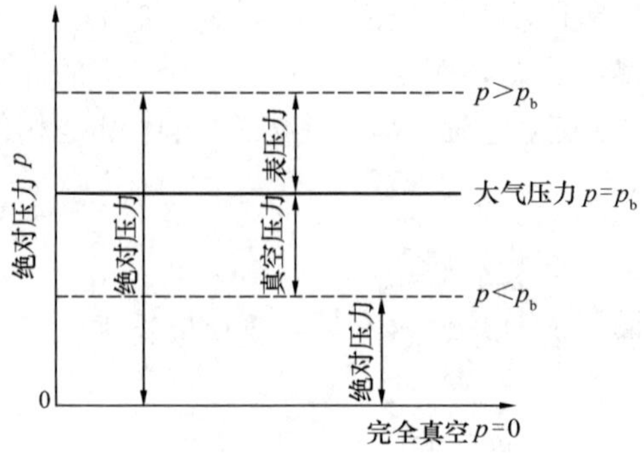

绝对压力、大气压力、表压力和真空压力之间的关系可由图 1-4 表示。

作为工质状态参数的压力应当是绝对压力。由于大气压力随各地的纬度、高度和气候条件有所变化，因此即使工质的绝对压力不变，相对压力和表压力仍有可能变化，它们不具有状态参数的特性。

图中左侧纵轴标注"绝对压力 p"，横轴标注"完全真空 $p=0$"，图中标有 $p>p_b$、大气压力 $p=p_b$、$p<p_b$、绝对压力、表压力、真空压力、绝对压力等。

图 1-4　绝对压力、表压力、真空压力之间的关系

3. 压力的单位及换算

压力的单位通常用单位面积上的作用力来表示，即用帕斯卡表示，简称为"帕"，以 Pa 表示。帕斯卡是国际单位。

$$1Pa = 1N/m^2$$

因为以 Pa 做压力单位，其数值较小不便使用，工程上常采用千帕(kPa)和兆帕(MPa)。

$$1kPa = 1\times10^3 Pa, \quad 1MPa = 1\times10^6 Pa$$

过去在工程上还用液体柱高度表示压力，常见的有毫米汞柱(mmHg)和毫米水柱(mmH$_2$O)，还有用大气压表示，常见的有标准大气压(atm)和工程大气压(at)两种。

各种压力单位之间的换算关系见表 1-1。

表 1-1　　　　　　　　　　　　　　　压 力 单 位 换 算

单 位	Pa (帕)	atm (标准大气压)	at (工程大气压)	mmHg (毫米汞柱)	mmH$_2$O (毫米水柱)
Pa	1	9.86923×10^{-6}	1.01972×10^{-5}	7.50062×10^{-3}	1.01972×10^{-1}
atm	1.01325×10^5	1	1.03323	760	1.03323×10^4
at	9.80445×10^4	9.67841×10^{-1}	1	735.559	1×10^4
mmHg	133.322	1.31579×10^{-3}	1.35951×10^{-3}	1	13.5951
mmH$_2$O	9.80665	9.67841×10^{-5}	1×10^{-4}	735.559×10^{-4}	1

【例 1-1】　如图 1-5 所示，某刚性容器被分隔为两部分，在容器壁上分别装有三个压力表，表 B 的读数为 80kPa，表 C 的读数为 100kPa，试问压力表 A 的读数是多少？设当地大气压力为 770mmHg。

解　由于

$$p_I = p_{gC} + p_b$$
$$p_{II} = p_{gA} + p_b$$
$$p_{gB} = p_I - p_{II}$$

推导，得

$$p_{gA} = p_{II} - p_b = p_I - p_{gB} - p_b$$
$$= [(p_{gC} + p_b) - p_{gB}] - p_b$$
$$= p_{gC} - p_{gB} = 100 - 80 = 20 (kPa)$$

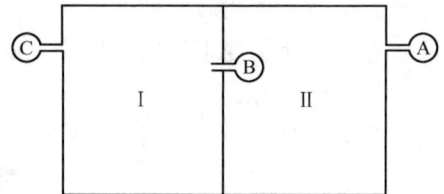

图 1-5　例 1-1 图

【例 1-2】　在例 1-1 中，若表 C 是真空表，读数是 20kPa，而表 B 仍然是压力表，读数是 30kPa，问容器上的表 A 应该是压力表还是真空表？读数是多少？

解　根据压力测量的概念有

$$p_{gC} = p_b - p_I, \quad p_{gB} = p_I - p_{II}, \quad p_{gA} = p_b - p_{II}$$
$$p_{gA} = p_b - p_{II} = p_b - (p_I - p_{gB}) = p_b - (p_b - p_{gC} - p_{gB})$$
$$= p_{gC} + p_{gB} = 20 + 30 = 50(kPa)$$

故 A 表是真空表，其读数为 50kPa。

（二）比体积及密度

单位质量的工质所具有的体积称为比体积，以符号 v 表示，单位为 m^3/kg。若以 m 表示质量，V 表示所具有的体积，即

$$v = \frac{V}{m} \tag{1-4}$$

单位体积内工质所具有的质量称为密度，用 ρ 表示，单位为 kg/m^3，即

$$\rho = \frac{m}{V} \tag{1-5}$$

比体积和密度互为倒数，即

$$v = \frac{1}{\rho} \tag{1-6}$$

作为状态参数多用比体积来表示。若比体积增大表示工质膨胀，比体积减小表示工质被压缩。

（三）温度

温度是热力学中的一个重要的基本概念。由物理学知道，温度是描述物体冷热的状态参数。温度越高，物体越热；温度越低，物体越冷。从微观上看，温度完全取决于工质自身的热运动状态。从气体分子运动的观点看，气体温度的高低标志着大量气体分子无规则热运动的强烈程度，其关系式为

$$BT = \frac{1}{2}\overline{m}\,\overline{w}^2$$

式中　B——比例常数；

　　　T——气体的热力学温度；

　　　$\overline{m}$——气体分子的平均质量；

　　　$\overline{w}$——分子平移运动的均方根速度。

微课 1-5 基本状态参数——比体积及密度和温度

上式说明气体分子的平均移动动能与其热力学温度成正比，或者说气体的温度是气体分子平均移动动能的量度。

温度的数值表示方法称为温标。温标有多种表示，任何一种温标的建立，主要是确定温标的基准点和分度方法。

工程上常见的温标有两种，即摄氏温标和热力学温标。摄氏温标以标准大气压（101.325kPa）下纯水的冰点和沸点为基准点，并定义冰点温度为 0 摄氏度，沸点温度为 100 摄氏度建立的温标，符号为 t，单位为℃。摄氏温标是日常生活中常用的温标形式。摄氏温标是经验温标，它依赖于测温物质的性质，因此当选用不同的测温物质的温度计、采用不同的物理量作为温度的标志来测量温度时，除了冰点和沸点这两个基准点，其他的温度都有差异。因此经验温标不能作为度量温度的标准。

热力学温标是建立在热力学第二定律基础上的，是一个完全不依赖于任何测温物质性质

的完全客观的温标，用这种温标确立的温度称为热力学温度，其符号为 T，单位是 K（开尔文）。热力学温标以水的汽、液、固三相共存的状态点——三相点为基准点，并定义其温度为 273.16K。每 1K 为水三相点温度的 $\dfrac{1}{273.16}$。热力学温标是基本温标，一切温度最终都应以热力学温标为准。

有了热力学温标后，其他温标的温度都是通过与热力学温度的关系建立的。如 1960 年第十一次国际计量大会定义的新的摄氏温标为

$$t(℃) = T(K) - 273.15 \tag{1-7}$$

重新规定的摄氏温标的全名是热力学摄氏温标。由式（1-7）可知，两种温标的温度间隔完全相同，只是零点的定义不一样而已，即热力学温度的 273.15K 为摄氏温标的零点，这是因为水的三相点（273.16K）比一个标准大气压下水的冰点（273.15K）高 0.01K 的缘故。

第三节　状态方程式和状态参数坐标图

一、状态方程式

上一节内容中虽然提出了工质的六个状态参数，但当工质处于平衡状态时，工质的热力状态只要用两个相互独立的状态参数便可确定。状态一旦确定，那么其他的状态参数便可随之而定，即工质的状态参数之间存在一定的依变关系。热力学上将反映状态参数间函数关系的数学表达式称为状态方程式。状态方程式通常用工质的三个基本状态参数来表示。

常用的基本状态参数为 p、v、T，可从其中选择任何一对做自变量，状态方程式可写成

$$p = p(v,T),\ v = v(p,T),\ T = T(p,v) \tag{1-8}$$

或综合写成 $$f(p,v,T) = 0 \tag{1-9}$$

式（1-8）和式（1-9）是状态方程式的一般形式，对于不同工质，其具体形式是不一样的。理想气体的状态方程式为 $pv = RT$，就是物质状态方程式的具体表达。

二、状态参数坐标图

在工质的状态参数中，只要两个是彼此独立的，即可用其来确定工质的一个状态，因此可以用两个相互独立的状态参数构成状态参数坐标图，如图 1-6 所示。图中任意一个点就表示相应的一个热力状态，不同的状态有不同的点。状态参数坐标图对后面分析工质状态变化

微课 1-6　状态方程式和状态参数坐标图

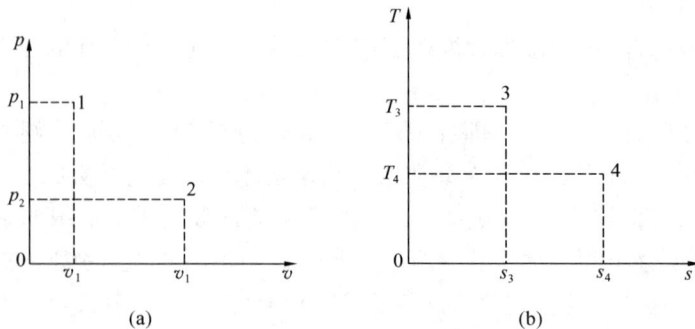

图 1-6　状态参数坐标图
(a) p-v 图；(b) T-s 图

过程提供了某种直感性，有很大的实用意义。在工程热力学中，常使用以比体积 v 为横坐标、以压力 p 为纵坐标的 p-v 图和以熵 s 为横坐标、以热力学温度 T 为纵坐标的 T-s 图。图 1-6 中 1、2、3、4 表示不同的状态点。

第四节　准平衡过程和可逆过程

一、热力过程

如果一个热力系统一直处于某一平衡状态而不发生状态变化，也就是与外界没有任何相互作用，既不做功也不传热，也就达不到热能与机械能转换的目的，因此热力学研究的热力系统，应该是状态不断变化的热力系统。热力系统从某一　　微课 1-7　热力初始状态，经历一系列中间状态变化到某一最终状态，热力系统经历了一个热力　　　过程过程。可见热力过程是热力系统内部与外界联系的一座桥梁，只有通过热力过程才能实现热能与机械能的转换。

要让热力系统经历热力过程，就必须存在某种不平衡势差，使热力系统原有的平衡遭到破坏，从而使热力系统的状态发生变化。不平衡势差是热力系统经历热力过程的必要条件。但这样一来，热力系统经历的实际过程必将是一系列非平衡状态，这些非平衡状态无法用确定的状态参数来描述，这样的话，热力过程就无法描述了，因而也就无法研究了。为了解决这一问题，需要对实际过程进行抽象化，建立热力过程的理想模型。准平衡过程和可逆过程就是实际过程的两种理想化模型。

二、准平衡过程

若热力过程中热力系统所经历的每一个状态都是平衡状态或无限接近于平衡状态，这样由一系列可以看作平衡状态（准确地说是无限接近平衡的状态）所组成的热力过程称为准平衡过程，也称为准静态过程。若热力过程中热力系统的状态和平衡状态有相当的偏离，则整个热力过程就不能由一系列平衡状态点描述，该热力过程称为非准平衡过程或非准静态过程。下面以气缸-活塞系统为例来分析。

在气缸-活塞系统中，取气缸内的气体为热力系统，其初状态为 1 点，压力和比体积为 p_1、v_1，活塞位置为 x_1。

若将活塞上的重物 m 瞬间减半，如图 1-7 所示，热力系统在边界上就产生一个压差，在压差的影响下活塞迅速移动至位置 x_2，观察热力系统，在势差的作用下平衡状态被破坏，靠近活塞的气体体积先膨胀，与远离活塞的气体产生的运动是不一致的，这种差异直至达到新的平衡状态 p_2、v_2 为止。这种在有限势差作用下，经过一系列不平衡状态变化的过程即为非平衡过程。

非平衡过程中只有初态 p_1、v_1 和终态 p_2、v_2 是平衡状态，中间经历的状态都是非平衡状态。这些中间状态无法在参数坐标图上表示，故非平衡过程在参数坐标图上只能用虚线表示其变化的方向，并不能表示过程真正按虚线进行，如图 1-8 所示。

若将活塞上的重物 m 细分为一个个无限小的薄片，如图 1-9 所示。每取走一个薄片，在边界会产生一个无限小的势差，平衡状态被破坏。但在无限小的势差作用下热力系统状态变化的速度远远小于热力系统恢复平衡的速度，以至于实际过程与准平衡过程非常接近。这样依次操作直至重物被取走一半，活塞也移至 x_2，工质经历了一系列非常接近平衡状态的变化到达状态点 2。这种在无限小势差作用下，工质经历一系列非常接近平衡状态的变化过

程即为准平衡过程。准平衡过程由于是经历了一系列非常接近平衡状态的状态，因此可以在
参数坐标图上用平衡状态点描述状态，用曲线表达过程，如图 1-10 所示。

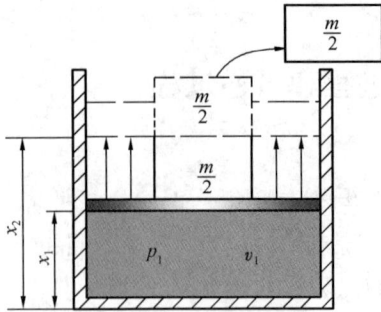

图 1-7　非准平衡过程

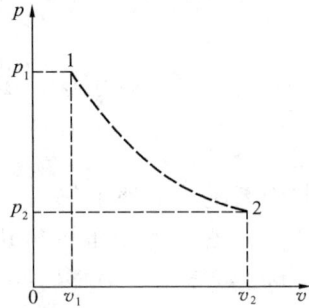

图 1-8　非准平衡过程的 p-v 图

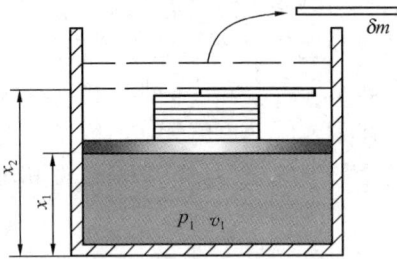

微课 1-8　准平
衡过程

图 1-9　准平衡过程

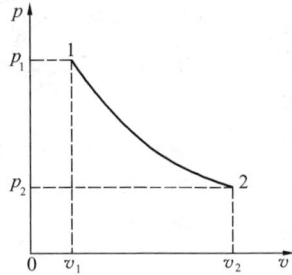

图 1-10　准平衡过程的 p-v 图

　　有限温差传热的情形也可和上例类比。由此可见，实现准平衡过程的条件是推动过程进
行的势差为无限小。由于势差为无限小，所以过程的进行相对于状态的变化势必无限缓慢。
正常运行的热工设备中所进行的实际热力过程都属于这种比较缓慢进行的热力过程，均可按
准平衡过程处理。

三、可逆过程

微课 1-9　可逆
过程

　　一个准平衡过程进行完了以后，如果能使热力系统沿相同的路径逆行回复到
原来的状态，且相互作用中所涉及的外界亦回复原态，而没有留下任何不能消除
（或称不可复逆）的痕迹，则此过程称为可逆过程。
　　假设图 1-9 中，活塞与气缸壁之间不存在摩擦时，在一个一个取下薄片后，热
力系统由状态 1 变化到状态 2，再把薄片一个一个放回到活塞上，气缸内的工质又会由状态
2 逆行回复到状态 1，仿佛什么都没有发生过一样，热力系统由状态 1 变化到状态 2 就是一
个可逆过程。若活塞与气缸壁之间存在摩擦时，则在逆行回复过程中外界就要多支付一部分
能量来弥补活塞移动过程中的摩擦耗能，这样外界就留下了变化，热力系统由状态 1 变化到
状态 2 就是一个不可逆过程。
　　在图 1-7 和图 1-8 中，热力系统由状态 1 变化到状态 2 是在内部压力大于外部压力的情
况下完成的，该方向可以自发进行，热力系统完成了一个自由膨胀，若要过程逆向进行，使
热力系统回到原状态，由于逆方向进行时，外力不可能克服比它大的内力来压缩气体，只有

另外再增加一部分外力才能将气体压缩回原来的状态，这样热力系统回到原状态时，外界就留下了变化，热力系统由状态 1 变化到状态 2 就是一个不可逆过程。同样在有温差传热的情况下，热量由高温向低温传递可以自发进行，但由低温向高温传递就要借助于制冷机的帮助来进行，使外界留下变化。

当热力过程中存在任何一种不平衡，就会出现不可逆情况。例如有限压差下使工质膨胀或压缩所产生的不可逆性或有限温差下的传热所产生的不可逆性都会使工质经历一个非准平衡过程，同时当存在任何种类的摩擦阻力时，也会出现不可逆，带来能量的损耗。

由此可见，可逆过程应具备以下两个特点：

（1）在过程进行时，热力系统和外界恒处于平衡状态，即随时保持力的平衡和热的平衡。

（2）在过程变化期间，无任何能量的不可逆损耗存在。

对热力系统而言，准平衡过程与可逆过程同可视为一系列平衡状态所组成。因此都能在热力状态参数坐标图上用一个连续的曲线来描述。但准平衡过程和可逆过程又有一定的区别，可逆过程不仅要求热力系统内部是平衡的，而且要求热力系统与外界之间的相互作用也是可逆的，亦即可逆过程必须要保持内、外力平衡与热平衡，且又无任何摩阻；而准平衡过程只是着眼于热力系统内部的平衡，至于外界是否有摩阻对热力系统内部的平衡并无影响。因此，准平衡过程的概念只包括热力系统内部的状态变化，而可逆过程则是分析热力系统与外界所产生的总效果。可逆过程必然是准平衡过程，而准平衡过程只是可逆过程的条件之一。

可逆过程是将一切实际过程理想化后所得到的一种科学抽象概念，是进行热力学分析时的一种重要的研究方法。

第五节 功 和 热 量

热力系统在经历热力过程中，热力系统与外界会发生能量交换，能量交换有两种方式——做功和传热，本节讨论功和热的概念。

一、功与 p-v 图

在物理学中，功的定义是力与沿力作用方向的位移的乘积。在热力学研究中，热力系统与外界进行功交换时，力或位移常常不易辨认，将功定义为"当热力系统通过边界与外界发生能量传递时，对外界的唯一效果可归结为举起重物，则热力系统对外界做了功"。在这里，"举起重物"实际上就是力的作用通过一定位移的结果。应当注意，此处定义中并非说真有一重物被举高了，而是说过程产生的效果相当于（或可以折合为）举起重物。功常用 W 表示，单位 J 或 kJ。功是过程的函数，而不是状态的函数。因而常用 δw 表示微元过程的微量功，而不是表示功的微分形式。

热力系统做功的方式是多种多样的，工程热力学中重点讨论与气体体积变化有关的功，称为体积功。如图 1-11 所示，取气缸活塞封闭的定量气体为热力系统，初状态为 p_1、v_1，设活塞面积为 A，则气体作用于活塞上的总作用力为 pA。在可逆的膨胀过程中，这个作用力与外力对活塞的作用力相差为无限小，这样若活塞移动一微小距离 dx，则热力系统通过边界上传递的微元功应为

$$\delta W = pA\,dx = p\,dV \tag{1-10}$$

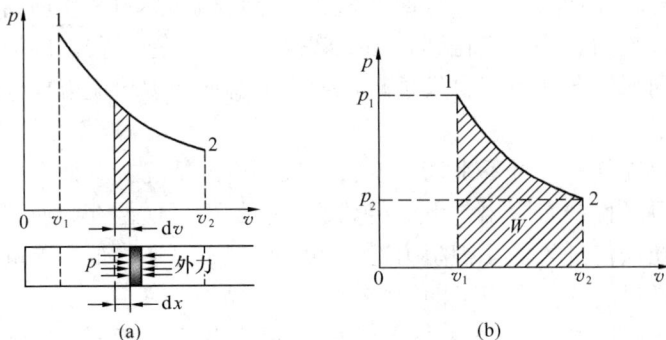

图 1-11　功与 p-v 图

(a) 功；(b) p-v 图

式中，dV 为膨胀过程中气体体积的变化量。若活塞从位置 1 移动到位置 2，其所做功为

$$W_{12} = \int_1^2 p\,\mathrm{d}V \tag{1-11}$$

式中，W_{12} 称为膨胀功。反之，若气体被压缩，则称外界对热力系统做了压缩功。

单位质量的工质由于体积变化所做的功称为比体积功，用 w 表示，单位是 J/kg 或 kJ/kg。对于可逆过程 1—2 有

$$\delta w = p\,\mathrm{d}v \tag{1-12}$$

或

$$w_{12} = \int_1^2 p\,\mathrm{d}v \tag{1-13}$$

在 p-v 图中可以用过程曲线 1—2 与横坐标包围的面积表示过程的功 w_{12}，如图 1-11 所示，因此 p-v 图也称为示功图。

显然，只有当状态发生变化时，热力系统与外界才可能有功的传递。一旦功通过热力系统边界，它就成为热力系统或外界所具有能量的一部分，因此功是能量传递的一种形式。若工质沿另一不同的过程曲线由状态 1 变化到状态 2，两曲线与横坐标所包围的面积是不同的，这表明了不同热力过程中的功是不同的，功的数值不仅取决于过程的初终态，而且还和过程经过的路径有关，功是过程量。

若热力系统由状态 1 变化到状态 2 的过程中，工质膨胀，比体积增大，即 $\mathrm{d}v > 0$，则功为正值，$w_{12} > 0$，此时热力系统对外界做膨胀功；若工质由状态 2 变化到状态 1，工质被压缩，比体积减小，即 $\mathrm{d}v < 0$，则功为负值，$w_{12} < 0$，此时外界对工质压缩做功，称为压缩功。膨胀功和压缩功都是体积功。

在实际过程中，由于存在各种能量耗散（如机械摩阻）而要消耗一部分功，使得热力过程总是不可逆的，外界所能获得的有效功要比工质所做的体积功 $\int_{v_1}^{v_2} p\,\mathrm{d}v$ 小。工程热力学正是研究如何通过工质的状态变化而将热能最大限度地转变为机械能的问题。

若热力系统由平衡状态 1 经历一个不可逆过程变化至另一个平衡状态 2，由于不能确定其所通过的各中间状态，故无法在 p-v 图上的 1、2 之间用确切的连续曲线表示其变化过程。但为了便于讨论，常以虚线表示该不可逆过程，此时虚线下的面积无实际物理意义，并不表示过程中热力系统所做的体积功，仅为示意过程进行的方向而已。

【例 1-3】　2kg 温度为 100℃的水，在压力为 0.1MPa 下完全汽化为水蒸气。若水和水蒸

气的比体积分别为 $0.001\text{m}^3/\text{kg}$ 和 $1.673\text{m}^3/\text{kg}$，汽化过程为可逆过程，求此 2kg 水因汽化膨胀对外所做的功。

解 取 2kg 水及水蒸气为热力系统，过程可逆且压力不变。

由式（1-13）可得

$$w_{12} = \int_1^2 p\,\mathrm{d}v = p(v_2 - v_1) = 0.1 \times 10^6 \times (1.673 - 0.001) \times 10^{-3} = 167.2(\text{kJ/kg})$$

所以

$$W = m\,w_{12} = 2 \times 167.2 = 334.4(\text{kJ})$$

二、热量与熵

1. 热量

热量是由于热力系统与外界之间或热力系统内各部分之间存在温差交换的能量。只要有温差存在，必然会伴随有热量的传递过程。热量和功一样，是过程中能量传递或转换的度量，都是过程量。过程结束，传递或转换就结束，热量和功的传递使得热力系统和外界某种形式的能量增加或减少。

热量常用 Q 表示，单位是 J 或 kJ。而单位质量工质与外界交换的热量（比热量）用 q 表示，单位是 J/kg 或 kJ/kg。常用 δQ 或 δq 表示微元过程传递的热量。

微课 1-11 热量与熵

2. 熵

热量和功都是能量传递的度量，类比于体积功的形式 $\delta w = p\,\mathrm{d}v$，式中压力 p 是做功的推动力，而 $\mathrm{d}v$ 是判断热力系统对外界做功或外界对热力系统做功的标志。在热量传递的过程中，类比功的传递，应有 $\delta q = T\,\mathrm{d}s$，温度 T 是传热的推动力，相应地此过程中也应有一个类似的状态参数，它的改变标志热力系统与外界间热量传递的方向。

定义 1kg 工质在温度 T 时进行了一个可逆的微元过程，在此过程中工质与外界交换了 δq 的热量，则 $\dfrac{\delta q}{T}$ 为某一状态参数的微元变化量，此状态参数为熵，用 s 表示，其定义式为

$$\mathrm{d}s = \frac{\delta q}{T} \tag{1-14}$$

不难看出，这里的熵是指单位质量的熵，又称比熵，要计算 m kg 工质的总熵，用比熵乘以总质量即可，即

$$S = ms \tag{1-15}$$

比熵的单位为 kJ/(kg·K) 或 J/(kg·K)，总熵的单位为 J/K 或 kJ/K。

3. $T\text{-}s$ 图

在一个可逆过程中由熵的定义式可知

$$\delta q = T\,\mathrm{d}s \quad \text{或} \quad q_{12} = \int_1^2 T\,\mathrm{d}s \tag{1-16}$$

或

$$\delta Q = T\,\mathrm{d}S \quad \text{或} \quad Q_{12} = \int_1^2 T\,\mathrm{d}S \tag{1-17}$$

微课 1-12 热量和熵在 $T\text{-}s$ 图上的表示

在 $T\text{-}s$ 图上，可逆过程 1-2 与横坐标包围的面积表示了热力系统在此过程中与外界所交换的热量，如图 1-12 所示。因此 $T\text{-}s$ 图在热力学中也可称为示热图。$T\text{-}s$ 图与 $p\text{-}v$ 图均是热力学研究中常用的状态参数坐标图。

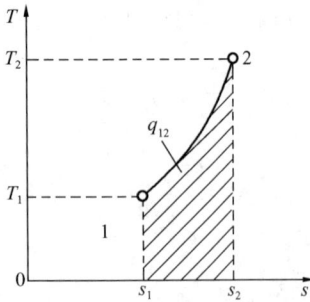

图 1-12　熵和 T-s 图

可逆过程中有 $\delta q = T \mathrm{d}s$，由于热力学温度 T 始终是正值，故若 $\mathrm{d}s > 0$，即过程中热力系统的熵增加，则表示热力系统从外界吸热，$\delta q > 0$，此时定义热量为正值；若 $\mathrm{d}s < 0$，即过程中热力系统的熵减少，则表示热力系统对外界放热，$\delta q < 0$，此时定义热量为负值；若 $\mathrm{d}s = 0$，则表示热力系统与外界无热量传递，$\delta q = 0$，即为热力系统经历了绝热过程。由此可见，根据热力状态参数熵的变化，可判断热力系统在可逆过程中是吸热、放热，还是绝热。

若热力系统经历的是不可逆过程，在 T-s 图上无法以确切的连续曲线表示，仅以虚线示意，表示过程进行的方向。虚线下的面积不代表热力系统在不可逆过程中与外界交换的热量，式（1-14）也不适用。不可逆过程熵的变化将在第四章中介绍。

第六节　热　力　循　环

微课 1-13　热力
循环

一、热力循环

如果要求动力装置连续地将热能转换为机械能，就必须使工质从初始状态出发，经历吸热、膨胀、放热、压缩等一系列热力过程，再回到原来的初始状态。如图 0-1 所示的蒸汽动力装置，水在锅炉中吸热变成高温高压的蒸汽，蒸汽进入汽轮机内膨胀做功，做功后的乏汽排入冷凝器中放热而凝结成水，水经泵升压，高压水重新回到锅炉。这样由一系列热力过程组合而成的封闭热力过程就称为热力循环，简称循环。当循环完成后，工质回复到了原来的初始状态，工质又可以按相同的过程重复进行循环，就可连续不断地对外输出功。

根据循环中是否存在不平衡势和耗散效应，将循环分为可逆循环和不可逆循环。可逆循环全部由可逆过程组成，不可逆循环一定含有不可逆过程。可逆循环在参数坐标图上可用一条连续的闭合曲线来描述。按照循环作用效果的不同，可将循环分为正向循环和逆向循环。

二、正向循环和逆向循环

正向循环是能够将热能连续不断地转换为机械能的循环，又称动力循环或热机循环。正向循环对外界所产生的作用效果可用图 1-13 表示，工质从高温热源吸取热量 q_1，在热机中将一部分热能转变为净功 w_{net}，排给低温热源剩余的热量 q_2。例如燃气轮机、汽轮机、内燃机等进行的均是正向循环。

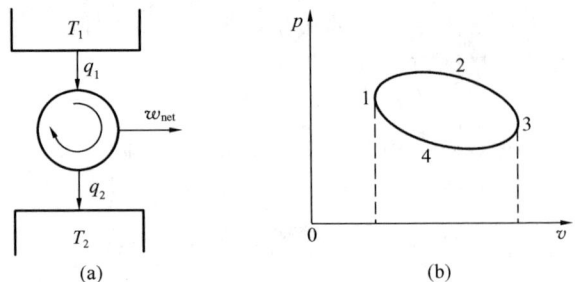

图 1-13　正向循环与 p-v 图
（a）正向循环；（b）p-v 图

可逆正向循环，在参数坐标图中是按顺时针方向进行的循环。如图 1-13 所示，正向循环中，膨胀过程系统对外界所做的功（1—2—3 线下的面积）大于压缩过程外界对系统所做的功（3—4—1 线下的面积）。循环完成后，外界所获得的净功 w_{net} 为

$$w_{\text{net}} = \oint \delta w = \int_{1\text{-}2\text{-}3} \delta w + \int_{3\text{-}4\text{-}1} \delta w$$

显然，可逆循环的循环净功 w_{net} 必然等于 p-v 图上循环曲线所包围的面积。

逆向循环是消耗能量将热由低温物体传至高温物体的循环。逆向循环对外界所产生的作用效果与正向循环恰好相反。如图 1-14 所示，它是消耗净功 w_{net}，从低温热源吸取热量 q_2，而向高温热源放出热量 q_1。按照进行循环的目的不同，逆向循环又分为制冷循环与热泵循环。制冷循环的目的在于将热量 q_2 从低温热源取出，以维

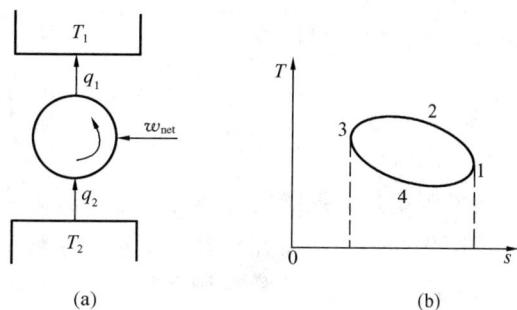

图 1-14　逆向循环与 T-s 图
（a）逆向循环；（b）T-s 图

持低温热源的低温；热泵循环的目的则是向高温热源提供热量 q_1，以维持高温热源的高温。制冷循环与热泵循环不仅目的不同，其工质的实际工作温度大致范围也不一样。

可逆的逆向循环，在参数坐标图中是按逆时针方向进行的循环。如图 1-14 所示，逆向循环中，放热过程所放出的热量 q_1（1—2—3 线下的面积）大于吸热过程所吸收的热量 q_2（3—4—1 线下的面积）。这是由于外界提供的净功 w_{net} 也转变为热，与吸热过程所吸收的热量 q_2 一并在放热过程排给高温热源所导致的必然结果。

三、循环的经济指标

循环的经济指标是评价循环工作效果的重要依据，用工作系数来衡量，其定义是

$$\text{工作系数} = \frac{\text{得到的效益}}{\text{付出的代价}}$$

正向循环的经济指标用循环热效率 η_t 来衡量。正向循环的效益是循环净功 w_{net}，付出的代价是从高温热源获取的热量 q_1，所以热效率为

$$\eta_t = \frac{w_{\text{net}}}{q_1} \tag{1-18}$$

循环热效率 η_t 是评价正向循环热功转换效果的重要指标。η_t 愈大，表明正向循环在同样循环吸热量 q_1 下，得到的循环净功 w_{net} 愈多，热功转换效果愈好。显然，分析讨论动力循环的目的就是要提高循环热效率。

制冷循环的经济指标用制冷系数 ε 来衡量。制冷循环的效益是循环从低温热源取出的热量 q_2，付出的代价是为了取出热量所耗费的功 w_{net}，所以制冷系数为

$$\varepsilon = \frac{q_2}{w_{\text{net}}} \tag{1-19}$$

热泵循环的经济指标用供热系数 ε' 来衡量。热泵循环的效益是向高温热源提供的热量 q_1，付出的代价是为了提供 q_1 所耗费的功 w_{net}，所以供热系数为

$$\varepsilon' = \frac{q_1}{w_{\text{net}}} \tag{1-20}$$

制冷系数 ε 和供热系数 ε'，是评价制冷循环和热泵循环经济性的重要指标。制冷系数 ε 和供热系数 ε' 愈高，表明在耗费同样数量的功 w_{net} 下，从低温热源取出的热量 q_2 或向高温

热源提供的热量 q_1 愈多，制冷和供热的经济性愈好。分析讨论各种制冷循环和热泵循环的目的就是要提高制冷系数 ε 和供热系数 ε'。制冷系数 ε 和供热系数 ε' 是各种制冷循环和热泵循环的主要分析计算内容。

小　　结

本章围绕热力系统的描述介绍了一系列术语和概念。这些描述热力系统的概念实质上是经合理简化的热力学研究模型，是热力学理论框架建立的基础。

（1）热力系统。工程热力学中，人为分离出来的研究对象就是热力系统，根据热力系统与外界的物质和能量交换的不同可分为闭口热力系统、开口热力系统、绝热热力系统和孤立热力系统。在学习中要重点掌握这些热力系统的特点及如何根据对象的特点和选择的研究方法合理地划分热力系统。

（2）工质的基本状态参数。在工质的状态参数中，压力、温度、比体积是基本状态参数，在学习中，应当掌握三个基本状态参数的定义、单位、测量方法，理解状态参数仅与工质状态有关，而与达到此状态的途径无关这一重要特性。

（3）准平衡过程与可逆过程。准平衡过程与可逆过程是实际热力过程的理想模型，准平衡过程着眼于过程中热力系统的状态，而可逆过程着眼于过程中热力系统与外界的作用效果。从实现这两个过程的条件来看，可逆过程是没有能量耗散的准平衡过程，准平衡过程是可逆过程的必要条件。

（4）功和热量。功和热量是两个过程量。可逆过程的体积变化功 $w = \int_1^2 p \, dv$，热量 $q = \int_1^2 T \, ds$，此两式常用于可逆过程的理论分析，实际过程的热量计算常常是利用后续内容所介绍的比热容或热力学第一定律来进行计算。

（5）状态参数与过程量。状态参数是状态的单值函数，故状态参数的变化量只与热力过程的初终状态有关，而与热力过程的性质无关；功和热量是过程量，其数值大小与过程路径有关，热力过程的初终状态一样，经历的过程不同，其功和热量是不同的，因此谈到功和热量，必然要涉及热力过程。

（6）参数坐标图。参数坐标图是工程热力学进行分析计算的一个常用工具：①参数坐标图上的一点，表示系统的一个平衡状态；②准平衡过程和可逆过程可以用坐标图上的一条线段来表示；③在 p-v 图上，可以用过程线下的面积表示可逆过程系统与外界交换的体积功；④在 T-s 图上，可以用过程线下的面积表示可逆过程系统与外界传递的热量。

（7）热力循环的定义和分类。对于正向循环和逆向循环掌握其循环经济指标的意义，这两类循环在后续内容中将进一步讨论。

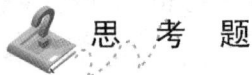

思　考　题

1-1　热力系统与外界在没有能量和物质交换的情况下，热力系统的状态能否发生变化？

1-2　什么是工质？什么是热力系统？热力系统有哪些分类？

1-3 若工质的压力不发生变化，测量表计上的表压力或真空压力是否会变化？

1-4 热和功有哪些相同和不同之处？公式 $w=\int_1^2 p\mathrm{d}v$ 和 $q=\int_1^2 T\mathrm{d}s$ 的使用有什么条件？是否适用于不可逆过程？为什么？

1-5 什么是可逆过程与准平衡过程？它们有何关系？在工程热力学的研究中为什么要提出这两个概念？

1-6 什么是热力循环？它有哪些分类？

1-7 准平衡过程和可逆过程有何区别？

1-8 表示工质的压力有绝对压力、相对压力和真空压力，他们有何区别和联系？

1-9 压力表和真空表测量工质的压力时有何不同？

1-10 工质的温度越高热量越多，工质的压力越高功量越大，这种说法正确吗？为什么？

1-11 发电厂冷凝器是负压运行的热力设备，运行中当真空恶化时，其表计指示值将向什么趋势变化？

习 题

1-1 容器 A 的表压力为 4×10^5Pa，容器 B 的真空压力为 8×10^4Pa，当地大气压为 9.8×10^4Pa。试求：（1）A、B 两容器内的绝对压力；（2）若大气压力变为 1×10^5Pa 时，则 A 容器的表压力及 B 容器的真空压力分别为多少？

1-2 用水银 U 形管压力计测量容器中气体压力，为防止水银挥发通常在水银柱上面加一段水。现测得的水柱高 1020mmH$_2$O，水银柱高 900mmHg，如图 1-15 所示，已知当地大气压力为 755mmHg，试求容器中气体的压力为多少帕？

1-3 1kg 工质经历如图 1-16 所示的循环，1—2 为直线关系变化过程，2—3 为压力保持恒定的过程，3—1 为比体积保持恒定的过程，过程中设 $v_2=2v_1$，$p_1=2p_2$。试求循环的净功；如果循环按逆时针运转，循环净功有何变化？

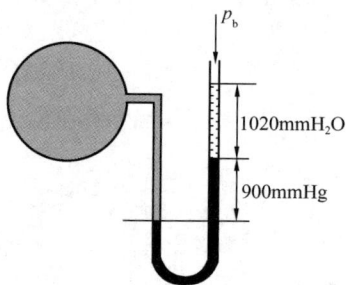

图 1-15 习题 1-2 图

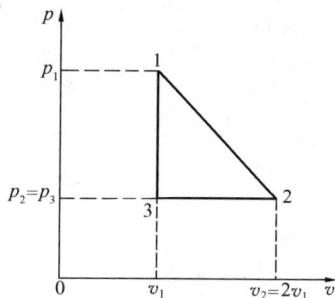

图 1-16 习题 1-3 图

1-4 某气缸活塞装置，气缸内空气的初始压力为 200kPa，体积为 2m^3，如果活塞运动过程中维持 pv 恒定，当气缸内压力达到 100kPa 时，活塞停止运动，问该热力系统与外界交换的功为多少？

1-5 有一容器被一刚性壁分为 A、B 两部分（见图 1-17），两部分均分别盛有不同压力的气体，并在 A 的不同位置分别装有两个刻度为不同单位的压力表。已测得 1、2 两个压力表的读数为 0.09MPa 和 0.12MPa。若大气压力为 0.098MPa，试确定 A、B 两部分中气体的绝对压力（单位为 MPa）。

1-6　某制冷循环从低温热源吸取热量 20kJ，循环耗功为 10kJ，试求该制冷循环的制冷系数。

1-7　某电厂锅炉出口蒸汽压力用压力计测得表压力为 138atm，汽轮机进口的蒸汽压力用压力计测得表压力为 133bar，冷凝器真空压力为 720mmHg，炉膛烟气的真空压力为 9.8mmH₂O，送风机出口表压力为 350mmH₂O。若当地大气压为 0.99atm，求各处的绝对压力（单位 MPa）。

1-8　如图 1-18 所示，用一倾斜式微压计测量容器内工质的压力，管子的倾斜角为 30°，微压计充以密度 $\rho=0.81\times10^3$ kg/m³ 的酒精。现测得斜管内液柱长度 $L=185$mm，已知当地大气压为 0.096MPa，求容器的表压力和绝对压力（单位为 Pa）。

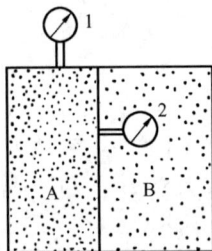

图 1-17　习题 1-5 图　　　　　　　　图 1-18　习题 1-8 图

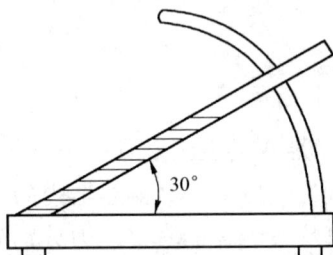

1-9　1kg 气体封闭于气缸活塞内，并从初态 1 可逆压缩至终态 2。在压缩过程中压力和比体积按 $pv^n=C$ 的关系式变化，n 和 C 为常数，且 $n\neq1$，求：

(1) 试证明工质被压缩时功的表达式为 $w=\dfrac{p_1v_1-p_2v_2}{n-1}$。

(2) 若 $v_1=0.08$m³/kg，$v_2=0.02$m³/kg，$p_1=80$kPa 以及 $n=1.3$，计算压缩功为多少？

第二章

热 力 学 第 一 定 律

热力学第一定律是热力学中重要定律之一，是热工计算的基础，它确定了热能与其他形式能量相互转换时在数量上的关系，从能的数量方面说明了能的本质。热力学第一定律不仅是研究热力学的主要依据之一，也是分析计算能量转换的基本方程。在本章中介绍了热力学第一定律的实质，闭口系统的能量方程和开口系统的能量方程，并结合工程实际列举了能量方程式的应用。在学习中要注意区分能量方程式的不同形式的应用条件，掌握能量方程式在工程中的具体应用。

第一节　热力学第一定律的实质

一、热力学第一定律的实质

热力学第一定律的实质是能量守恒与转换定律。能量守恒与转换定律的核心内容就是：自然界中一切物质都具有能量，能量既不可能被创造，也不可能被消灭，而只能从一种形式转变为另一种形式，在转换中能量的总量恒定不变。能量守恒与转换定律是人类对长期实践经验和科学实验的总结，是自然界的一个基本规律。将能量守恒与转换定律应用于热力学所研究的与热能相关的能量传递与转换，得到的就是热力学第一定律。

微课 2-1　热力学第一定律的实质

对于热力学第一定律的表述有许多种方法。历史上，最早的一种表述为：热可以变为功，功也可以变为热。消失一定量的热时，必产生数量相当的功；消耗一定量的功时，亦必出现相应数量的热。当初之所以这样表述，是因为在热力学第一定律提出之前，对于热的认识还很模糊，热量的单位与功的单位也不统一，导致表述比较繁杂。

最早的另外一种表述为：第一类永动机是不可能制造成功的。第一类永动机是一种不花费任何能量就可以产生动力的机器。历史上，有人曾幻想要制造这种机器，但由于违反了热力学第一定律，结果总是失败。这种表述是从反面说明要得到机械能必须花费热能或其他能量。

热力学第一定律可以简单地表述为：在热能与其他形式的能量互相转换时，能的总量保持守恒。

热力学第一定律是热力学的基本定律，是热力过程能量传递与转换分析计算的基本依据。用热力学第一定律分析一个发生能量传递与转换的热力过程时，首先需要分析参与过程的各种能量，依据热力学第一定律能量守恒的原则，建立能量平衡方程式。对于任何一个具体的热力系统所经历的任何热力过程，热力学第一定律的能量平衡方程式都可以一般地表示为

进入热力系统的能量 － 离开热力系统的能量 ＝ 热力系统储存能的变化　　　(2-1)

式（2-1）是一种以热力系统为对象，用方程式的形式对热力学第一定律的表述。它的成立，并不依赖系统某种工质或某个热力过程的个别属性，所依据的仅是热力学第一定律能量守恒的原则。它同样普遍适用于任何工质、任何过程。本章将以式（2-1）为依据，分析

闭口系统和开口系统在热力过程中的各种交换的能量和储存能的变化，建立具体的热力学第一定律数学表达式，为热力过程的能量数量分析计算提供依据。有一点需要指出，这个能量普遍关系式等号的右侧是热力系统在热力过程中储存能的变化，而不是热力系统储存能的绝对值。下面将介绍热力系统的储存能的概念。

热力学第一定律的重要意义，就在于它确定了能量传递与转换的数量关系，肯定了热能与其他能量之间所存在的共同性质，即热能也是一种能量，也是一种物质运动的形式。

二、热力系统的储存能

微课 2-2　热力系统的储存能

能量是物质运动的度量，运动具有各种不同的形式，相应地就有各种不同的能量。热力系统的储存能包括内部储存能和外部储存能。内部储存能仅取决于热力系统本身所处的热力状态；外部储存能则与所选的参照坐标系有关。

1. 热力学能

热力学能是热力系统的内部储存能，也称内能。热力学能是物质内部各种微观能量的总和，它包括了分子运动的内动能（包含分子的移动动能、转动动能和分子内部原子的振动动能）和分子间由于相互作用力而具有的内位能，此外还有与分子结构或原子结构有关的化学能和原子核能。在热力状态变化过程中，物质的分子结构和原子结构都不发生变化，化学能、原子核能也不发生变化。因此在工程热力学中的能量分析中，通常只考虑前两者，也就是说热力学能仅由内动能和内位能组成。

从分子运动论知道，物质内部分子运动的动能越大，其温度也越高。因此内动能与热力系统的温度有关，即内动能是温度的函数；而热力系统的内位能则取决于分子间的平均距离，即取决于比体积。由于温度升高时分子间碰撞的频率增加，分子间相互作用增强，因而在一定程度上内位能也和温度有关。由此可见，热力学能取决于热力系统的温度和比体积，即和工质的热力状态有关。一旦工质的状态发生变化，热力学能也就跟着变化，因此热力学能也是个状态参数，它是温度和比体积的函数。热力学能常用 u 表示，则有

$$u = f(T, v) \tag{2-2}$$

这里所说的热力学能是指单位质量工质的热力学能，称比热力学能。若要求工质的总热力学能 U，则需乘以工质的质量，即

$$U = mu \tag{2-3}$$

热力学能的单位为 J 或 kJ，比热力学能的单位为 J/kg 或 kJ/kg。

2. 外部储存能

热力系统的外部储存能包括宏观动能和重力位能，它们需要由热力系统以外的参照坐标系决定其数量的多少。

宏观动能是热力系统由于其宏观运动速度所具有的能量，用 E_k 表示，单位为 J 或 kJ。若用 m 表示热力系统的物质质量，用 c 表示热力系统相对外部参照坐标系的运动速度，则有

$$E_k = \frac{1}{2}mc^2 \tag{2-4}$$

单位质量物质的宏观动能称为比动能，用 e_k 表示，单位为 J/kg 或 kJ/kg。

重力位能是热力系统由于重力的作用而具有的能量，用 E_p 表示，单位为 J 或 kJ。若用 g 表示重力加速度，用 z 表示热力系统在外部参照坐标系中的高度，则有

$$E_p = mgz \tag{2-5}$$

单位质量物质的重力位能称为比位能，用 e_p 表示，单位为 J/kg 或 kJ/kg。

3. 热力系统的总储存能

热力系统的外部储存能属于机械能，而内部储存能的内动能和内位能属于热能，两者的能量形式不同，但都是热力系统所具有的能量。热力系统的热力学能、宏观动能与重力位能之和称为热力系统的总储存能（简称总能），用 E 表示，单位为 J 或 kJ，即

$$E = U + \frac{1}{2}mc^2 + mgz \tag{2-6}$$

单位质量物质的储存能称为比储存能，用 e 表示，单位为 J/kg 或 kJ/kg，即

$$e = u + \frac{1}{2}c^2 + gz \tag{2-7}$$

显然，储存能也是一个状态量，储存能的变化量就等于热力过程终态储存能与初态储存能之差，即

$$\Delta E = E_2 - E_1 \text{ 或 } \Delta e = e_2 - e_1 \tag{2-8}$$

分析工质的各种热力过程时，一般来说，凡工质流动的过程，按开口系统分析比较方便；而工质不流动的过程，则按闭口系统分析。对于闭口系统，比较常见的情况是在状态变化过程中，动能和位能的变化为零，故热力系统的储存能变化量即指热力学能的变化量；而对于开口系统，热力系统的宏观动能和重力位能的变化与过程中参与能量转换的其他各种能量相比有时可忽略不计，这样就简化了计算，这点在后面分析中经常可见。

第二节　闭口系统的能量方程

为了定量的分析工质在热力过程中的能量转换，需要根据热力学第一定律导出参与能量转换的各项能量之间的数量关系式，这种反映能量关系的数学表达式称为能量方程。下面推导闭口系统的能量方程。

微课 2-3　闭口系统的能量方程

如图 2-1 所示，封闭在气缸里的工质，从外界吸收热量而推动活塞右移向外输出功。以活塞气缸间的一定质量的工质为热力系统，设系统开始时处于平衡状态 1，过程中系统吸热 Q，对外膨胀做功 W，最后到达平衡状态 2。

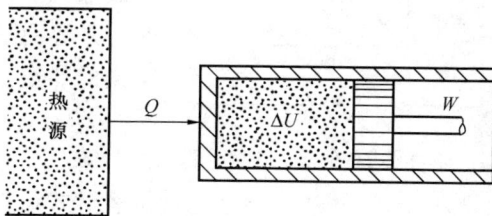

根据能量守恒，进入热力系统的能量为 Q，离开热力系统的能量为 W，热力系统中储存能的变化量 $\Delta E = \Delta U$，根据式（2-1）可得

图 2-1　闭口系统中能量的关系

$$Q = \Delta U + W \tag{2-9}$$

式（2-9）是热力学第一定律的基本表达式，称为闭口系统能量方程。

式（2-9）虽然是根据闭口系统在吸热和输出功情况下推导的，但它对闭口系统各种能量交换过程都成立，式中各项均为代数值。在推导过程中没有涉及热力过程和工质的性质，故对于任意过程（可逆过程或不可逆过程）、各种工质都适用，但初、终状态必须为平衡状态，否则无法表达系统的热力学能。

由式（2-9）可见，闭口系统做功的唯一能量来源是热能（外界传入的热量 Q 或工质本

身的热力学能的变化量 ΔU）；而热能转变为机械能的唯一途径是通过工质体积的膨胀，且转变的数量关系满足式（2-9）。这就是热变功的实质，其实不论热力系统是封闭的还是开口的，这个结论都是正确的。

对于微元过程，则式（2-9）为

$$\delta Q = dU + \delta W \tag{2-10}$$

若热力系统经历的是可逆过程，则有 $\delta W = p\,dV$ 和 $W = \int_1^2 p\,dV$，可表达为微分形式

$$\delta Q = dU + p\,dV \tag{2-11}$$

积分形式

$$Q = \Delta U + \int_1^2 p\,dV \tag{2-12}$$

对于热力系统，单位质量工质的能量方程可表达为

任意过程

$$q = \Delta u + w \tag{2-13}$$

$$\delta q = du + \delta w \tag{2-14}$$

可逆过程

$$\delta q = du + p\,dv \tag{2-15}$$

$$q = \Delta u + \int_1^2 p\,dv \tag{2-16}$$

式（2-10）～式（2-16）中，根据实际情况每一项可以是正值、负值或为零。

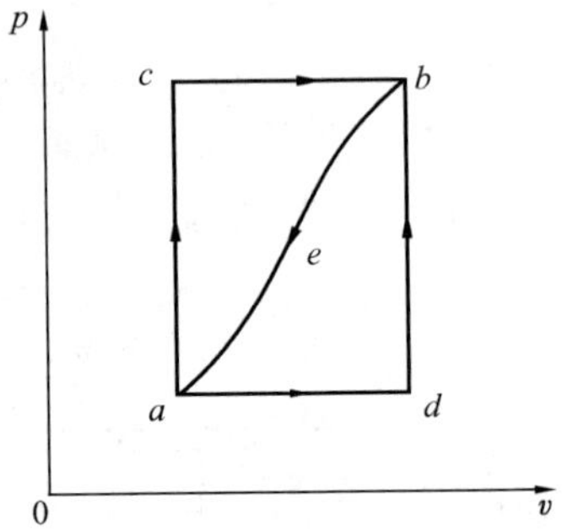

图 2-2　例 2-1 图

【例 2-1】　某闭口系统从初状态 a 出发分别经历两条不同的路径到达终状态点 b，如图 2-2 所示。（1）从 a 经 c 至 b 时，热力系统吸热 80kJ，对外做功 30kJ，求其热力学能的变化量；（2）从 a 经 d 至 b 时，对外做功 10kJ，问热力系统是吸热还是放热，交换的热量是多少？（3）若从 b 沿着曲线 e 返回至 a 时，外界对热力系统做功 20kJ，问热力系统是吸热还是放热，交换的热量是多少？（4）设定状态点 a 的热力学能 $U_a = 0$，$U_d = 20$kJ，那么 d—b 路径的热力学能的变化量为多少？

解　（1）确定 ΔU_{acb}。由式（2-9）列 a—c—b 过程的能量表达式可得

$$\Delta U_{acb} = Q_{acb} - W_{acb} = 80 - 30 = 50(\text{kJ})$$

（2）确定 Q_{adb}。因为热力学能是状态参数，其变化量与过程无关，因此

$$\Delta U_{acb} = \Delta U_{adb} = \Delta U_{ab}$$

所以

$$Q_{adb} = \Delta U_{ab} + W_{adb} = 50 + 10 = 60(\text{kJ})$$

因为该热量为正，所以该过程吸热。

（3）确定 Q_{bea}。根据状态参数的性质，有 $\Delta U_{ba} = -\Delta U_{ab}$

$$Q_{bea} = \Delta U_{ba} + W_{bea} = (-50) + (-20) = -70(\text{kJ})$$

因为该热量为负，所以该过程放热。

（4）确定 ΔU_{db}。ΔU 具有可加性，即

$$\Delta U_{adb} = \Delta U_{ad} + \Delta U_{db}$$

$$\Delta U_{adb} = \Delta U_{ad} + \Delta U_{db} = (U_d - U_a) + \Delta U_{db} = (20 - 0) + \Delta U_{db} = 50(\text{kJ})$$

$$\Delta U_{db} = \Delta U_{adb} - \Delta U_{ad} = 50 - 20 = 30(\text{kJ})$$

【例 2-2】 某封闭的刚性容器，盛有一定量的空气，如图 2-3 所示，初态时热力学能为 800kJ，由于容器壁导热向外散热 500kJ，容器上装有一个搅拌器，通过搅拌器轴的旋转输入能量 100kJ，试问：（1）此时容器中空气的热力学能是多少？（2）若为了维持容器内空气的热力学能不变，搅拌器应该输入多少轴功？

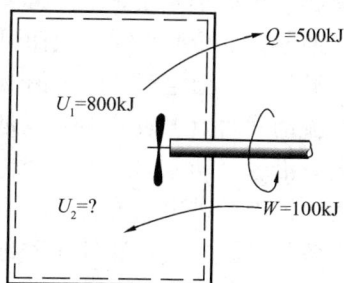

图 2-3　例 2-2 图

解 （1）选取刚性容器内的空气为热力系统，列热力学第一定律表达式如下：

$$Q = \Delta U + W = U_2 - U_1 + W$$

可得
$$U_2 = Q - W + U_1$$

根据题意可知 $Q = -500\text{kJ}$，$W = -100\text{kJ}$

代入上式有

$$U_2 = (-500) - (-100) + 800 = 400(\text{kJ})$$

（2）维持热力学能不变，即 $U_2 = U_1 = 800\text{kJ}$，$\Delta U = 0$

由 $Q = \Delta U + W$ 可得

$$W = Q - \Delta U = Q = -500(\text{kJ})$$

即搅拌器需要输入 500kJ 的轴功，数值上正好抵消散失的热量。

第三节　开口系统稳定流动能量方程

在实际热力设备中实施的能量转换过程常常是很复杂的，工质要在热力装置中完成循环，不断流经各种热力设备，例如工质流过汽轮机、风机、锅炉、换热器等，都属于开口系统的流动问题。由于各种热力设备在正常运行时，工质的流动基本上都是稳定的，而且稳定流动的分析简单，因此这里仅分析实用意义较大的稳定流动的情况。

一、稳定流动

稳定流动是指热力系统内部以及边界上各点工质的所有热力参数及运动参数都不随时间而变化的流动。

各种实际的热力设备在正常工况运行时，工质的状态和流动基本上是稳定的。

根据稳定流动的定义，要使流动过程达到稳定，必须满足以下特征：

（1）热力系统内各点的参数不随时间发生变化。

（2）热力系统与外界进行的质量交换不随时间而变，且进、出口截面上的质量流量相等，即

微课 2-4　稳定
流动和流动功

$$q_{m1} = q_{m2}$$

取流通截面面积为 $A(\text{m}^2)$，流体的流速为 $c(\text{m/s})$，比体积为 $v(\text{m}^3/\text{kg})$，则通过截面的质量流量 $q_m(\text{kg/s})$ 为

$$q_m = \frac{Ac}{v} \tag{2-17}$$

（3）单位时间内热力系统与外界的功和热量交换不随时间发生变化。

根据能量转换与守恒定律可知，热力系统内储存的能量也不随时间发生变化。

显然，在稳定流动时，沿着工质流动的方向，工质的状态参数是要发生变化的，而且在同一流动截面上工质的参数也是不同的。为了进一步简化问题，假定工质的状态参数和流动参数只沿着流动方向才发生变化，而在工质流动方向的垂直截面上，工质的同一参数都是一致的，即工质进出系统时，同一截面上工质的参数（p、v、T、c 等）恒定不变，但不同截面上各量可不相同，这种流动称为一元稳定流动。在实际分析中，常取截面上各参数的平均值来表示该截面上各点的参数，这样就可以用一元流动来分析。后面的分析中没有特别说明时，给定的参数均指平均参数。

二、流动功

开口系统和闭口系统不同，开口系统的边界上有工质流入流出，因而伴随流动就产生一个特殊的功——流动功。

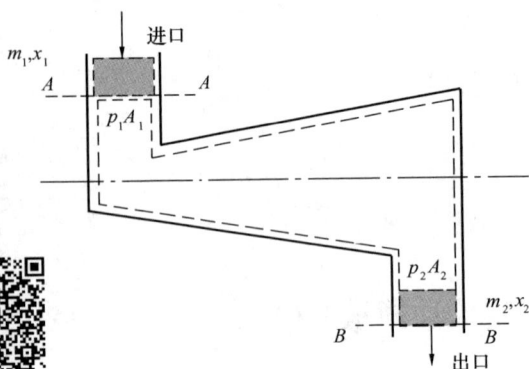

动画 2-1　流动功　　　　图 2-4　流动功

如图 2-4 所示的开口热力系统，$m_1$kg 工质从 $A—A$ 截面进入热力系统，同时热力系统内部质量为 $m_2$kg 的工质从 $B—B$ 截面流出热力系统。在 $m_1$kg 工质从 $A—A$ 截面进入热力系统时，由于开口系统内部有压力 p_1，会阻碍工质进入，外界要让 $m_1$kg 工质进入，就必须克服该压力做功，该功即流动功，也称为推动功，该能量伴随着流动被工质携带进入热力系统。设进口截面面积为 A_1，进口处的压力为 p_1，将 $m_1$kg 工质恰好移入热力系统的平移距离为 x_1，则外界所做的流动功为

$$W_{f1} = p_1 A_1 x_1 = p_1 V_1 = m_1 p_1 v_1 \tag{2-18}$$

同理，在 $m_2$kg 的工质流出热力系统时，外界也具有一定的压力，则热力系统只有克服该压力做功才能将 $m_2$kg 的工质推出热力系统，该能量伴随着流动被工质携带离开热力系统。在可逆时，该压力与出口截面的压力 p_2 相等，设出口截面积为 A_2，将 $m_2$kg 工质恰好移出热力系统的平移距离为 x_2，故系统所做的流动功为

$$W_{f2} = p_2 A_2 x_2 = p_2 V_2 = m_2 p_2 v_2 \tag{2-19}$$

不难得出，若移动单位质量工质，则比流动功为 pv。

在整个流动过程中，热力系统对外所做的流动净功为两者之差，即

$$W_f = m_2 p_2 v_2 - m_1 p_1 v_1 \tag{2-20}$$

这里应该注意，流动功只取决于工质进、出口的状态，不是过程量。

三、稳定流动能量方程

图 2-5 为一任意的热力设备的示意图。以设备轮廓和进、出口处两个虚拟截面 1—1、2—2 为边界面选取热力系统，截面 1—1 和 2—2 为有物质流进、流出的边界面，此热力系

统为一开口热力系统。

工质在不断地流经开口系统的时候，热力系统可不停地通过边界传递热量，并不断地通过轴和外界传递轴功。

由于在稳定流动过程中，热力系统内的任一给定点上无质量、能量变化，因此根据能量转换与守恒定律可知，在一定的时间段内输入热力系统的能量等于从热力系统输出的能量，且 $m_1 = m_2 = m$。

输入热力系统的能量如下：

（1）储存能 $E_1 = m_1 \left(u_1 + \dfrac{c_1^2}{2} + g z_1 \right)$。

（2）工质进入热力系统所携带的流动功 $p_1 V_1$。

（3）热力系统从外界吸取的净热量 Q。

同理，输出热力系统的能量如下：

（1）储存能 $E_2 = m_2 \left(u_2 + \dfrac{c_2^2}{2} + g z_2 \right)$。

（2）工质流出热力系统时所携带的流动功 $p_2 V_2$。

（3）热力系统向外界所做的轴功 W_s。

于是能量平衡关系式表示为

$$Q + m_1 \left(u_1 + \frac{c_1^2}{2} + g z_1 \right) + p_1 V_1 = m_2 \left(u_2 + \frac{c_2^2}{2} + g z_2 \right) + p_2 V_2 + W_s$$

由 $m_1 = m_2$，整理后有

$$Q = m \left(\Delta u + \frac{\Delta c^2}{2} + g \Delta z \right) + \Delta(pV) + W_s \tag{2-21}$$

对 1kg 工质有

$$q = \Delta u + \frac{\Delta c^2}{2} + g \Delta z + \Delta(pv) + w_s \tag{2-22}$$

四、状态参数焓

在分析工质流动过程中的能量转换时，热力学能 u 与流动功 pv 两项经常同时出现，为了方便起见，把它们一起定义为一个新的状态参数——焓，用 h 表示，其定义式为

$$h = u + pv \tag{2-23}$$

显然，此处的焓是指单位质量的焓，又称比焓。要计算工质的总焓，需乘以总质量 m，即

$$H = mh = U + pV \tag{2-24}$$

焓的单位为 J 或 kJ，比焓的单位为 J/kg 或 kJ/kg。

引入状态参数焓后，则式（2-21）和式（2-22）可简化为

$$Q = \Delta H + \frac{m \Delta c^2}{2} + mg \Delta z + W_s \tag{2-25}$$

或

$$q = \Delta h + \frac{\Delta c^2}{2} + g \Delta z + w_s \tag{2-26}$$

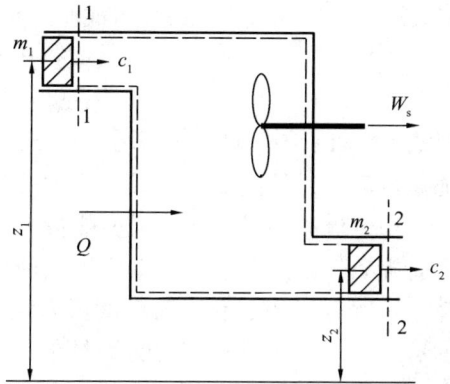

图 2-5　稳定流动开口系统

微课 2-5　状态参数焓

将式（2-25）和式（2-26）写成微分形式为

$$\delta Q = dH + mc\,dc + mg\,dz + \delta W_s \tag{2-27}$$

$$\delta q = dh + c\,dc + g\,dz + \delta w_s \tag{2-28}$$

则式（2-21）、式（2-22）及式（2-25）～式（2-28）即为热力学第一定律应用于开口热力系统稳定流动时的能量方程式，简称稳定流动能量方程，是热力工程计算中常用的基本公式之一。稳定流动能量方程是根据能量守恒定律导出的，除要求工质是稳定流动外，别无其他任何前提条件，故对于任何工质，无论过程是否可逆均可适用。

微课 2-6　稳定流动能量方程式的分析

五、稳定流动能量方程式的分析

比较闭口热力系统的能量方程与开口热力系统的能量方程可知，由于研究对象的特点不同，采用了不同的分析方法，所得的能量方程的形式不一样。但开口热力系统能量方程与闭口热力系统能量方程所涉及的都是热能与其他形式能量的转换问题，且都以能量转换和守恒定律为基础。那么两方程之间存在着何种关系呢？

1. 稳定流动过程中几种功的关系

由前述已知，工质体积膨胀是热能转变为机械能的根本途径。工质流经开口热力系统时，同样也要做体积功，不过开口热力系统对外表现出来的功和闭口热力系统不同，并不是体积功的形式。如工质流经喷管时膨胀，将本身的部分热能转变为动能，然后冲击汽轮机叶片，驱动主轴而对外做功。这种轴功和工质体积改变的膨胀功不但对外表现的形式不同，而且在数量上也有差别。

在稳定流动过程中，由于开口系统本身的状况不随时间而变，因此整个流动过程的总效果相当于一定质量的工质从进口截面穿过开口系统，在其中经历了一系列的状态变化，由进口截面处的状态 1 变化到出口截面处的状态 2，并与外界发生功和热量的交换。这样，开口系统稳定流动能量方程也可看成是流经开口系统的一定质量工质的能量方程。另一方面，由前已知闭口系统能量方程也是描述一定质量工质在热力过程中的能量转换关系的。所以，方程式（2-14）与式（2-22）应该是等效的。

对于稳定流动的开口热力系统，由式（2-22）变化可得

$$q - \Delta u = \frac{\Delta c^2}{2} + g\,\Delta z + \Delta(pv) + w_s \tag{2-22a}$$

式（2-22a）等号右侧四项均为机械能，左侧两项都是和热能有关的能量，且通过体积的变化可转换为机械能。又因为 $q - \Delta u = w$，因此式（2-22a）可写成

$$w = \Delta(pv) + \frac{1}{2}\Delta c^2 + g\,\Delta z + w_s \tag{2-29}$$

可见，工质流经开口热力系统时，由热能转变而成的膨胀功，一部分消耗于维持工质流入流出时克服前方阻挡而需要的推动功的差额，一部分用于增加工质的宏观动能和宏观位能，其余部分才作为热力设备输出的轴功。

在这几项中，通常 $\frac{1}{2}\Delta c^2$、$g\,\Delta z$、w_s 三项是工程上能够被直接利用的部分，而 $\Delta(pv)$ 是维持流动必须付出的，故常将 $\frac{1}{2}\Delta c^2$、$g\,\Delta z$、w_s 三项之和总称为技术功，以符号 w_t 表示，则

$$w_{\text{t}} = \frac{1}{2}\Delta c^2 + g\Delta z + w_{\text{s}}$$

考虑到技术功，则有

$$w = \Delta(pv) + w_{\text{t}} \tag{2-30}$$

或

$$w_{\text{t}} = w - \Delta(pv) \tag{2-30a}$$

此式表明，工质稳定流经热力系统时所做的技术功等于体积功与流动净功的代数和，即体积功克服进出口的流动阻力后所得的功。

2. 可逆条件下的技术功

在可逆过程中，$w = \int_1^2 p \mathrm{d}v$，故可得可逆变化时

$$w_{\text{t}} = \int_1^2 p \mathrm{d}v + p_1 v_1 - p_2 v_2 \tag{2-31}$$

如图 2-6 所示，式 (2-31) 可以表达为

$$\int_1^2 p \mathrm{d}v + p_1 v_1 - p_2 v_2 = \text{面积 } 12341 + \text{面积 } 14051 - \text{面积 } 23062$$

$$= \text{面积 } 12651 = -\int_1^2 v \mathrm{d}p$$

即

$$w_{\text{t}} = -\int_1^2 v \mathrm{d}p \tag{2-32}$$

式 (2-32) 表明，在可逆条件下技术功的大小等于过程曲线 1—2 与纵坐标所包围的面积。$-\int_1^2 v \mathrm{d}p$ 中比体积 v 恒为正值，积分号前的负号表示技术功的正负与压力变化的方向相反，若 $\mathrm{d}p$ 为负，工质膨胀、压力降低，则 w_{t} 为正，此时，工质对外界做技术功；若 $\mathrm{d}p$ 为正，工质被压缩、压力升高，则 w_{t} 为负，此时，外界对工质做技术功。

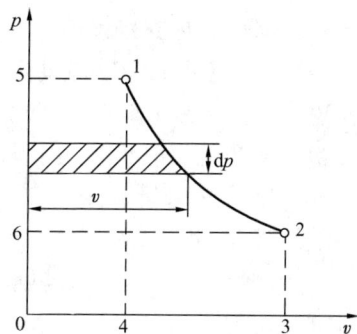

图 2-6　膨胀功与技术功在 p-v 图上的表示

若工质进出热力系统的宏观动能和宏观位能的变化量很小，可略去不计，则式 (2-32) 变为

$$w_{\text{s}} = w_{\text{t}} = -\int_1^2 v \mathrm{d}p \tag{2-33}$$

3. 热力学第一定律的第二表达式

引入技术功后，在稳定流动过程中热力学第一定律也可写成如下形式：

对于 1kg 工质，有

$$q = \Delta h + w_{\text{t}} \tag{2-34}$$

对于 $m$kg 工质，有

$$Q = \Delta H + W_{\text{t}} \tag{2-35}$$

对于微元过程，有

$$\delta q = \mathrm{d}h + \delta w_{\text{t}} \tag{2-36}$$

$$\delta Q = \mathrm{d}H + \delta W_{\text{t}} \tag{2-37}$$

对于可逆流动过程，有

$$\delta q = \mathrm{d}h - v\mathrm{d}p \tag{2-38}$$

$$\delta Q = \mathrm{d}H - V\mathrm{d}p \tag{2-39}$$

$$q = \Delta h - \int_1^2 v\mathrm{d}p \tag{2-40}$$

$$Q = \Delta H - m\int_1^2 v\mathrm{d}p \tag{2-41}$$

式（2-34）~式（2-41）是热力学第一定律的又一种表达，又称为热力学第一定律的第二表达式。由此可见，热力学第一定律的两个表达式在形式上虽然不相同，但由热能转变为机械能的实质都是一致的，只是在不同的场合下，各有其特殊应用。

第四节　稳定流动能量方程的应用

稳定流动能量方程反映了工质在稳定流动过程中能量转换的一般规律，在工程上应用很广。当然，在应用能量方程分析具体问题时，应和所研究的实际过程中的不同条件结合起来时，有时可将某些次要因素略去不计，使能量方程得以简化。现以几种典型的热力设备为例，说明稳定流动能量方程的具体应用。

一、锅炉及热交换设备

如图 2-7 所示，忽略流动阻力损失，水在锅炉中可视为定压吸热变为过热蒸汽，故 $\mathrm{d}p = 0$，且工质对外不输出功，$w_\mathrm{s} = 0$。因过程中工质的高度变化一般只有几十米，位能增量相对很小。例如若高度变化 30m，则位能增量 $g(z_2 - z_1) = 0.294\mathrm{kJ/kg}$，与每千克工质水在锅炉中的吸热量 q（约为 2090kJ/kg）相比，可以忽略不计。同样，工质动能增量也远远小于吸热量。因此，稳定流动能量方程应用于锅炉时就简化为

$$q = h_2 - h_1 \tag{2-42}$$

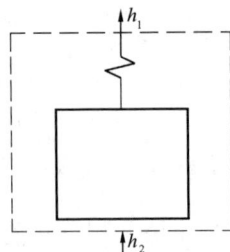

图 2-7　锅炉的能量平衡

在各种热量交换器中，主要是实现冷、热流体的热量交换，如空气预热器、高低压回热加热器、冷凝器等，工质流过这类设备时与流过锅炉具有相同的特点，仅交换热量而无功交换，故上述结论对其他各种换热器同样适用。若求得的结果 q 为正值，则表明工质从外界吸热，若 q 为负值，则表明工质向外界放热。

上面对于热交换器的能量分析是以冷、热流体中的一种为对象进行分析，也可以以整个换热器为研究对象，把换热器看作是有两个进口与两个出口的开口系统，忽略冷、热流体进、出口的动能和位能变化，且 $W_\mathrm{s} = 0$，若忽略换热器的散热，即 $Q = 0$。于是，稳定流动能量方程简化为

$$\Delta H = 0$$

即

$$(m_2 h_{2\mathrm{o}} + m_1 h_{1\mathrm{o}}) - (m_2 h_{2\mathrm{i}} + m_1 h_{1\mathrm{i}}) = 0$$

或

$$m_2(h_{2\mathrm{o}} - h_{2\mathrm{i}}) = m_1(h_{1\mathrm{i}} - h_{1\mathrm{o}})$$

微课 2-7　稳定流动能量方程的应用

动画 2-2　稳定流动能量方程在换热器中的应用

这就说明，冷流体焓的增加等于热流体焓的减少，也就是冷流体吸收的热量等于热流体放出的热量。

【例 2-3】 如图 2-8 所示，某油冷却器采用水冷却降低油温。已知进入冷却器的热油温是 88℃，经冷却离开的油温是 38℃，油的质量流量为 4.5kg/min；冷却水进口温度 15℃，出口温度为 26.5℃。油、水的焓值可用 $\Delta h = c\Delta t$ 计算，已知水的比热容 $c_w = 4.187\text{kJ/(kg·K)}$，油的比热容 $c_o = 1.89\text{kJ/(kg·K)}$。试确定油冷却器每小时需要的冷却水质量流量以及每小时冷却水带走的热量。

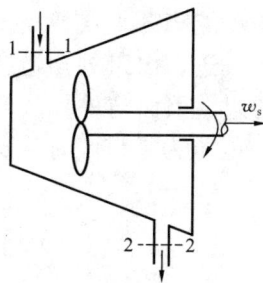

图 2-8 例 2-3 图

解 取整个油冷却器的流体为热力系统，分析可知 $Q = 0$，$W_t = 0$，故

$$\Delta H = \Delta H_w + \Delta H_o = 0$$

故

$$q_{mw} c_w (t_{w2} - t_{w1}) + q_{mo} c_o (t_{o2} - t_{o1}) = 0$$

所以

$$q_{mw} = \frac{q_{mo} c_o (t_{o1} - t_{o2})}{c_w (t_{w2} - t_{w1})} = \frac{4.5 \times 1.89 \times (88 - 38)}{4.187 \times (26.5 - 15)} = 8.83 (\text{kg/min})$$

以冷却水为热力系统，则有

$$Q_w = \Delta H_w = 8.83 \times 4.187 \times (26.5 - 15) \times 60 = 25.515 \times 10^3 (\text{kJ/h})$$

二、动力机械

动力机械是利用工质膨胀而获得机械功的热力设备，如汽轮机或燃气轮机，工质流过汽轮机或燃气轮机时，压力降低，对外做功；进口和出口工质速度相差不多，相对高度变化细微，动能差和位能差很小；工质向外界略有散热损失，q 为负数，但通常因为这些设备都采用了保温措施，故散热损失数量不大，相对于轴功可忽略不计，如图 2-9 所示。因此，稳定流动能量方程应用于汽轮机和燃气轮机时就简化为

动画 2-3 稳定流动能量方程在热力发动机中的应用

$$w_s = h_1 - h_2 \tag{2-43}$$

故工质在动力机械中对外输出的轴功是依靠工质的焓降转变而来的。

图 2-9 动力机械的能量平衡

【例 2-4】 某汽轮机进汽流量 634t/h，进口蒸汽焓 $h_1 = 3476\text{kJ/kg}$，出口蒸汽焓 $h_2 = 2227\text{kJ/kg}$。试求：

（1）汽轮机功率；

（2）若蒸汽进口速度 $c_1 = 50\text{m/s}$，出口速度 $c_2 = 100\text{m/s}$，考虑动能对汽轮机功率有多大影响？

（3）若考虑汽轮机进出口高差 10m，对汽轮机功率有多大影响？

（4）若考虑汽缸向外界散热 $9.5 \times 10^6\text{kJ/h}$，对汽轮机功率有多大影响？

解 取汽轮机内腔为开口系统，由式（2-43）可得

(1)
$$P = q_m w_s = q_m (h_1 - h_2) = \frac{634 \times 10^3}{3600} \times (3476 - 2227)$$

$$= 220 \times 10^3 (\text{kW}) = 220 (\text{MW})$$

由稳定流动能量表达式 $q = \Delta h + \dfrac{\Delta c^2}{2} + g\Delta z + w_s$ 可知 $w_s = q - \Delta h - \dfrac{\Delta c^2}{2} - g\Delta z$，当考虑动能差、位能差或散热时都会使汽轮机功率变化。

(2)
$$\Delta P_k = \frac{\frac{1}{2}\Delta c^2}{w_s} = \frac{\frac{1}{2}(100^2 - 50^2) \times 10^{-3}}{3476 - 2227} = 0.003 = 0.3\%$$

(3)
$$\Delta P_p = \frac{g\Delta z}{w_s} = \frac{9.81 \times 10 \times 10 \times 10^{-3}}{3476 - 2227} = 0.08\%$$

(4)
$$\Delta P_q = \frac{q}{w_s} = \frac{\dfrac{9.5 \times 10^6}{634 \times 10^3}}{3476 - 2227} = 1.2\%$$

通过上面例题可以看到，对于热机的能量交换，可以忽略 $\dfrac{\Delta c^2}{2}$、$g\Delta z$、q 对热机输出功率影响，ΔP_i 均不超过 2%，这些被忽略的项目绝对值可能很大，如散热每小时达 $9.5 \times 10^6 \text{kJ/h}$，但是它与输出功率比较则仅占到 1.2%。能量方程工程应用中，需要根据能量各项目的数量级比较以及计算精度的允许条件决定舍去的能量项。

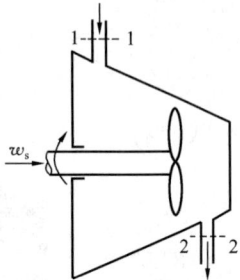

图 2-10 压缩机械的能量平衡

三、压缩机械

当工质流经泵、压气机、风机这些压缩机械时，压力增加，外界对工质做功，情况与动力机械刚好相反；工质向外界散热，q 为负数，但由于工质流经设备的时间很短，散热量通常可以忽略；进出口动能、位能差都很小，如图 2-10 所示。因此，根据稳定流动能量方程，有

$$-w_s = h_2 - h_1 \tag{2-44}$$

工质在压缩机械中被压缩时，外界所消耗的功等于工质焓的增加。

四、喷管与扩压管

动画 2-4 稳定流动能量方程在泵与风机中的应用

喷管与扩压管在工程上具有广泛的应用，形状如图 2-11 所示。喷管是通过流体的膨胀而获得高速流体的一种设备，扩压管是利用流体的动能降低来获得高压流体的一种设备。它们的作用刚好相反，但它们的共同特点是进、出口的动能变化比较大，没有轴功的交换，即 $w_s = 0$。又由于气流高速通过，因而与外界交换的热量很小，可认为 $q = 0$，同时工质相对高度基本不变，位能差为零。此时稳定流动能量方程变化为

$$\frac{1}{2}(c_2^2 - c_1^2) = h_1 - h_2 \tag{2-45}$$

可见，工质动能的增加等于其焓的减少。在喷管中流体的动能增加，焓值必然降低；在扩压管中，流体的动能减小，焓值必然增大。

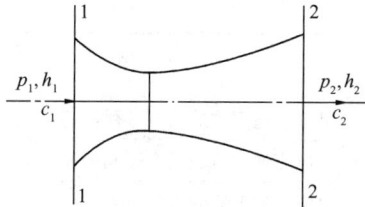

图 2-11 喷管与扩压管
的能量平衡

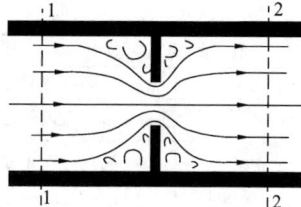

图 2-12 绝热节流的
能量平衡

动画 2-5 稳定
流动能量方程
在喷管中的应用

五、绝热节流

工质流过阀门时，流动截面突然收缩，由于存在流动阻力会造成流体压力降低的现象称为节流，如图 2-12 所示。1—1 与 2—2 截面之间的流动，严格来说不是稳定流动。但是在离阀门不远的两个截面处，工质的状态趋于平衡状态，该两截面可列出稳定流动的能量方程式。由于阀门管件尺寸较小，流体流速较快，故流过阀门时的散热是可以忽略的，流动可以看作是绝热的，而前后两截面间动能差和位能差也可忽略不计，又不对外做功，则对两截面处的工质应用稳定流动能量方程可得

$$h_2 = h_1 \qquad (2\text{-}46)$$

即绝热节流前后，工质的焓不变。

但是由于存在摩擦和涡流，节流前后两截面间的流动过程为不平衡过程，节流是典型的不可逆的过程。

由以上几种常见的热力设备的能量分析可见，能量守恒是一切热力设备在能量转换时要遵从的共同原则，是一切热力过程的共性，但此种共性是通过各种不同形式过程的个性表现出来的。要正确应用能量方程式，首先必须牢固掌握能量守恒这个基本原则，其次还必须学会分析各具体热力过程所实施的条件，最后将一般规律和具体条件结合起来，从而得到反映该热力过程的具体规律。

小 结

本章的核心内容是热力学第一定律的实质、表达式及其在工程上的应用。

（1）热力学第一定律的实质是能量守恒与转换定律。第一定律确定了热力系统在热力过程中能量传递与转换的能量数量关系，进入热力系统的能量－离开热力系统的能量＝热力系统储存能的变化。

（2）热力学第一定律的各种表达式，列表对比如表 2-1 所示。

表 2-1 热力学第一定律的各种表达式

序号	数学表达式		使 用 条 件
	第一表达式	第二表达式	
1	$Q = \Delta U + W$	$Q = \Delta H + W_t$	一定数量工质的任意过程，初终状态为平衡状态
2	$\delta Q = \mathrm{d}U + \delta W$	$\delta Q = \mathrm{d}H + \delta W_t$	一定数量工质的任意微元过程
3	$\delta Q = \mathrm{d}U + p\mathrm{d}V$	$\delta Q = \mathrm{d}H - V\mathrm{d}p$	一定数量工质的微元可逆过程
4	$Q = \Delta U + m\int_1^2 p\mathrm{d}v$	$Q = \Delta H - m\int_1^2 v\mathrm{d}p$	一定数量工质的可逆过程

续表

序号	数学表达式		使 用 条 件
	第一表达式	第二表达式	
5	$q=\Delta u+w$	$q=\Delta h+w_t$	单位质量工质的任意过程，初终状态为平衡状态
6	$\delta q=\mathrm{d}u+\delta w$	$\delta q=\mathrm{d}h+\delta w_t$	单位质量工质的任意微元过程
7	$\delta q=\mathrm{d}u+p\mathrm{d}v$	$\delta q=\mathrm{d}h-v\mathrm{d}p$	单位质量工质的微元可逆过程
8	$q=\Delta u+\int_1^2 p\mathrm{d}v$	$q=\Delta h-\int_1^2 v\mathrm{d}p$	单位质量工质的可逆过程

（3）稳定流动能量方程式。稳定流动能量方程式表达为 $q=\Delta h+\dfrac{\Delta c^2}{2}+g\Delta z+w_s$，它是开口系能量平衡的一种具体表达，在不同的热力设备中有不同的简化。在锅炉和热交换器中可以简化为 $q=h_2-h_1$，在动力机械和压缩机械中可以简化为 $w_s=h_1-h_2$，在喷管与扩压管中可以简化为 $\dfrac{1}{2}(c_2^2-c_1^2)=h_1-h_2$，在绝热节流过程中可以简化为 $h_2=h_1$。

（4）体积变化功、推动功、轴功、技术功的有关概念。①体积变化功是通过工质体积变化所完成的功，一般是闭口系与外界交换的功。对于可逆过程的体积变化功 $w=\int_1^2 p\mathrm{d}v$，可用 $p\text{-}v$ 图中过程线与 v 轴所夹面积表示。②推动功是伴随着工质的流动而传递的一种机械能，不是工质本身具有的能量，只有在工质流动过程中才存在。③轴功是开口系统通过轴与外界交换的机械能。开口系统与外界交换的功都是指轴功。在实际设备中，若无转轴、活塞之类的做功部件则无轴功的交换。④技术功是开口系向外界提供的技术上可直接利用的机械能，即 $w_t=\dfrac{1}{2}\Delta c^2+g\Delta z+w_s$。对于可逆过程的技术功 $w_t=-\int_1^2 v\mathrm{d}p$，可用 $p\text{-}v$ 图中过程线与 p 轴所夹面积表示。⑤各种功之间的关系为 $w=\Delta(pv)+w_t$。

思 考 题

2-1　热力学能和焓都可以代表工质的能量，它们有何区别？

2-2　体积变化功、流动功、轴功、技术功有何区别与联系？在 $p\text{-}v$ 图上如何表示体积变化功与技术功。

2-3　为什么开口系的情况下，$q=\Delta u+w$ 仍然是正确的？

2-4　说明下列论断是否正确：

（1）气体吸热后体积必然膨胀；

（2）气体被压缩时一定消耗外功；

（3）气体膨胀时一定对外做功；

（4）气体不能一边被压缩，一边吸热；

（5）对于热力系而言，能量守恒就是进入系统的能量等于离开系统的能量；

（6）推动功就是 pv，焓就是热力学能与推动功之和。闭口系不存在推动功，也就不存在焓；

（7）体积变化功就是系统与外界交换的功，只有工质体积变化时才能与外界交换功。

2-5 在炎热的夏天，有人试图用关闭门窗和打开电冰箱门来达到降温的目的，分析这种做法可行吗？

2-6 写出热力学第一定律的稳定流动能量方程式？举例说明稳定流动的能量方程式在火力发电厂中的两个热力设备中的应用。

2-7 如图 2-13 所示，有一绝热刚性容器，中间用隔板分为 A 和 B 两部分，A 中有高压空气，B 中为绝对真空，如果将隔板抽掉，分析空气的热力学能如何变化？

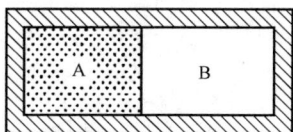

图 2-13 思考题 2-7 图

习 题

2-1 某闭口系统中的定量气体经历 1—2、2—3、3—4、4—1 过程而完成一个循环。已知 1—2 过程中气体吸热 210kJ，外界对气体做功 180kJ，2—3 过程中气体向外放热 210kJ，气体对外做功 200kJ，3—4 过程中气体向外放热 190kJ，外界对气体做功 300kJ，4—1 过程中气体吸热 40kJ。试求：（1）4—1 过程中气体与外界交换的功；（2）各过程气体的热力学能变化量。

2-2 热力系统进行如图 2-14 所示的可逆循环。1—2 为绝热过程，过程中热力学能变化量为 $\Delta U = -50$kJ，2—3 为定压过程，3—1 为定体积过程，且 $V_2 = 0.2$m^3，$V_3 = 0.025$m^3，$p_2 = 0.1$MPa。试求循环净热量和循环净功。

2-3 有一个气缸，上端有活塞，活塞上有一个重物。气缸中有 0.8kg 气体，压力为 0.3MPa。如果气体进行可逆的定压过程，体积由 0.1m^3 减少到 0.03m^3，此时气体热力学能减少了 60kJ/kg。试求气体的做功、放热量和焓变化量。

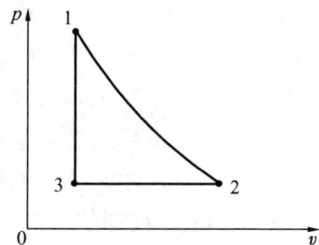

图 2-14 习题 2-2 图

2-4 一台锅炉给水泵将凝结水的压力由 6kPa 升高到 2MPa，水在升压前后密度基本不变，且已知水的密度为 1000kg/m^3，水的流量为 200t/h，水泵的工作效率为 0.88。试问带动该水泵需多大功率的电动机？

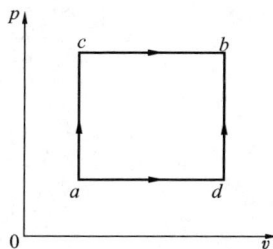

图 2-15 习题 2-5 图

2-5 如图 2-15 所示，某工质从状态 a 沿过程 a—c—b，变化至 b，吸热 167.6kJ，输出功 125.7kJ。若经另一途径 a—d—b 变化至 b，输出功 41.9kJ，问此过程热量交换为多少？

2-6 热力系统经历某一热力过程，对外做功为 27kJ，并放热 9kJ，为使该热力系统返回原状态，若对其加热 6kJ，问还需对热力系统做功多少？

2-7 某热交换器，采用水冷却热空气，热交换器的设备简图如图 2-16 所示。计算：（1）冷却水的质量流量；（2）每秒空气传给水的热量［设水、空气的焓值都可以用 $h=ct$ 计算，水的比热容 $c=4.187\text{kJ}/(\text{kg}\cdot\text{K})$，空气的比热容 $c=1.004\text{kJ}/(\text{kg}\cdot\text{K})$］。

2-8　燃气轮机系统装置如图 2-17 所示。空气由状态 1 进入压气机压力升高至状态 2，在燃烧室内与燃料混合燃烧生成高温燃气，然后进入燃气轮机做功，做完功的废气排至大气。燃气轮机所做的功一部分用于压气机的耗功，一部分对外输出。试建立整个燃气轮机系统的能量平衡式。

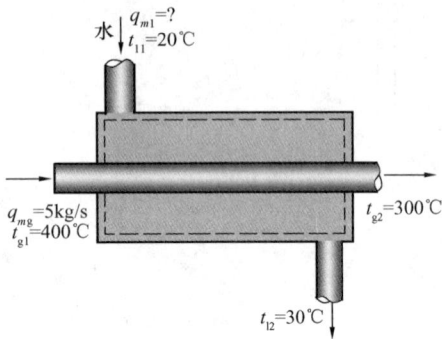

图 2-16　习题 2-7 图　　　　　　　　图 2-17　习题 2-8 图

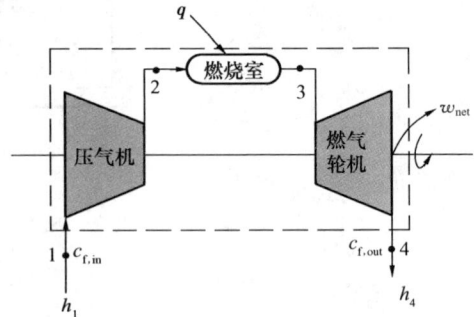

2-9　某蒸汽锅炉中，锅炉给水的焓为 141kJ/kg，产生的蒸汽焓为 2721kJ/kg，已知锅炉的蒸汽产量为 4000t/h，锅炉效率为 70%，燃煤的发热值为 25120kJ/kg，求锅炉每小时的耗煤量。

2-10　电厂供给汽轮机蒸汽量为 40t/h。汽轮机进口处蒸汽的焓为 3440kJ/kg，出口处蒸汽的焓为 2245kJ/kg。试确定：（1）不计蒸汽进出口的宏观动能差和宏观重力位能差时汽轮机的功率；（2）进口处蒸汽的速度为 70m/s 和出口处蒸汽的速度为 140m/s 时的汽轮机的功率；（3）进出口位置的高度差为 1.6m 时汽轮机的功率。

2-11　某混合式蒸汽加热器，采用蒸汽加热水，如图 2-18 所示，已知蒸汽的参数 $h_1=2855.4\text{kJ}/\text{kg}$，被加热水的进口温度为 40℃，试确定获得质量为 1kg，温度为 150℃的热水，需要多少蒸汽［水的比热容 $c=4.187\text{kJ}/(\text{kg}\cdot\text{K})$，比焓值可以用 $h=ct$ 计算］？

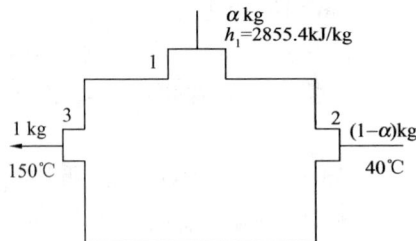

图 2-18　习题 2-11 图

第三章

理想气体及热力过程

热力设备中能量的传递和转换要通过工质的状态变化才能实现。因此，在研究热功转换时，除掌握热力学第一定律外，还必须熟悉常用工质的热力学性质和基本的热力过程。

热机中使用的工质常是气体物质。气体物质按其偏离液态的程度可分为理想气体和实际气体两大类。本章主要介绍理想气体的热力性质及其热力过程。

第一节　理想气体的概念及状态方程式

微课 3-1　理想气体的概念

一、理想气体和实际气体

气体分子是有体积的，气体分子之间是有相互作用力的。当气体的比体积不是很大，在工程计算中必须考虑分子本身体积及分子间相互作用力时，我们把它称为实际气体。实际气体的性质是比较复杂的。

为了使分析计算简化，人们提出了理想气体的概念。所谓理想气体，是指其分子可视为弹性的、不占体积的质点且分子之间不存在相互作用力的气体。理想气体是一种不存在的假想气体，引入理想气体的概念后，气体分子运动的规律大为简化，各状态参数之间可以得出简单的函数关系式，大大简化了分析计算。

当实际气体的温度较高、压力较低时，可以忽略分子本身体积及分子之间的相互作用力，作为理想气体来处理。例如，工程中所常用的气体 O_2、N_2、H_2、CO、CO_2 等，以及由这些气体所组成的空气、燃气及烟气，在通常的压力和温度下，离液态区较远，均可视为理想气体。但对于锅炉中所产生的水蒸气或很多制冷剂的蒸汽，由于离液态较近，一般不能作为理想气体来处理。必须特别指出，烟气和大气中所含有的水蒸气，由于其含量很少，比体积很大，离液态较远，在此情况下，仍可作为理想气体来研究。可见理想气体与实际气体没有明显界限，在什么情况下应视为何种气体，要根据工程计算所允许的误差范围而定。

二、理想气体状态方程式

1. 物质的量、千摩尔质量和千摩尔体积

物质的量可以表示物质数量的多少，它是国际单位制中 7 个基本物理量（长度、质量、时间、电流强度、发光强度、温度、物质的量）之一。物质中所包含的基本单元数（如分子，原子等）与 $0.012kg^{12}C$ 的原子数目（6.0225×10^{23}）相等时物质的量即为 1 摩尔，其符号为 n，在热力学中多用千摩尔表示。

微课 3-2　理想气体状态方程式

千摩尔质量是 1kmol 物质具有的质量，其符号为 M，单位为 kg/kmol，它因气体的种类的不同而不同，数值上等于物质的分子量。如 O_2 的千摩尔质量为 32kg/kmol；N_2 的千摩尔质量为 28.02kg/kmol；空气的千摩尔质量为 28.97kg/kmol。

千摩尔体积是 1kmol 气体所能占据的容积，其符号为 V_m，单位为 $m^3/kmol$，它因气体的压力和温度的不同而不同。阿伏伽德罗定律指出：在同温同压下，相同摩尔数的任何气体所占的容积都相同。故在同温同压下，所有气体的千摩尔体积都相同。

由实验测得，在标准状态（压力为 1atm，温度为 0℃）时，任何气体的千摩尔体积为

$$V_{m0} = 22.414 \text{m}^3/\text{kmol}$$

式中 V_m——千摩尔体积，注脚"0"指标准状态。

千摩尔质量与千摩尔体积之间的关系式为

$$Mv = V_m$$

式中 v——比体积，m^3/kg。

千摩尔体积与体积之间的关系式为

$$nV_m = V$$

式中 V——体积，m^3。

2. 理想气体的状态方程式

对于理想气体，在任何平衡状态下，其压力和比体积的乘积与温度的比值为一常量，即

$$\frac{p_1 v_1}{T_1} = \frac{p_2 v_2}{T_2} = \frac{pv}{T} = R_g$$

或

$$pv = R_g T \tag{3-1}$$

式中 p——气体的绝对压力，Pa；

    v——气体的比体积，m^3/kg；

    T——气体的热力学温度，K；

    R_g——气体常数，$\text{J}/(\text{kg} \cdot \text{K})$。

上式即为理想气体状态方程式，也称克拉贝隆方程式。它简单明了地反映了平衡状态下质量为 1kg 的理想气体基本状态参数之间的关系。

式（3-1）说明，对于同一种气体，不论在什么状态下，R_g 的数值恒为常量，但其值随气体的种类而异。常用气体的 R_g 值可从气体的热力性质表中查得。例如，氧气、空气的 R_g 值分别为 260J/(kg·K)和 287J/(kg·K)。

对于指定的气体，因为有一定的 R_g 值，所以在某一定状态时，若气体 p、v、T 的中任意两个状态参数的值为已知，则第三个状态参数就可由状态方程式计算而得。另一方面，该式也说明，在一定状态时气体的 p、v、T 三个基本状态参数中只要知道任意两个，气体的状态也就确定了。

若气体的质量为 m，将式（3-1）两边同乘以 m，则得

$$pV = mR_g T \tag{3-2}$$

式中 $V = mv$——$m$kg 质量的气体所占的总体积，m^3。

对于流动的气体，将式（3-2）两边同除以时间 τ，则得

$$pq_V = q_m R_g T \tag{3-3}$$

式中 q_V——体积流量，m^3/s；

    q_m——质量流量，kg/s。

气体稳定流动时，各流通截面上的质量流量 q_m 相同。

3. 气体常数和通用气体常数

R_g 值随气体种类而异，应用时虽可查物性表，但不方便。气体常数 R_g 的值之所以随气体种类而异，是因为在同温同压下，单位质量的不同气体，其体积各不相同。例如，同处

于标准状况下的空气和氧气的比体积分别为 $0.7735\mathrm{m^3/kg}$ 和 $0.6998\mathrm{m^3/kg}$，因此，由理想气体状态方程式算出的空气和氧气的 R_g 值也不相同。

将式（3-1）两边同乘以千摩尔质量 M，得

$$pMv = MR_\mathrm{g}T$$

令 $R = MR_\mathrm{g}$，又因 $Mv = V_\mathrm{m}$，则上式可写成

$$pV_\mathrm{m} = RT \tag{3-4}$$

由阿伏伽德罗定律可知，V_m 与气体种类无关，所以 R 也与气体种类无关。这样，对于任何理想气体，无论在什么状态下，R 的值都为一定值，我们把 R 称为通用气体常数，单位为 $\mathrm{J/(kmol \cdot K)}$。

取标准状态的参数值代入，则得

$$R = \frac{pV_\mathrm{m}}{T} = \frac{p_0 V_\mathrm{m0}}{T_0} = \frac{101325 \times 22.414}{273.15} = 8314[\mathrm{J/(kmol \cdot K)}]$$

这样当气体的分子量已知时，就可以由式 $R = MR_\mathrm{g}$ 很方便地求出该气体的气体常数，即

$$R_\mathrm{g} = \frac{R}{M} = \frac{8314}{M} \quad \mathrm{J/(kg \cdot K)}$$

对于 n 千摩尔气体，将式（3-4）两边同乘以 n 千摩尔，则有

$$pV = nRT \tag{3-5}$$

式（3-1）～式（3-5）是理想气体状态方程的五种表达式，分别描述不同物量气体的状态变化规律。在热工计算中式（3-1）～式（3-3）应用最广。

【例 3-1】　容积为 $0.0283\mathrm{m^3}$ 的钢瓶内装有氧气，压力为 $6.865 \times 10^5\mathrm{Pa}$，温度为 294K。发生泄漏后，压力降低至 $4.901 \times 10^5\mathrm{Pa}$ 才被发现，而温度未变。问至发现为止共漏去多少千克氧气？

解　由题知

$$p_1 = 6.865 \times 10^5\mathrm{Pa}, \quad T_1 = T_2 = T = 294\mathrm{K},$$
$$p_2 = 4.901 \times 10^5\mathrm{Pa}, \quad V_1 = V_2 = V = 0.0283\mathrm{m^3}$$

由状态方程式（3-2）可知，泄漏前瓶内原有的氧气量为 $m_1 = \dfrac{p_1 V}{R_\mathrm{g}T}$

泄漏后瓶内剩余的氧气量为 $m_2 = \dfrac{p_2 V}{R_\mathrm{g}T}$

氧气 $R_\mathrm{g} = \dfrac{8314}{32} = 259.8\mathrm{J/(kg \cdot K)}$。因此，漏去的氧气量为

$$\Delta m = m_1 - m_2 = \frac{(p_1 - p_2)V}{R_\mathrm{g}T} = \frac{(6.865 \times 10^5 - 4.901 \times 10^5) \times 0.0283}{259.8 \times 294} = 0.0728(\mathrm{kg})$$

【例 3-2】　某 300MW 机组锅炉燃煤所需的空气量在标准状态下为 $120 \times 10^3\mathrm{m^3/h}$，送风机实际送入的空气温度为 27℃，出口压力表的读数为 $5.4 \times 10^3\mathrm{Pa}$。当地大气压力为 0.1MPa，求送风机的实际送风量。

解　气体稳定流动时，各流通截面上的质量流量 q_m 相同。由状态方程式（3-3），得

标准状态　　　　　　　　　　　　$p_0 q_{V0} = q_m R_\mathrm{g} T_0$

实际状态　　　　　　　　　　　　$p q_V = q_m R_\mathrm{g} T$

两式相除得实际送风量为

$$q_V = \frac{p_0}{p}\frac{T}{T_0}q_{V0} = \frac{101325}{0.1\times10^6 + 5.4\times10^3}\times\frac{273+27}{273}\times120\times10^3 = 127\times10^3 (\mathrm{m^3/h})$$

第二节　理想气体的比热容

微课 3-3　理想气体的比热容

在应用能量方程分析热力过程时，需要对气体进行热力学能和焓的变化量以及热量的计算，这些都需要借助于比热容的概念。

1. 比热容的定义

为了计算气体状态变化过程中的吸（或放）热量，引入比热容的概念。物体温度升高 1K 所需的热量称为热容，以 C 表示，$C = \frac{\delta Q}{\mathrm{d}T}$，单位为 J/K。1kg 物质温度升高 1K（或 1℃）所需的热量称为质量热容，又称比热容，单位为 J/(kg·K)，用 c 表示，其定义式为

$$c = \frac{\delta q}{\mathrm{d}T} \text{ 或 } c = \frac{\delta q}{\mathrm{d}t}$$

1kmol 物质的热容称为千摩尔热容，单位为 J/(kmol·K)，以符号 C_m 表示。热工计算中，尤其在有化学反应或相变反应时，用摩尔热容更方便。标准状态下 1m³ 物质的热容称为体积热容，单位为 J/(m³·K)，以 C' 表示。三者之间的关系为

$$C_m = Mc = 22.4C' \tag{3-6}$$

2. 比定压热容和比定容热容

热工设备中，气体往往是在压力不变或体积不变的条件下吸热或放热，因此定压过程和定体积（也称为定容）过程的比热容最常用，分别称为比定压热容和比定容热容，用下标 p 和 V 表示。

气体在定压下吸热时，由于在温度升高的同时，还要克服外界抵抗力而膨胀做功，所以同样升高 1℃，比定体积（也称为定容）吸热时所需要的热量更多。根据比热容定义和热力学第一定律，有

$$c_p = \frac{\delta q}{\mathrm{d}T}\bigg|_p = \frac{(\mathrm{d}h - v\mathrm{d}p)}{\mathrm{d}T}\bigg|_p = \frac{\mathrm{d}h}{\mathrm{d}T} \tag{3-7}$$

$$c_V = \frac{\delta q}{\mathrm{d}T}\bigg|_v = \frac{(\mathrm{d}u + p\mathrm{d}v)}{\mathrm{d}T}\bigg|_v = \frac{\mathrm{d}u}{\mathrm{d}T} \tag{3-8}$$

根据焓的定义 $h = u + pv$，对于理想气体 $h = u + R_g T$ 或 $\mathrm{d}h = \mathrm{d}u + R_g\mathrm{d}T$，可得

$$c_p - c_V = R_g \tag{3-9}$$

式（3-9）只适用于理想气体，称为迈耶公式。表明在相同温度下任意气体的 c_p 总是大于 c_V，其差值恒等于气体常数。

在工程热力学中，除了用到 c_p 与 c_V 之差的关系外，还经常用到 c_p 与 c_V 的比值 c_p/c_V，称之为比热容比，对理想气体又称等熵指数，记作 κ，即

$$\kappa = c_p/c_V \tag{3-10}$$

联立求解上两式可得

$$c_V = \frac{R_g}{\kappa - 1} \tag{3-11}$$

$$c_p = \frac{\kappa R_g}{\kappa - 1} \tag{3-12}$$

这两个关系式告诉我们，已知工质的等熵指数 κ，就可以确定比定容热容 c_V 和比定压热容 c_p。对于理想气体，κ 仅与气体的分子结构有关，单原子气体 $\kappa = 1.67$，双原子气体 $\kappa = 1.4$，多原子气体 $\kappa = 1.3$。例如：O_2、N_2 是双原子气体，$\kappa = 1.4$；主要由 O_2、N_2 组成的空气 $\kappa = 1.4$；CO_2 的 $\kappa = 1.3$。

3. 比热容与温度的关系

实际过程中气体温度每升高 1℃，所需热量并非常量，而是随着气体所处的状态不同而有所变化。总的来说，压力和比体积对气体比热容的影响不大，往往可以忽略不计，而温度对气体比热容的影响就比较显著。实验也表明，工质在 100℃ 和 1000℃ 时经过同样性质的过程都升高 1℃，吸收的热量是不一样的，即比热容随着温度的变化而变化，通常是随着温度的增加而增加。

用气体的真实比热容计算热量很不方便，在工程计算中一般用平均比热容的概念。平均比热容的定义式为

$$c\Big|_{t_1}^{t_2} = \frac{q_{12}}{t_2 - t_1} = \frac{\int_1^2 c\,\mathrm{d}t}{t_2 - t_1} \tag{3-13}$$

式中，$c\Big|_{t_1}^{t_2}$ 称为气体在 t_1 和 t_2 温度范围内的平均比热容。如图 3-1 所示，$q_{12} =$ 面积 $ABDEA =$ 面积 $FGDEF =$ 面积 $HBD0H -$ 面积 $HAE0H$，当 $c = f(t)$ 被取作线性关系时，可证明 $c\Big|_{t_1}^{t_2}$ 在数值上恰好等于 $t_m = (t_1 + t_2)/2$ 时的比热容。

如果预先将气体从 0℃ 到 t℃ 的平均比热容编制成数据表，则可以用式（3-14）计算 t_1 到 t_2 温度范围中的平均比热容：

$$c\Big|_{t_1}^{t_2} = \frac{c\Big|_0^{t_2} t_2 - c\Big|_0^{t_1} t_1}{t_2 - t_1} \tag{3-14}$$

微课 3-4 温度对比热容的影响

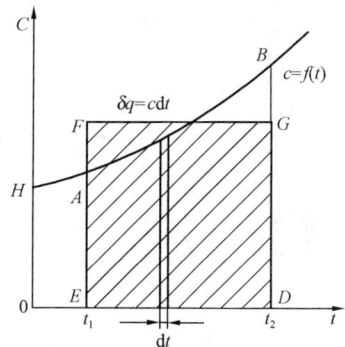

图 3-1 平均比热容

根据平均比热容表给出的有关数据，利用平均比热容表计算热量既简单又准确。气体的各种比热容表见附表 1～附表 10。

4. 定值比热容

在精度要求不高或温度范围变化不大时，常常忽略温度对比热容的影响，取比热容为定值，这种不考虑温度影响的比热容称为定值比热容。

根据理想气体分子运动理论，认为理想气体的定容摩尔热容 C_{Vm} 和定压摩尔热容 C_{pm} 仅仅是随着构成分子的原子数目不同而不同，其值见表 3-1。

表 3-1　　　　　　　　　　理想气体的定值摩尔比热容和比热容比 κ

项目 \ 原子结构数	单原子气体	双原子气体	多原子气体
C_{Vm} [J/(kmol·K)]	$\frac{3}{2}R$	$\frac{5}{2}R$	$\frac{7}{2}R$
C_{pm} [J/(kmol·K)]	$\frac{5}{2}R$	$\frac{7}{2}R$	$\frac{9}{2}R$
$\kappa = c_p/c_V$	1.67	1.4	1.3

5. 用比热容计算热量

如果比热容是定值，则 $m\,kg$ 气体温度升高 Δt 时所需要的热量为

$$Q = mc\Delta t \qquad\qquad (3\text{-}15)$$

已知气体的真实比热容随温度变化的关系时，气体由 t_1 升高到 t_2 所需热量可按下式计算：

$$Q = m\int_1^2 c\,\mathrm{d}t = mc\Big|_{t_1}^{t_2}(t_2 - t_1) \qquad\qquad (3\text{-}16)$$

如果比热容是定值，则标准状态下 $1\,m^3$ 气体温度升高 Δt 时所需要的热量为

$$Q = V_0 c'\Delta t \qquad\qquad (3\text{-}17)$$

已知气体的真实比热容随温度变化的关系时，气体由 t_1 升高到 t_2 所需热量也可按下式计算：

$$Q = V_0\int_1^2 c'\,\mathrm{d}t = V_0 c'\Big|_{t_1}^{t_2}(t_2 - t_1) \qquad\qquad (3\text{-}18)$$

【例 3-3】 将 $5\,m^3$ 的氮气在 $p = 3\times 10^5\,Pa$ 下从 20℃ 定体积加热到 120℃，用定值比热容求氮气吸收的热量。

解 （1）若希望用比定容热容来进行计算，应首先将气体的体积换算成标准状态下的数值。由状态方程得

$$\frac{p_1 V_1}{T_1} = \frac{p_0 V_0}{T_0}$$

所以

$$V_0 = \frac{p_1 V_1 T_0}{T_1 p_0} = \frac{3\times 10^5\times 5\times 273}{(20+273)\times 101325} = 13.8\,(m^3,\ \text{标准状态下})$$

因为氮气是双原子气体，求得氮气的体积定容热容为

$$C'_V = \frac{C_{Vm}}{22.4} = \frac{\frac{5}{2}\times 8.314}{22.4} = 0.9279\ [kJ/(m^3\cdot K),\ \text{标准状态下}]$$

求出氮气吸收的热量

$$Q_V = V_0 C'_V(T_2 - T_1) = 13.8\times 0.9279\times(120-20) = 1280.5\,(kJ)$$

（2）若希望用比热容来进行计算，则首先利用状态方程求出气体的质量。

由 $p_1 V_1 = m_1 R_g T_1$ 得 $m = \dfrac{p_1 V_1}{R_g T_1} = \dfrac{3\times 10^5\times 5}{\dfrac{8314}{28}\times(20+273)} = 17.24\,(kg)$

再算出氮气比定容热容

$$c_V = \frac{C_{Vm}}{28} = \frac{\frac{5}{2}\times 8.314}{28} = 0.7423\,[kJ/(kg\cdot K)]$$

最后求出氮气吸收的热量

$$Q_V = mc_V(T_2 - T_1) = 17.24\times 0.7423\times(120-20) = 1279.7\,(kJ)$$

【例 3-4】 在燃气轮机装置中，用从燃气轮机中排出的乏气在回热器中对空气进行加热，然后将加热后的空气送入燃烧室进行燃烧。若空气被加热时从 127℃ 定压加热到 327℃，按下列要求计算对每千克空气所加入的热量。（1）按平均比热容表计算；（2）按定值比热容计算。

解 （1）按平均比热容表进行计算。

查平均比热容表

$$t=100,\ c_p\left.\right|_0^{100}=1.006\text{kJ}/(\text{kg}\cdot\text{K})$$
$$t=200,\ c_p\left.\right|_0^{200}=1.012\text{kJ}/(\text{kg}\cdot\text{K})$$
$$t=300,\ c_p\left.\right|_0^{300}=1.019\text{kJ}/(\text{kg}\cdot\text{K})$$
$$t=400,\ c_p\left.\right|_0^{400}=1.028\text{kJ}/(\text{kg}\cdot\text{K})$$

用线性插值法，得

$$c_p\left.\right|_0^{127}=c_p\left.\right|_0^{100}+\frac{c_p\left.\right|_0^{200}-c_p\left.\right|_0^{100}}{200-100}\times(127-100)$$

$$=1.006+\frac{1.012-1.006}{100}\times27=1.0076[\text{kJ}/(\text{kg}\cdot\text{K})]$$

$$c_p\left.\right|_0^{327}=c_p\left.\right|_0^{300}+\frac{c_p\left.\right|_0^{400}-c_p\left.\right|_0^{300}}{400-300}\times(327-300)$$

$$=1.019+\frac{1.028-1.019}{100}\times27=1.0214[\text{kJ}/(\text{kg}\cdot\text{K})]$$

$$c_p\left.\right|_{127}^{327}=\frac{c_p\left.\right|_0^{327}\times327-c_p\left.\right|_0^{127}\times127}{327-127}$$

$$=\frac{1.0214\times327-1.0076\times127}{200}=1.03016[\text{kJ}/(\text{kg}\cdot\text{K})]$$

$$q_p=c_p\left.\right|_{127}^{327}(327-127)=1.03016\times200=206.03(\text{kJ}/\text{kg})$$

（2）按定值比热容计算。

空气按双原子气体处理，有

$$c_p=\frac{C_{pm}}{M}=\frac{\dfrac{7}{2}\times8314}{28.97}=1004.45[\text{J}/(\text{kg}\cdot\text{K})])=1.004[\text{kJ}/(\text{kg}\cdot\text{K})]$$

所以

$$q_p=c_p(t_2-t_1)=1.004\times(327-127)=200.8(\text{kJ}/\text{kg})$$

相对误差 $\varepsilon=\dfrac{200.8-206.03}{206.03}=-2.54\%$

【例3-5】 某燃煤锅炉送风量 $q_{V0}=15000\text{m}^3/\text{h}$（标准状态下），空气预热器把空气从 20℃ 定压加热到 300℃，用定值比热容求每小时需加入的热量。

解　空气按双原子气体处理，有

$$c_p'=\frac{C_{pm}}{22.4}=\frac{\dfrac{7}{2}\times8314}{22.4}=1299.06[\text{J}/(\text{m}^3\cdot\text{K})，标准状态下]$$

$$=1.299[\text{kJ}/(\text{m}^3\cdot\text{K})，标准状态下]$$

所以每小时需加入的热量为

$$Q_p=q_{V0}c_p'(t_2-t_1)=15000\times1.299\times(300-20)=5.46\times10^6(\text{kJ}/\text{h})$$

第三节　理想气体热力学能、焓、熵的变化量的计算

理想气体的状态方程式及比热容确定后，利用热力学第一定律就可以方便地求得理想气体的热力学能、焓和熵的变化量。

一、热力学能和焓的变化量计算

对于实际气体，热力学能包括内动能和内位能，与温度、压力、比体积都有关；而对于理想气体，忽略分子之间的作用力，不考虑内位能，热力学能就指微观热运动的内动能，而内动能只与气体温度有关，也即热力学能仅仅是温度的单值函数，即 $u = u(T)$。

对于理想气体有 $pv = R_g T$，且 $u = u(T)$，则根据焓的定义式 $h = u + pv$，可得

$$h = u + pv = u(T) + R_g T = h(T)$$

可见理想气体的焓也仅仅是温度的单值函数。这样，只要工质的温度相同，其热力学能和焓就相同。因此我们得出结论，不管工质经过怎样的热力过程，只要其具有同样的初、终态温度，则这些过程的热力学能和焓的变化量就相等。

对于定体积过程，比体积保持不变，即 $\mathrm{d}v = 0$，则有

$$\delta q = \mathrm{d}u + p\mathrm{d}v = \mathrm{d}u \tag{3-19}$$

对于定压过程，压力保持不变，即 $\mathrm{d}p = 0$，则有

$$\delta q = \mathrm{d}h - v\mathrm{d}p = \mathrm{d}h \tag{3-20}$$

虽然上两式是由定体积过程和定压过程推导出来的，但对于理想气体的任意过程都成立。即理想气体的热力学能变化量在数值上等于定体积过程中的热量，而焓的变化量在数值上等于定压过程中的热量。

用比热容表示上两式得

$$\mathrm{d}u = c_V \mathrm{d}T \tag{3-21}$$

$$\mathrm{d}h = c_p \mathrm{d}T \tag{3-22}$$

对于理想气体的某一热力过程 1—2，则其热力学能和焓的变化量可由以下关系式求得：

$$\Delta u = \int_1^2 c_V \mathrm{d}T \tag{3-23}$$

$$\Delta h = \int_1^2 c_p \mathrm{d}T \tag{3-24}$$

二、熵的变化量计算

理想气体熵的变化量，也可以根据状态方程式和比热容进行计算。根据熵的定义式 $\mathrm{d}s = \dfrac{\delta q}{T}$ 和热力学第一定律可知，对于可逆过程

$$\mathrm{d}s = \frac{\delta q}{T} = \frac{c_V \mathrm{d}T + p\mathrm{d}v}{T} \quad \text{或} \quad \mathrm{d}s = \frac{\delta q}{T} = \frac{c_p \mathrm{d}T - v\mathrm{d}p}{T}$$

即

$$\Delta s = \int_1^2 \frac{c_V \mathrm{d}T + p\mathrm{d}v}{T} \quad \text{或} \quad \Delta s = \int_1^2 \frac{c_p \mathrm{d}T - v\mathrm{d}p}{T}$$

根据理想气体状态方程式，$\dfrac{p}{T} = \dfrac{R_g}{v}$ 和 $\dfrac{v}{T} = \dfrac{R_g}{p}$ 及迈耶公式，分别代入以上两式，变化积分后可得（取比热容为定值比热容）：

$$\Delta s = c_V \ln \frac{T_2}{T_1} + R_g \ln \frac{v_2}{v_1} \tag{3-25}$$

$$\Delta s = c_p \ln \frac{T_2}{T_1} - R_g \ln \frac{p_2}{p_1} \tag{3-26}$$

$$\Delta s = c_p \ln \frac{v_2}{v_1} + c_V \ln \frac{p_2}{p_1} \tag{3-27}$$

只需知道初、终状态，可由以上三式任选其中一式计算理想气体的熵变化量。

【例 3-6】 1kg 空气的初状态为 $p_1 = 0.1$MPa、$T_1 = 450$K。（1）若空气被定压加热至 $T_2 = 560$K，求热力学能、焓、熵的变化量；（2）若空气由初态经由另一途径到 $T_2 = 560$K、$p_2 = 0.05$MPa，求热力学能、焓、熵的变化量。设比热容为定值。

解　（1）定压过程。

$$\Delta u = c_V (T_2 - T_1) = \frac{5 \times 8.314}{2 \times 28.97} \times (560 - 450) = 78.92 (\text{kJ/kg})$$

$$\Delta h = c_p (T_2 - T_1) = \frac{7 \times 8.314}{2 \times 28.97} (560 - 450) = 110.5 (\text{kJ/kg})$$

$$\Delta s = c_p \ln \frac{T_2}{T_1} - R_g \ln \frac{p_2}{p_1} = c_p \ln \frac{T_2}{T_1} = \frac{7 \times 8.314}{2 \times 28.97} \ln \frac{560}{450} = 0.22 (\text{kJ/kg})$$

（2）另一过程。由于这两个过程的初、末温度分别相同，故两过程的热力学能的变化量与焓的变化量都相同，故

$$\Delta u' = \Delta u = 78.92 \text{kJ/kg}$$

$$\Delta h' = \Delta h = 110.5 \text{kJ/kg}$$

$$\Delta s' = c_p \ln \frac{T_2}{T_1} - R_g \ln \frac{p_2}{p_1} = 0.22 - \frac{8.314}{28.97} \ln \frac{0.05}{0.1} = 0.419 (\text{kJ/kg})$$

第四节　理想气体的热力过程

本节主要分析不同的热力过程中参数的变化规律和能量转换中的数量关系。热力过程分析是以热力学第一定律为基础，理想气体为工质，可逆过程为前提的。通常我们把实际过程简化，可以把热力过程归纳为可逆的定压、定温、定体积、绝热等典型热力过程和多变过程。

在分析这些热力过程时，热力学能和焓的变化量由上节的公式计算，热量和功量的计算由热力学第一定律、利用比热容求热量及可逆体积功和技术功的计算式求得。

一、定体积过程、定压过程、定温过程和绝热过程

在状态变化时，工质的体积保持不变的过程称为定体积过程，也称为定容过程；工质的压力保持不变的过程称为定压过程；工质的温度保持不变的过程称为定温过程；工质与外界没有热量交换的过程称为绝热过程。

1. 过程方程

根据状态方程式 $pv = R_g T$ 可知

定体积过程，$v_2 = v_1$，有

$$\frac{p_2}{p_1} = \frac{T_2}{T_1} \tag{3-28}$$

即在定体积过程中，气体的压力与绝对温度呈正比。

定压过程，$p_2 = p_1$，有

$$\frac{v_2}{v_1} = \frac{T_2}{T_1} \tag{3-29}$$

即在定压过程中，气体的比体积与绝对温度成正比。

定温过程，$T_2 = T_1$，有

$$p_2 v_2 = p_1 v_1 \tag{3-30}$$

即在定温过程中，气体的压力与比体积成反比。

绝热过程，有

$$p v^{\kappa} = 定值 \tag{3-31}$$

式中，$\kappa = c_p / c_V$ 即等熵指数或比热容比。因 $c_p > c_V$，故 κ 总大于 1。若比热容取为定值，则 κ 值也为定值。

绝热过程初、终态参数之间的关系为

$$\frac{p_2}{p_1} = \left(\frac{v_1}{v_2}\right)^{\kappa} \tag{3-32}$$

$$\frac{T_2}{T_1} = \left(\frac{v_1}{v_2}\right)^{\kappa - 1} \tag{3-33}$$

$$\frac{T_2}{T_1} = \left(\frac{p_2}{p_1}\right)^{(\kappa - 1)/\kappa} \tag{3-34}$$

可见，工质绝热膨胀时，压力降低，温度也降低；工质被绝热压缩时，则相反。

2. 过程中的能量转换

过程中的热力学能、焓和熵的变化量的计算用前一节的公式计算即可。下面讨论 1kg 工质功和热量的计算。功和热量的表达式如下：

体积功　　　　　　　　　　$w = \int_1^2 p \, dv$

过程热量　　　　　　　　　$q = \int_1^2 c \, dT = \int_1^2 T \, ds$

技术功　　　　　　　　　　$w_t = -\int_1^2 v \, dp$

其中

定体积过程

$$w = \int_1^2 p \, dv = 0 \tag{3-35}$$

$$q = \Delta u + w = \Delta u = c_V \big|_{T_1}^{T_2} (T_2 - T_1) \tag{3-36}$$

$$w_t = -\int_1^2 v \, dp = v(p_1 - p_2) \tag{3-37}$$

定压过程

$$w = \int_1^2 p \, dv = p \int_1^2 dv = p(v_2 - v_1) = R_g(T_2 - T_1) \tag{3-38}$$

$$w_t = -\int_1^2 v \, dp = 0 \tag{3-39}$$

$$q = \int_1^2 c_p \, dT = c_p \big|_{T_1}^{T_2} (T_2 - T_1) = \Delta h + w_t = \Delta h = h_2 - h_1 \tag{3-40}$$

定温过程

$$w = \int_1^2 p \, dv = \int_1^2 p v \frac{dv}{v} = \int_1^2 R_g T \frac{dv}{v} = R_g T \ln \frac{v_2}{v_1} = R_g T \ln \frac{p_1}{p_2} \tag{3-41}$$

$$w_{t} = -\int_1^2 v\mathrm{d}p = -\int_1^2 pv\,\frac{\mathrm{d}p}{p} = -\int_1^2 R_{g}T\,\frac{\mathrm{d}p}{p} = R_{g}T\ln\frac{p_1}{p_2} = R_{g}T\ln\frac{v_2}{v_1} \qquad (3\text{-}42)$$

$$q = \Delta u + w = w = w_{t} = R_{g}T\ln\frac{p_1}{p_2} = R_{g}T\ln\frac{v_2}{v_1} \qquad (3\text{-}43)$$

绝热过程

$$q = 0 \qquad (3\text{-}44)$$

$$w = -\Delta u = u_1 - u_2$$

$$= c_V(T_1 - T_2) = \frac{1}{\kappa - 1}R_{g}(T_1 - T_2)$$

$$= \frac{1}{\kappa - 1}(p_1 v_1 - p_2 v_2) = \frac{R_{g}T_1}{\kappa - 1}\left[1 - \left(\frac{p_2}{p_1}\right)^{\frac{(\kappa-1)}{\kappa}}\right] \qquad (3\text{-}45)$$

$$w_{t} = -\Delta h = h_1 - h_2 = -c_p\Delta T = \frac{\kappa}{\kappa - 1}R_{g}(T_1 - T_2)$$

$$= \frac{\kappa}{\kappa - 1}(p_1 v_1 - p_2 v_2) = \frac{\kappa R_{g}T_1}{\kappa - 1}\left[1 - \left(\frac{p_2}{p_1}\right)^{\frac{(\kappa-1)}{\kappa}}\right]$$

$$= \kappa w \qquad (3\text{-}46)$$

3. 过程曲线在 p-v、T-s 图上的表示

对于定体积过程，因 v＝定值，定体积过程线在 p-v 图上是一条与 v 轴垂直的直线，如图 3-2（a）所示。定体积加热时，压力随温度的升高而增加，过程曲线如 1—2 线所示；定体积放热时，过程曲线如 1—2′线所示。在 T-s 图上，定体积线是一条由左下向右上发展且向上翘的一条曲线，如图 3-2（b）所示。定体积吸热时，工质温度升高，其熵也增大，如 1—2 线所示；定体积放热时，工质温度降低，其熵也减小，如 1—2′线所示。图 3-2 中还画出了定体积过程线群，沿箭头方向比体积增大。

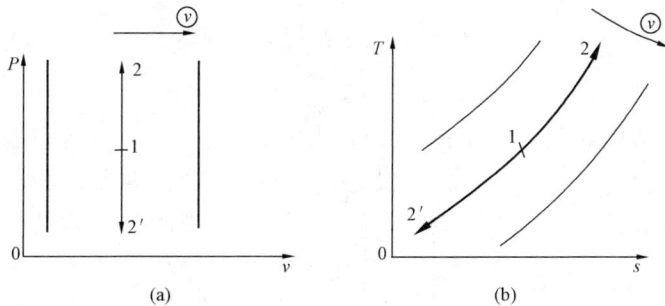

图 3-2　定体积过程的参数坐标图
(a) p-v 图；(b) T-s 图

微课 3-6/动画 3-1
理想气体的
定体积过程

对于定压过程，因 p＝定值，定压过程线在 p-v 图上是一条与 v 轴平行的直线，如图 3-3（a）所示。定压加热时，比体积随温度的升高而增加，过程曲线如 1—2 线所示；定压放热时，过程曲线如 1—2′线所示。在 T-s 图上，定压过程曲线和定体积过程一样，也是一条由左下向右上发展的曲线，但过同一点的定体积线要比定压线陡一些，如图 3-3（b）所示。定压加热时，工质的温度升高，其熵也增大，如 1—2 线所示；定压放热时，工质的温度降低，其熵也减小，如 1—2′线所示。图 3-3 中还画出了定压过程线群，沿箭头方向压力增大。

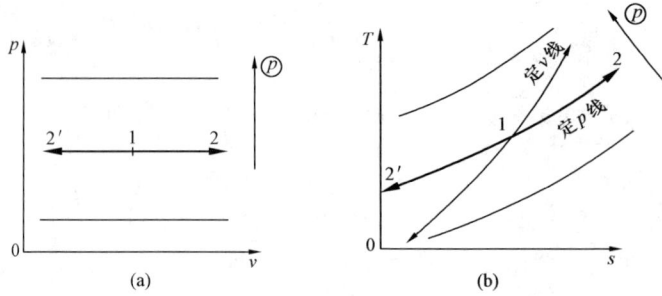

图 3-3　定压过程的参数坐标图
(a) $p\text{-}v$ 图；(b) $T\text{-}s$ 图

对于定温过程，因 $pv=$ 定值，定温过程线在 $p\text{-}v$ 图上为一等边双曲线，如图 3-4（a）所示。由于温度不变，当工质膨胀，即比体积增加时，压力下降，过程曲线向右下方延伸，如 1—2 线所示；当工质被压缩，即比体积减小时，压力增加，过程曲线向左上方延伸，如 1—2′线所示。定温过程曲线在 $T\text{-}s$ 图上是一平行于 s 轴的水平线，如图 3-4（b）所示。工质放热，熵减少，如 1—2′线所示；工质吸热，熵增加，如 1—2 线所示。图 3-4 中还画出了定温过程线群，沿箭头方向温度升高。

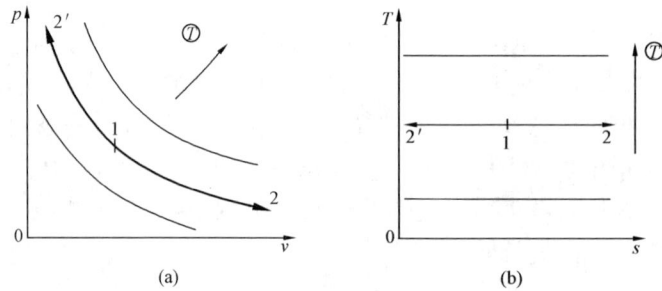

图 3-4　定温过程的参数坐标图
(a) $p\text{-}v$ 图；(b) $T\text{-}s$ 图

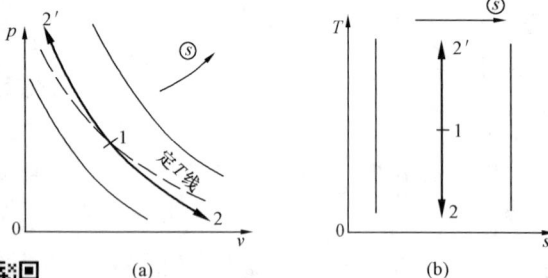

图 3-5　绝热过程的参数坐标图
(a) $p\text{-}v$ 图；(b) $T\text{-}s$ 图

对于绝热过程，如图 3-5（a）所示，因 $pv^{\kappa}=$ 定值，且 $\kappa>1$，故绝热过程线在 $p\text{-}v$ 图上为一不等边双曲线。在 $p\text{-}v$ 图上过同一点的定温线要比绝热线陡一些。绝热膨胀时，工质比体积增大，压力降低，如 1—2 线所示；绝热压缩时，工质比体积减小，压力增大，如 1—2′线所示。在 $T\text{-}s$ 图上绝热过程曲线是一垂直于 s 轴的直线，称为定熵线，如图 3-5（b）所示。当工质绝热膨胀，即比体积增加，压力下降时，工质温度降低，如 1—2 线所示；当工质绝热压缩，即比体积减小，压力增加时，工质温度升高，如 1—2′线所示。图 3-5 中还画出了定熵过程线群，沿箭头方向熵增大。

【例 3-7】　某 200MW 机组锅炉的空气预热器，将压力为 0.12MPa，温度为

27℃的 2000kg 空气在定压下加热到 227℃。试求初、终状态的容积、热力学能的变化量及过程中所加入的热量。设比热容为定值。

解　由状态方程式求出空气的初态体积为

$$V_1 = \frac{mR_g T_1}{p} = \frac{2000 \times \frac{8314}{28.97} \times (27 + 273)}{0.12 \times 10^6} = 1434.93(\mathrm{m})^3$$

空气经历定压过程后，终态体积为

$$V_2 = \frac{T_2}{T_1} V_1 = \frac{227 + 273}{27 + 273} \times 1434.93 = 2391.55(\mathrm{m}^3)$$

热力学能的变化量为

$$\Delta U = m c_V (t_2 - t_1) = 2000 \times \frac{\frac{5}{2} \times 8.314}{28.97} \times (227 - 27) = 286987(\mathrm{kJ})$$

空气的吸热量为

$$Q_p = m c_p (t_2 - t_1) = 2000 \times \frac{\frac{7}{2} \times 8.314}{28.97} \times (227 - 27) = 401781(\mathrm{kJ})$$

【例 3-8】　1kg 氮气从状态 1 可逆定压膨胀到状态 2，然后定熵膨胀到状态 3。已知 $t_1 = 500℃$，$v_2 = 0.25\mathrm{m}^3/\mathrm{kg}$，$v_3 = 1.73\mathrm{m}^3/\mathrm{kg}$，$p_3 = 0.1\mathrm{MPa}$。试求氮气在 1—2—3 过程中热力学能的变化量和所做的膨胀功，并在 p-v 图和 T-s 图上示意地画出此过程（设比热容为定值）。

解　由状态方程得 $T_3 = \dfrac{p_3 v_3}{R_g} = \dfrac{0.1 \times 10^6 \times 1.73}{\frac{8314}{28}} = 583(\mathrm{K})$

由于 2—3 过程为定熵过程，故 $\dfrac{T_2}{T_3} = \left(\dfrac{v_3}{v_2}\right)^{\kappa - 1}$

则　　　　　　$T_2 = T_3 \left(\dfrac{v_3}{v_2}\right)^{\kappa - 1} = 583 \times \left(\dfrac{1.73}{0.25}\right)^{1.4 - 1} = 1264(\mathrm{K})$

$$\Delta u_{123} = c_V (T_3 - T_1) = \frac{\frac{5}{2} \times 8.314}{28} \times (583 - 773) = -141.0(\mathrm{kJ/kg})$$

$$q_{123} = q_{12} + q_{23} = c_p (T_2 - T_1) + 0 = \frac{\frac{7}{2} \times 8.314}{28} \times (1264 - 773) = 510.3(\mathrm{kJ/kg})$$

根据热力学第一定律得

$$w_{123} = q_{123} - \Delta u_{123} = 510.3 - (-141.0) = 651.3(\mathrm{kJ/kg})$$

此过程在 p-v 及 T-s 图上的示意如图 3-6 所示。

【例 3-9】　2kg 空气分别经过定温膨胀和绝热膨胀的可逆过程，如图 3-7 所示，从初态 $p_1 = 0.9807\mathrm{MPa}$，$t_1 = 300℃$ 膨胀到终态体积为初态体积的 5 倍，试计算不同过程中空气的终态参数，对外所做的功和交换的热量以及过程中热力学能、焓、熵的变化量。

解　对定温过程 1—2，由过程中的参数关系式（3-30），得

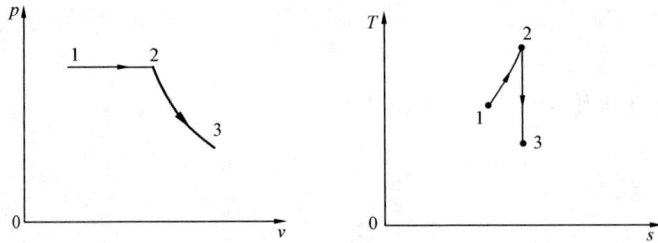

图 3-6 例 3-8 图

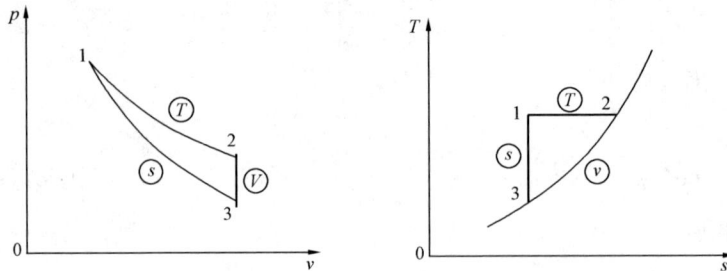

图 3-7 例 3-9 图

$$p_2 = p_1 \frac{v_1}{v_2} = 0.9807 \times \frac{1}{5} = 0.1961(\text{MPa})$$

按理想气体状态方程式 $pv = R_g T$，得

$$v_1 = \frac{R_g T_1}{p_1} = \frac{287 \times (300 + 273)}{0.9807 \times 10^6} = 0.1677(\text{m}^3/\text{kg})$$

$$v_2 = 5v_1 = 5 \times 0.1677 = 0.8385(\text{m}^3/\text{kg})$$

$$T_2 = T_1 = 573\text{K}$$

气体对外做的体积功及交换的热量为

$$W_{12} = W_{\text{t}12} = Q_{12} = mp_1 v_1 \ln \frac{v_2}{v_1} = 2 \times 0.9807 \times 10^6 \times 0.1677 \times \ln 5 = 529.4(\text{kJ})$$

过程中热力学能、焓、熵的变化量为

$$\Delta U_{12} = 0, \quad \Delta H_{12} = 0, \quad \Delta S_{12} = \frac{Q_{12}}{T_1} = \frac{529.4}{573} = 0.9239(\text{kJ/K})$$

或

$$\Delta S_{12} = mR_g \ln \frac{v_2}{v_1} = 2 \times 287 \times \ln 5 \times 10^{-3} = 0.9238(\text{kJ/K})$$

对绝热过程 1—3，空气可作为双原子气体处理，$\kappa = 1.4$，由可逆绝热过程参数间关系式（3-32）可得

$$p_3 = p_1 \left(\frac{v_1}{v_3}\right)^{\kappa}$$

其中 $v_3 = v_2 = 0.8385\text{m}^3/\text{kg}$，故

$$p_3 = 0.9807 \times \left(\frac{1}{5}\right)^{1.4} = 0.103(\text{MPa})$$

按理想气体状态方程式 $pv = R_g T$，得

$$T_3 = \frac{p_3 v_3}{R_g} = \frac{0.103 \times 10^6 \times 0.8385}{287} = 301(\text{K})$$

气体对外所做的体积功及交换的热量为

$$W_{13} = m \frac{1}{\kappa - 1} R_g (T_1 - T_3) = 2 \times \frac{1}{1.4 - 1} \times 287 \times (573 - 301) = 390.3(\text{kJ})$$

$$W_{t13} = \kappa W_{13} = 1.4 \times 390.3 = 546.42(\text{kJ})$$

$$Q_{13} = 0$$

此过程中热力学能、焓、熵的变化量为

$$\Delta U_{13} = -W_{13} = -390.3\text{kJ}$$

$$\Delta H_{13} = -W_{t13} = -546.42\text{kJ}$$

$$\Delta S_{13} = 0$$

二、多变过程

对于复杂的热力过程，p、v、T 都变化。例如在压气机中，气体一边被压缩，一边被冷却，这就偏离了上述四种典型热力过程中的任一种，因此不能按典型热力过程来分析。我们把过程中状态参数变化的规律符合 pv^n＝定值的热力过程称为多变过程，现对其进行热力分析。

多变过程的过程方程式可通过实验测定过程中一些状态点的 p、v 值，整理得如下形式：

$$pv^n = 定值 \tag{3-47}$$

式中　n——多变指数，可在 0 到 $\pm\infty$ 间变化。

当多变指数为某一确定的数值时，过程的特性也就确定了。在热力设备通常实施的热力过程中，n 值不会为负值，故不予以讨论。当 n 为不同数值时，过程就表现出不同的特性。前面所述的定压、定温、绝热和定体积四种典型热力过程，可视为多变过程的特例，即

当 $n=0$ 时：pv^0＝定值，即 p＝定值，为定压过程；

当 $n=1$ 时：pv＝定值，为定温过程；

当 $n=\kappa$ 时：pv^κ＝定值，为可逆绝热过程或定熵过程；

当 $n=\pm\infty$ 时：$p^{1/n}v$＝定值，则 p^0v＝定值，即 v＝定值，为定体积过程。

1. 状态参数的变化规律

由于多变过程的过程方程的数学形式与绝热过程相似，因此，多变过程中的初、终态基本状态参数间的关系，以及求体积功和技术功的公式的推导过程和绝热过程相同，故其结论可参照绝热过程，只是以 n 值代替各式中的 κ 值，分列如下

$$\frac{p_2}{p_1} = \left(\frac{v_1}{v_2}\right)^n \tag{3-48}$$

$$\frac{T_2}{T_1} = \left(\frac{v_1}{v_2}\right)^{n-1} \tag{3-49}$$

$$\frac{T_2}{T_1} = \left(\frac{p_2}{p_1}\right)^{\frac{n-1}{n}} \tag{3-50}$$

过程中其他状态参数的变化量可按理想气体的一般计算式计算。

2. 过程中的能量转换

体积功

$$w = \int_1^2 p \, dv = \int_1^2 \frac{p_1 v_1^n}{v^n} dv = \frac{1}{n-1}(p_1 v_1 - p_2 v_2) = \frac{R_g}{n-1}(T_1 - T_2)$$

$$= \frac{R_g T_1}{n-1}\left(1 - \frac{T_2}{T_1}\right) = \frac{1}{n-1}R_g T_1\left[1 - \left(\frac{p_2}{p_1}\right)^{(n-1)/n}\right] \tag{3-51}$$

技术功

$$w_t = -\int_1^2 v \, dp = -\int_1^2 \frac{v_1 p^{1/n}}{p^{1/n}} dp = \frac{n}{n-1}(p_1 v_1 - p_2 v_2) = \frac{n}{n-1}R_g(T_1 - T_2)$$

$$= \frac{n}{n-1}R_g T_1\left(1 - \frac{T_2}{T_1}\right) = \frac{n}{n-1}R_g T_1\left[1 - \left(\frac{p_2}{p_1}\right)^{(n-1)/n}\right] = nw \tag{3-52}$$

过程热量

$$q = \Delta u + w = \Delta u + \int_1^2 p \, dv$$

$$= c_V(T_2 - T_1) + \frac{R_g}{n-1}(T_1 - T_2) = \left(c_V - \frac{R_g}{n-1}\right)(T_2 - T_1) \tag{3-53}$$

其中 $c_V - \dfrac{R_g}{n-1}$ 为多变过程的比热容，称多变比热容，以符号 c_n 表示，即

$$c_n = c_V - \frac{R_g}{n-1} = c_V - \frac{\kappa-1}{n-1}c_V = \left(1 - \frac{\kappa-1}{n-1}\right)c_V = \frac{n-\kappa}{n-1}c_V \tag{3-54}$$

若已知多变过程的 n，即可求得多变过程的比热容值。

当 $n=0$ 时，为定压过程，$c_n = \kappa c_V = c_p$；

当 $n=1$ 时，为定温过程，$c_n = \pm\infty$；

当 $n=\kappa$ 时，为定熵过程，$c_n = 0$；

当 $n=\pm\infty$ 时，为定体积过程，$c_n = c_V$。

3. 过程曲线在 p-v、T-s 图上的表示

在 p-v、T-s 图上，从同一状态出发的四种典型热力过程如图 3-8 所示，可以看出过程线的分布是有规律的，n 值按顺时针方向逐渐增大，由 $-\infty \to 0 \to 1 \to \kappa \to +\infty$。对于任一多变过程，已知多变指数 n 的数值，就能确定其在图上的相对位置。

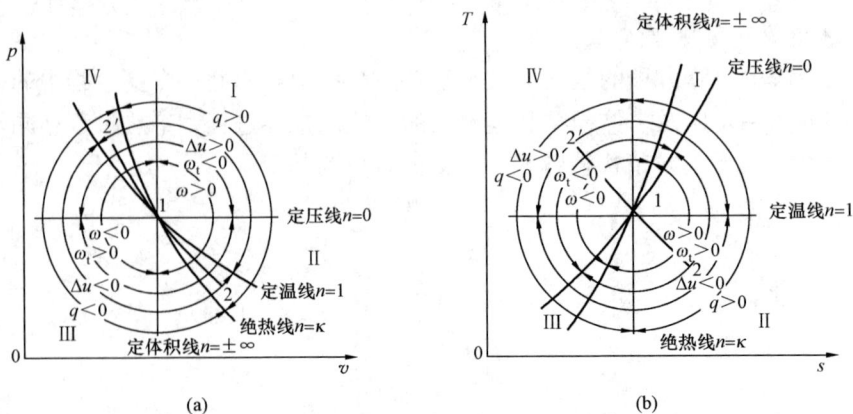

图 3-8　多变过程

(a) p-v 图；(b) T-s 图

根据过程线在 p-v 图及 T-s 图上的位置，可判断过程中 q、Δu、Δh、w 和 w_t 的正负，

确定过程中能量传递和转换与气体状态变化的关系。

q 的正负以过起点的绝热线（定熵线）为分界。任何过同一起点的多变过程，若过程线在绝热线右方，则过程中的 q 为正；若过程线在绝热线左方，则过程中的 q 为负。

Δu、Δh 的正负以过起点的定温线为界（因理想气体的热力学能、焓是温度的单值函数）。任何过同一起点的多变过程，若过程线在等温线上方，则过程中的 Δu、Δh 为正；若过程线在定温线下方，则过程中的 Δu、Δh 为负。

体积功 w 的正负以过起点的定体积线为分界。任何过同一起点的多变过程，若过程线在定体积线的右方，则过程中的 w 为正；若过程线在定体积线左方，则过程中的 w 为负。

技术功 w_t 的正负以过起点的定压线为分界。任何过同一起点的多变过程，若过程线在定压线的下方，则过程中的 w_t 为正；若过程线在定压线上方，则过程中的 w_t 为负。

例如图 3-8 中的 1—2 过程，压力下降、比体积增大、温度下降、熵增，因此，q 为正、w 为正、w_t 为正、Δu 为负、Δh 为负；1—2′过程，压力增大、比体积下降、温度升高、熵下降，因此，q 为负、w 为负、w_t 为负、Δu 为正、Δh 为正。

第五节 理想气体混合物

工程中常用的工质大多是几种不同种类气体的混合物。例如，锅炉中燃料燃烧产生的烟气，作为燃气轮机和内燃机工质的燃气，都是由不同气体组成的混合气体。空气调节设备中的空气调节过程，冷却水塔中的水冷却过程，都与空气和水蒸气的混合特性密切相关。这些混合气体中的各组成（组元）气体都具有理想气体的性质，则整个混合气体也具有理想气体的性质，其 p、T、v 之间的关系仍然符合理想气体状态方程式，这样的混合气体称为理想气体混合物。在这种混合气体中，各组成气体之间不发生化学反应，它们各自互不影响地充满整个容器，理想气体混合物的性质实际上就是各组成气体性质的组合。

微课 3-11 理想气体混合物

一、理想气体混合物的成分

理想气体混合物中各组成气体的含量可以用成分表示。成分是指各组成气体的含量占总量的百分数，依照计量单位的不同有三种表示方法：

$$质量分数\ w_i = \frac{m_i}{m}\ ，摩尔分数\ x_i = \frac{n_i}{n}\ 和体积分数\ \varphi_i = \frac{V_i}{V}$$

式中　m_i、n_i、V_i——混合气体中第 i 种组成气体的质量、摩尔数和体积；

　　　m、n、V——混合气体的质量、摩尔数和体积。

根据各成分定义，显然有

$$\sum_{i=1}^{n} w_i = 1\ ，\ \sum_{i=1}^{n} x_i = 1\ ，\ \sum_{i=1}^{n} \varphi_i = 1$$

对于混合气体来说，摩尔分数在数值上等于体积分数：

$$x_i = \varphi_i \tag{3-55}$$

质量分数和摩尔分数（或体积分数）之间的换算关系为

$$w_i = \frac{x_i M_i}{\sum_{i=1}^{n} x_i M_i} \tag{3-56}$$

$$x_i = \frac{w_i/M_i}{\sum\limits_{i=1}^{n} w_i/M_i} \tag{3-57}$$

根据质量守恒，若 M_i 为第 i 种组成气体的千摩尔质量，则理想气体混合物的摩尔质量为

$$M = \frac{\sum n_i M_i}{n} = \sum x_i M_i \tag{3-58}$$

相应的气体常数由下式确定：

$$R_g = \frac{R}{M} = \frac{8314}{M} \tag{3-59}$$

【例 3-10】 空气是氧气和氮气的混合物，其组成近似为 1kmol 氧气对应 3.1894kmol 氮气。求空气的摩尔质量、气体常数及质量分数。

解 空气中氧气和氮气的摩尔分数为

$$x_{N_2} = \frac{3.1894}{3.1894+1} = 0.7613, \quad x_{O_2} = 1 - 0.7613 = 0.2387$$

氮气和氧气的摩尔质量分别为

$$M_{N_2} = 28.02\text{kg/kmol}, \quad M_{O_2} = 32\text{kg/kmol}$$

空气的摩尔质量为

$$M = x_{N_2} M_{N_2} + x_{O_2} M_{O_2} = 0.7613 \times 28.02 + 0.2387 \times 32 = 28.97 \ (\text{kg/kmol})$$

空气的气体常数为

$$R_g = \frac{R}{M} = \frac{8314}{28.97} = 287 [\text{J/(kg · K)}]$$

质量分数为

$$w_{N_2} = \frac{x_{N_2} M_{N_2}}{M} = \frac{0.7613 \times 28.02}{28.97} = 0.7363, \quad w_{O_2} = 1 - 0.7363 = 0.2637$$

二、理想气体混合物的基本定律

1. 分压力和道尔顿分压定律

设有温度为 T、压力为 p 以及物质的量为 n 的理想气体混合物，占有的体积为 V。根据理想气体的状态方程式有

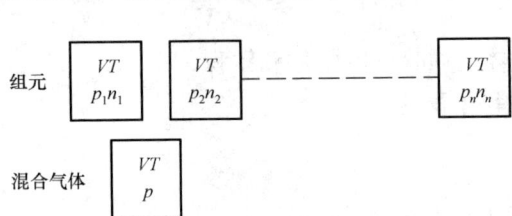

$$pV = nRT$$

图 3-9 分压力

如图 3-9 所示，若组成气体分离开来后，第 i 种组成气体在与混合气体温度相同的情况下，单独占据整个容器体积 V 时，所具有的压力称为分压力，用 p_i 表示。对每种组成气体都可以写出状态方程式为

$$p_i V = n_i RT$$

将各组成气体的状态方程式相加，得

$$V\sum p_i = RT\sum n_i$$

根据物质平衡，混合气体的物质的量等于各组成气体物质的量之和，即 $n = \sum n_i$。比较上式和混合气体的状态方程式可知

$$p = \sum p_i \tag{3-60}$$

上式表明混合气体的总压力 p 等于各组成气体分压力之和。1801 年，道尔顿（Dalton）用实验证实了该结论，故称为道尔顿分压定律。

还可以导出分压力的计算式

$$p_i = \varphi_i p = x_i p \qquad (3\text{-}61)$$

2. 分体积和阿美格分体积定律

在分离混合气体时，如图 3-10 所示，第 i 种组成气体处于与混合物相同的温度 T、压力 p 下，各自单独占据的体积 V_i 称为分体积。对于第 i 种组成气体写出状态方程式为

$$pV_i = n_i RT$$

对各组成气体相加得

$$p \Sigma V_i = RT \Sigma n_i$$

同理可得

$$V = \Sigma V_i \qquad (3\text{-}62)$$

上式表明混合气体的总体积 V 等于各组成气体分体积之和，这个结论称为阿美格分体积定律。

显然，只有当混合气体中各组成气体的分子不占据体积，分子间没有相互作用力时，各组成气体对容器壁面的撞击效果才如同单独存在于容器时的一样，因此道尔顿分压定律和阿美格分体积定律对于理想气体状态才严格成立。

小　结

理想气体是在工程中经常使用的一类工质，理想气体的性质和热力过程计算是热力学学习中的主要内容之一。

（1）理想气体是一种假想气体，有两个特点。理想气体状态方程式表示三个基本状态参数间的函数关系，根据气体的物量的不同状态方程式有不同的表示。

（2）理想气体比热容是气体重要的性质之一，在热工计算中可以用来计算气体过程热量及热力学能、焓、熵的变化量。

气体的比热容，由于选用的物量单位的不同，经历加热过程的不同，以及温度范围的不同，可以有不同的比热容值。使用中切记要正确选择相应的比热容进行计算。

（3）理想气体的热力学能、焓和熵的变化量。理想气体的热力学能、焓都是温度的单值函数，理想气体的热力学能变化量在数值上总等于定体积过程中的热量，而焓的变化量在数值上总等于定压过程中的热量。值得注意的是，定体积过程的热量在数值上等于热力学能的变化量，定压过程的热量在数值上等于焓的变化量。

理想气体的热力学能、焓和熵的变化量只取决于过程的初终态，与过程经过的路径无关。

（4）理想气体混合物也具有理想气体的性质。学习中注意各成分的表示及相互关系，理解掌握理想气体混合物的两个定律。

（5）对于理想气体的热力过程的学习，要注意比较总结。熟悉掌握热力过程状态参数变化规律，会分析过程中的能量交换，并能把热力过程在 $p\text{-}v$ 图和 $T\text{-}s$ 图进行表示。

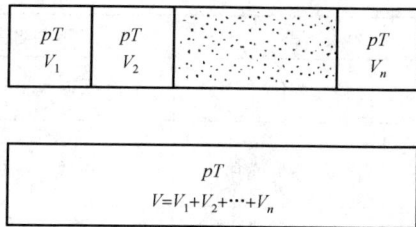

理想气体计算公式见表 3-2 和表 3-3。

表 3-2   **理想气体的热力学能、焓、熵变化量**

类 型		热力学能	焓	熵
微元变化		$\mathrm{d}u = c_V \mathrm{d}T$	$\mathrm{d}h = c_p \mathrm{d}T$	$\dfrac{c_p \mathrm{d}T - v\mathrm{d}p}{T}$
有限变化	真实比热容	$\Delta u = \int_1^2 c_V \mathrm{d}T$	$\Delta h = \int_1^2 c_p \mathrm{d}T$	$\Delta s = \int_1^2 \dfrac{c_p \mathrm{d}T - v\mathrm{d}p}{T}$
	平均比热容	$\Delta u = c_V \big|_0^{t_2} t_2 - c_V \big|_0^{t_1} t_1$	$\Delta h = c_p \big|_0^{t_2} t_2 - c_p \big|_0^{t_1} t_1$	
	定值比热容	$\Delta u = c_V (T_2 - T_1)$	$\Delta h = c_p (T_2 - T_1)$	$\Delta s = c_V \ln \dfrac{T_2}{T_1} + R_g \ln \dfrac{v_2}{v_1}$ $\Delta s = c_p \ln \dfrac{T_2}{T_1} - R_g \ln \dfrac{p_2}{p_1}$ $\Delta s = c_p \ln \dfrac{v_2}{v_1} + c_V \ln \dfrac{p_2}{p_1}$

表 3-3   **理想气体可逆热力过程**

过程	过程方程式	初终参数间的关系	功量交换		热量交换
			$w = \int_1^2 p\mathrm{d}v$	$w_t = -\int_1^2 v\mathrm{d}p$	$q = \int_1^2 T\mathrm{d}s = \int_1^2 c\mathrm{d}t$
定体积	$v=$ 定值	$\dfrac{p_2}{p_1} = \dfrac{T_2}{T_1}$	0	$v(p_1 - p_2)$	Δu $c_V(T_2 - T_1)$
定压	$p=$ 定值	$\dfrac{v_2}{v_1} = \dfrac{T_2}{T_1}$	$p(v_2 - v_1)$ $R_g(T_2 - T_1)$	0	Δh $c_p(T_2 - T_1)$
定温	$T=$ 定值	$p_2 v_2 = p_1 v_1$	$R_g T \ln \dfrac{v_2}{v_1}$ $R_g T \ln \dfrac{p_1}{p_2}$ $p_1 v_1 \ln \dfrac{v_2}{v_1}$ $p_1 v_1 \ln \dfrac{p_1}{p_2}$	w q	w w_t $T(s_2 - s_1)$
绝热	$pv^\kappa=$ 定值	$\dfrac{p_2}{p_1} = \left(\dfrac{v_1}{v_2}\right)^\kappa$ $\dfrac{T_2}{T_1} = \left(\dfrac{v_1}{v_2}\right)^{\kappa-1}$ $\dfrac{T_2}{T_1} = \left(\dfrac{p_2}{p_1}\right)^{\frac{\kappa-1}{\kappa}}$	$-\Delta u$ $\dfrac{1}{\kappa-1} R_g (T_1 - T_2)$ $\dfrac{1}{\kappa-1}(p_1 v_1 - p_2 v_2)$ $\dfrac{1}{\kappa-1} R_g T_1 \left[1 - \left(\dfrac{p_2}{p_1}\right)^{\frac{\kappa-1}{\kappa}}\right]$	$-\Delta h$ κw $\dfrac{\kappa}{\kappa-1} R_g (T_1 - T_2)$ $\dfrac{\kappa}{\kappa-1}(p_1 v_1 - p_2 v_2)$ $\dfrac{\kappa}{\kappa-1} R_g T_1 \left[1 - \left(\dfrac{p_2}{p_1}\right)^{\frac{\kappa-1}{\kappa}}\right]$	0
多变	$pv^n=$ 定值	$\dfrac{p_2}{p_1} = \left(\dfrac{v_1}{v_2}\right)^n$ $\dfrac{T_2}{T_1} = \left(\dfrac{v_1}{v_2}\right)^{n-1}$ $\dfrac{T_2}{T_1} = \left(\dfrac{p_2}{p_1}\right)^{\frac{n-1}{n}}$	$\dfrac{1}{n-1} R_g T_1 \left[1 - \left(\dfrac{p_2}{p_1}\right)^{\frac{n-1}{n}}\right]$ $\dfrac{1}{n-1} p_1 v_1 \left[1 - \left(\dfrac{p_2}{p_1}\right)^{\frac{n-1}{n}}\right]$	nw $\dfrac{n}{n-1}(p_1 v_1 - p_2 v_2)$ $\dfrac{n}{n-1} R_g T_1 \left[1 - \left(\dfrac{p_2}{p_1}\right)^{\frac{n-1}{n}}\right]$ $\dfrac{n}{n-1} p_1 v_1 \left[1 - \left(\dfrac{p_2}{p_1}\right)^{\frac{n-1}{n}}\right]$ $\dfrac{n}{n-1} R_g (T_1 - T_2)$	$\dfrac{n-\kappa}{n-1} c_V (T_2 - T_1)$

思　考　题

3-1　何谓理想气体和实际气体？火电厂的工质水蒸气可视为理想气体吗？

3-2　气体常数和通用气体常数有何区别和联系？

3-3　容器内盛有一定状态的理想气体，如将气体放出一部分后重新又达到新的平衡状态，放气前后两个平衡状态之间可否表示为下列形式：

(a) $\dfrac{p_1 v_1}{T_1} = \dfrac{p_2 v_2}{T_2}$；　(b) $\dfrac{p_1 V_1}{T_1} = \dfrac{p_2 V_2}{T_2}$

3-4　检查下面计算方法有哪些错误？应如何改正？

题设某空气罐容积为 0.9m^3，充气前罐内空气温度为 $30℃$，压力表读数为 $5 \times 10^5 \text{Pa}$，充气后罐内空气温度为 $50℃$，压力表读数为 $20 \times 10^5 \text{Pa}$，则充入罐内空气的质量为

$$\Delta m = \frac{20 \times 10^5 \times 0.9}{287 \times 50} - \frac{5 \times 10^5 \times 0.9}{287 \times 30} = 0.000731(\text{kg})$$

3-5　从相同的状态出发，分别进行定压膨胀过程和定体积膨胀过程到达相同的终温。这两个过程哪一个吸入较多的热量？为什么？

3-6　比热容有哪些分类？实际工程计算中如何应用？

3-7　定温过程是定热力学能和定焓过程，这一结论对任意工质都成立吗？

3-8　热力学第一定律可否写成：$\delta q = \mathrm{d}h + \delta w_t$；$\delta q = c_p \mathrm{d}T - v \mathrm{d}p$？两者使用时各有何条件？

3-9　对于理想气体的任何一种过程，下述两组公式是否都适用？

(1) $\Delta u = c_V \Delta T$ 与 $\Delta h = c_p \Delta T$；(2) $q = \Delta u = c_V \Delta T$ 与 $q = \Delta h = c_p \Delta T$

3-10　是否可以说：绝热过程就是定熵过程？

3-11　用气管向自行车轮胎打气时，气管发热，轮胎也发热，它们发热的原因各是什么？

3-12　夏天，自行车在被晒得很热的马路上行驶时，为何容易引起轮胎爆破？

3-13　在理想气体的 $p\text{-}v$ 图和 $T\text{-}s$ 图上，如何判断过程线的 q、w、w_t、Δu 和 Δh 的正负？

3-14　有任意两过程 $a—b$ 与 $a—c$，且 b、c 两点在同一绝热线上，如图 3-11 所示。试问 Δu_{ab} 和 Δu_{ac} 哪个大？若 b、c 两点在同一等温线上，结果又如何？

3-15　图 3-12 中，1—2、4—3 各为定体积过程，1—4、2—3 各为定压过程。设工质为理想气体，过程均可逆，试画出相应的 $T\text{-}s$ 图，并确定 q_{123} 和 q_{143} 哪个大？

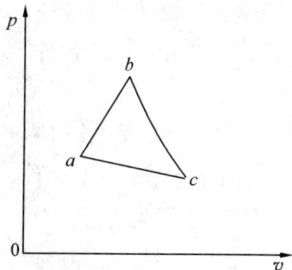

图 3-11　思考题 3-14 图　　　　　　　　　图 3-12　思考题 3-15 图

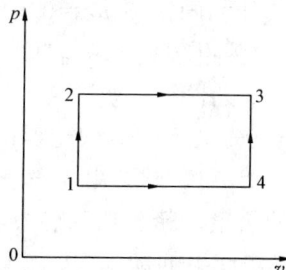

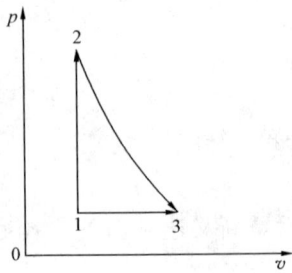

图 3-13　思考题 3-16 图

3-16　图 3-13 中，1—2 为定体积过程，1—3 为定压过程，2—3 为绝热过程。设工质为理想气体，过程均可逆，试画出相应的 T-s 图，并指出 Δu_{12} 和 Δu_{13} 哪个大？Δs_{12} 和 Δs_{13} 哪个大？q_{12} 和 q_{13} 哪个大？

3-17　试在 p-v 图及 T-s 图上将满足下列要求的多变过程表示出来（先画四个基本过程），并指出 n 值的范围：（1）工质放热、膨胀；（2）工质膨胀、升压；（3）工质吸热、压缩、升温；（4）工质放热、压缩、升温；（5）工质放热、降温、升压；（6）工质压缩、降温、降压。

3-18　混合气体处于平衡状态时，各组成气体的温度是否相同？分压力是否相同？

习　　题

3-1　已知 N_2 的分子量为 28，求：（1）气体常数；（2）标准状态下的比体积；（3）标准状态下 $1m^3$ N_2 的质量；（4）0.1MPa、500℃时的比体积。

3-2　已知室内一氧气瓶容积为 $40 \times 10^{-3} m^3$，瓶内氧气的表压力为 15×10^5 Pa，室温 20℃。若大气压力为 0.1MPa，求瓶内所储存的氧气的质量为多少？

3-3　一定量的空气在标准状态下的体积为 $3 \times 10^4 m^3$，若通过加热器把它定压加热到 270℃，其体积变为多少？

3-4　某理想气体的比热容比为 1.4，比定压热容为 1.042kJ/(kg·K)，求该气体的分子量。

3-5　某锅炉送风机出口压力表上的读数为 5.4×10^3 Pa，风温为 30℃，风量为 $2.5 \times 10^3 m^3$/h，当地大气压力为 0.1MPa。求送风机出口每小时送风量为多少标准立方米？

3-6　活塞式压气机将氮气压入储气罐中，压气机每分钟吸入温度为 15℃、压力为 0.1MPa 的气体 $0.2m^3$。储气罐的体积为 $9.5m^3$，问经过多少时间才能把罐内气体绝对压力提高到 0.7MPa、温度为 50℃？压气机开始工作时，储气罐上各仪表指示为 $p_g = 0.05$MPa，$t = 17$℃。

3-7　计算 1kg 氧气从 200℃定压加热至 380℃和从 380℃定压加热至 900℃所吸收的热量。（1）按平均比热容计算；（2）按定值比热容计算。

3-8　1kg 空气从相同初态 $p_1 = 0.1$MPa、$t_1 = 27$℃分别经定体积和定压两过程至相同终温 $t_2 = 135$℃，试求两过程终态压力、比体积、吸热量、膨胀功和技术功，并将两过程示意地表示在同一 p-v 图和 T-s 图上。设比热容为定值。

3-9　1kg 空气从相同初态 $p_1 = 0.6$MPa、$t_1 = 27$℃分别经定温和绝热两可逆过程膨胀到 $p_2 = 0.1$MPa，试求两过程终态的温度、膨胀功和技术功，并将两过程示意地表示在同一 p-v 图和 T-s 图上。设比热容为定值。

3-10　1kg 氧气先被定熵压缩至容积减小一半，然后在定压下膨胀到原来的容积。已知 $p_1 = 0.1$MPa，$t_1 = 27$℃，试画出 1—2—3 过程的 p-v 图和 T-s 图，并计算 1—2—3 过程中氧气与外界交换的热量、膨胀功和热力学能的变化量。设比热容为定值。

3-11　锅炉燃烧产生的烟气中，按体积分数 CO_2 占 12%，N_2 占 80%，其余为水蒸气。假定烟气中水蒸气可视为理想气体，求：（1）烟气的千摩尔质量和气体常数；（2）各组元的质量分数；（3）若已知烟气的压力为 0.1MPa，求烟气中水蒸气的分压力。

第四章

热 力 学 第 二 定 律

热力学第二定律与热力学第一定律，是构成热力学学科体系的两大支柱。热力学第一定律只从能量守恒的角度，确定了能量转换时的数量关系，但热力学第一定律没有涉及热力过程进行的方向和限度，没有涉及能的质量，即能的品位的问题。一切热力过程除要遵循能量数量守恒外，还要遵循过程进行的方向、条件和限度的客观规律，这就是热力学第二定律。热力学第一定律的核心是能，而热力学第二定律的核心是熵。熵概念的建立是个难点，本教材摈弃了冗长的数学推导，在第一章直接给出了熵的定义。在本章也是采用直接引入的方式，开门见山地给出热力学第二定律的数学表达式，即孤立系统熵增原理，然后讨论热力学第二定律的两种典型表述。

本章介绍热力学第二定律的实质、表述及数学表达式，讨论能量转换时的最高极限卡诺循环及卡诺定理，介绍应用热力学第二定律定量分析时的两个重要的参数——熵和㶲，重点分析不可逆过程中的熵产、㶲损失，并结合工程实例介绍它们的应用。

第一节 自发过程的性质

一、自发过程的方向性

微课 4-1 自发过程的性质

热力学第一定律确定了各种能量传递和转换时不会引起总能量的改变。创造能量（第一类永动机）不可能，消灭能量也办不到。能量不生不灭，只能从一种形式转化为另一种形式，或从一个物体转移到另一物体，自然界中一切过程都必须遵守热力学第一定律。然而，是否任何不违反热力学第一定律的过程都是可以实现的呢？大量的事实告诉人们，这是不一定的。下面考察几个常见的例子。

例如，在热量传递方面，热可以自发地从高温物体传到低温物体，低温物体得到的热量等于高温物体失去的热量，这完全遵守热力学第一定律。现在设想低温物体把从高温物体得到的热量传回给高温物体，这样的过程也并不违反热力学第一定律。然而，经验告诉人们，这样的过程是不会自发实现的。

又例如，转动的飞轮可以自发地静止下来，飞轮具有的动能由于飞轮轴和轴承之间的摩擦以及飞轮表面和空气的摩擦，变成热能耗散到大气中，飞轮失去的动能等于周围空气获得的能量，这完全遵守热力学第一定律。但是反过来，周围空气是否可以自发地将原先获得的热能变成动能，还给飞轮，使飞轮重新转动起来呢？经验告诉人们这也是不可能的，尽管这样的过程并不违反热力学第一定律。

再例如，装有高压氧气的氧气瓶只会向压力较低的大气中漏气，而大气中的氧气却不会自动向高压氧气瓶中充气。

类似以上的例子不胜枚举，这些例子都说明了过程的方向性。过程总是自发地朝着一定的方向进行：热能总是自发地从高温物体传向低温物体，机械能总是自发地转变成热能，气体总是自发地膨胀等。这些过程的共同特点是正向过程能够自发地进行，但是反向过程却不可能自发地进行。一般地，把能够自发进行的过程称为自发过程，不能够自发进行的过程称为非自发过程。

这里并不是说这些非自发过程根本无法实现，而只是说，如果没有外界付出代价，它们是不能进行的。例如，在热机中可以使一部分高温热能转变为机械能，但是这个非自发过程的实现是以另一部分高温热能转移到低温物体作为代价的。在压气机中气体被压缩，这一非自发过程的进行是以消耗一定的机械能（这部分机械能变成了热能）作为代价的。总之，一个非自发过程的进行，必须有另一个自发过程来推动，或者说必须以另外的自发过程的进行作为代价和补偿条件。

二、自发过程的性质

综上所述，自发过程具有如下性质。

（1）自发过程均具有方向性。自发过程都只能向着与热力系统外界趋于平衡的方向进行。非自发过程的进行都必须以补偿过程的发生为条件。

（2）自发过程均是不可逆过程。热力系统经过一个自发过程后，若要使其反向进行回复到初始状态，则必须提供补偿条件，这样在外界必将留下不可逆的变化。

（3）各种不可逆过程具有等效性。各种不可逆因素不是彼此独立无关的，而都是相互关联的。一个不可逆过程发生后，会留下某种不可逆变化，要使它恢复到原来的初始状态，就必然引起第二个不可逆过程的发生，势必产生另一个不可逆变化，要使第二个不可逆过程恢复到原来的初始状态，就不可避免地引起第三个不可逆过程的发生，依此类推下去，最后必然有一个不可逆变化遗留下来。因此一切不可逆过程都可以相互代替，这正说明了一切不可逆过程在本质上是一样的，等效的。

热力学分析中涉及的不可逆过程按照不可逆因素分为两种类型，一种是过程中存在不平衡势差而引起的非平衡损失，另一种是过程中存在耗散损失。当热力过程既无非平衡损失又无耗散损失则就是可逆过程。

尽管非自发过程也与自发过程一样，并不违背热力学第一定律，那么为什么却不能自发地进行呢？这是因为它们除服从热力学第一定律外，还要服从另一条定律，这就是热力学第二定律。热力学第一定律建立在能量数量守恒的原理上，而热力学第二定律则建立在能量质量自发贬值的原理上，它揭示了自然界的一切自发过程都使得能量的品质下降，从而指明了自然界进行的所有过程的方向、条件。

另外，在提高能量转换的有效性方面，还有一个最大限度的问题。在一定的条件下，能量的有效转换是有其最大限度的，而热机的热效率在一定条件下有其理论上的最大值。研究热力过程进行的方向、条件和限度就是热力学第二定律的内容。

第二节　热力学第二定律的表述

热力学第二定律被广泛地运用到各个学科领域，它的表述种类繁多。但大多数的说法都是从不同领域、不同角度有针对性地提出来的。这些不同的说法虽然千差万别，但它们所表述的实质是共同的、一致的。下面介绍两种比较典型的说法，即克劳修斯（Clausius，1850 年）说法和开尔文（Kelvin，1851 年）-普朗克说法。

克劳修斯说法：热不可能自发地、不付任何代价地由低温物体传向高温物体。

开尔文-普朗克说法：不可能制造出只从一个热源吸热而使之全部转变为功的循环发动机。

上面两种表述都是利用自发过程的逆过程来说明自发过程的不可逆性。克劳修斯说法是指明热量由高温物体传向低温物体是不可逆的，开尔文-普朗克说法是指明功转变为热的过程是不可逆的。

必须特别指出，不要将开尔文-普朗克说法简单地理解为"功可以全部转变为热，而热不能全部转变为功"。事实上，并不是热不能全部转变为功，而是在不留下其他任何变化的条件下，热不能全部转变成功。这个"不留下其他任何变化"的条件是决不能少的。如理想气体在定温过程中，它从热源吸取的热量可以全部转变成功，但理想气体的状态发生了变化，这就是留下了其他变化。另外，通过理想气体的定温过程，虽然可以将热全部转变为功，但却不能将热连续地转变为功。因为任何一个热力膨胀过程都不能一直继续下去。如定温膨胀时，工质的压力将会降到不能做功的限度；定压膨胀时，工质的比体积和温度将会增大到热力设备所不能允许的程度。所以，当工质膨胀做功到一定程度时，工质还必须经历压缩等其他过程回复到原来的初始状态，这样才能保证实现热连续地转变为功，这也就要求工质必须进行循环。

由于从单一热源吸热而连续做功的热机并不违反热力学第一定律，其所做的功等于所吸收的热量，能量仍是守恒的，但它违反了热力学第二定律，这种单一热源的发动机称为"第二类永动机"。如果第二类永动机能够实现，则可将从大气或海洋中丰富的热量全部转变为功，显然这是不可能的。因此，热力学第二定律也可表述为"第二类永动机是不可能制成的"。

第三节　热力学第二定律的数学表达式

数学是一种定量研究和描述自然的科学方法，"一门科学只有当它充分利用了数学之后，才能成为一门精确的科学。"这是马克思关于数学作用的精辟论述。如果能用数学描述热力学第二定律，将是热力学第二定律最通用最完美的说法。这个数学概念是克劳修斯找到的，他把这个数学概念命名为熵，以 S 记之。克劳修斯当年写道："我力图用一个简单的、能表征一定状态的规律来揭示所有的过程。于是我就创造了一个量，……我把它称为熵。……在一切自然现象中，熵的总值永远只能增加，而不能减少。"热力学第二定律的文字表述方式虽多，但最终都统一在其数学表达式上，这个数学表达式是克劳修斯首先推导出来的。他确立了热力学第二定律的数学表达式，即著名的熵增原理，即

$$\Delta S_{iso} \geq 0 \tag{4-1}$$

式中，ΔS_{iso} 表示孤立系统的熵增。式中的"＝"用于可逆过程的情况，而"＞"用于不可逆过程的情况。这个数学表达式可表述为：孤立系统内发生任何过程，系统内各物质熵的总和可以增大，或保持不变，但绝不能减小。

为了更好地理解式（4-1），这里强调三点：①必须是孤立系统，这一点是非常重要的。②ΔS_{iso} 应该是组成孤立系统的各组分的熵变的总和，它常常是工质的熵变、热源的熵变及冷源的熵变的总和。③过程可以是可逆的，也可以是不可逆的。可逆过程孤立系统总熵的变化量为零，而不可逆过程孤立系统的总熵的变化量大于零。

根据孤立系统熵增原理可知，孤立系统的状态变化只能朝着熵增的方向进行，当其熵达到最大值时过程才停止。凡是使孤立系统熵减少的过程都是不可能发生的。在理想的可逆情况下，也只能实现使孤立系统的熵保持不变。由于实际的自发过程都是由不平衡状态趋向于平衡状态，达到平衡状态便不再变化。这意味着自发过程总是朝着熵增大的方向进行，只有当孤立系统的熵达到最大值时，即系统相应地达到平衡状态时，过程就不再进行了。如果孤立系统中某些部分的熵减小，则孤立系统中就必须同时进行使熵增大的补偿过程，并且使其熵的增大等于或大于在数量上前者引起的熵减，从而使孤立系统的总熵保持不变或增加。如，热量自低温热源传递给高温热源的过程是不可能单独进行的，因为它使系统的熵减少，因而必须以消耗循环功使其转化为热能的熵增加的过程作为补偿。

根据熵增原理，可以判断某些复杂的热力过程能否实现，以及作为系统达到平衡状态的判断依据，特别是在化学热力学方面对判断化学反应的方向，有十分重要的作用。

孤立系统熵增原理可作为孤立系统内热力过程能否进行的判据：

$\Delta S_{iso}=0$　表明孤立系统内部进行的过程是可逆过程；

$\Delta S_{iso}>0$　表明孤立系统内部进行的过程是不可逆过程；

$\Delta S_{iso}<0$　表明孤立系统内部进行的过程是不可能发生的。

孤立系统熵增原理从表面上看似乎有一定的局限性——只适用于孤立系统，但是由于在分析任何具体问题时都可以把参与过程的所有物体划到孤立系统，因此实际应用该原理时并没有局限性。相反的，由于孤立系统的概念撇开了具体对象而成为一种高度概括的抽象，因此孤立系统的熵增原理可以作为热力学第二定律的概括表述，即"自然界的一切过程总是自发地、不可逆地朝着使孤立系统的熵增加的方向进行"。

热力学第二定律的各种说法虽然都能反映普遍规律，但都不如熵增原理简练而概括。任何一种表述最后都可以归结为熵增原理；反之，由熵增原理也可以推出其中的任何一种表述，即用熵增原理证明热力学第二定律的不同表述是一致的。

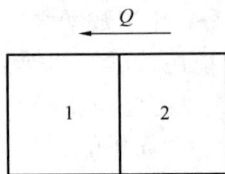

下面用孤立系统熵增原理证明热力学第二定律的两种说法的一致性。

先来证明第一种说法。设有一个很大的高温物体，其温度为 T_1，另一很大的低温物体其温度为 T_2，令两个物体构成一个孤立系统。假定有热量 Q（$Q>0$）从低温物体自发地传到高温物体（见图 4-1），那么高温物体的熵的变化（简称熵变）就应该是

图 4-1　两物体传热

$$\Delta S_1=\frac{Q}{T_1}$$

低温物体的熵变应该是

$$\Delta S_2=-\frac{Q}{T_2}$$

由热力学第二定律的数学表达式得孤立系统的熵变为

$$\Delta S_{iso}=\Delta S_1+\Delta S_2=\frac{Q}{T_1}-\frac{Q}{T_2}=Q\left(\frac{1}{T_1}-\frac{1}{T_2}\right)<0$$

这一结果是违反热力学第二定律数学表达式的，因此证明此假定是错误的，是不能实现的。由此也就证明了第一种说法的正确性，即热不可能自发地、不付任何代价地由低温物体传向高温物体。

第二种表述方法的论证也采用反证法。

假设热源 T_1 和工质构成一个孤立系统，热机每完成一个循环就能从热源吸热 Q 并把它全部转变为功而不留下任何永久性改变，见图 4-2。那么热源的熵变为

$$\Delta S_1 = -\frac{Q}{T_1} < 0$$

当热机完成一个循环，工质回到原状态不留下任何永久性改变，因此工质不应产生熵变，按热力学第二定律数学表达式，孤立系统的熵变为

$$\begin{aligned}\Delta S_{iso} &= \Delta S_1 + \Delta S_{工质} \\ &= \Delta S_1 + 0 < 0\end{aligned}$$

但是，孤立系统的熵不可能减少。因此证明该假设是错误的，由此证明了第二种说法的正确性，即不可能制造出只从一个热源吸热而使之全部转变为功的循环发动机。

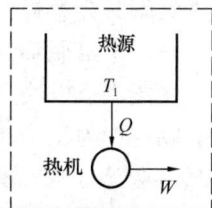

图 4-2 单一热源的热机

热力学第二定律和热力学第一定律一样，是建立在长期积累的无数经验的基础上，就目前而言，任何想反驳热力学第二定律的意图，都因不能找到事实依据而失败。

【例 4-1】 气缸中工质的温度为 850K，工质从热源吸热 1000kJ，若热源温度分别为 850、1200K，取热源和工质为孤立系统，求孤立系统的熵变化。

解 取热源和工质为孤立系统。

（1）热源放热产生的熵变为

$$\Delta S_1 = -\frac{Q}{T_1} = -\frac{1000}{850} = -1.176(kJ/K)$$

工质吸热产生的熵变为

$$\Delta S_{工质} = \frac{Q}{T_{工质}} = \frac{1000}{850} = 1.176(kJ/K)$$

孤立系统熵变化为

$$\Delta S_{iso} = \Delta S_1 + \Delta S_{工质} = 0$$

熵的变化为零，说明孤立系统内完成的传热过程可逆。

（2）热源放热产生的熵变为

$$\Delta S_1 = -\frac{Q}{T_1} = -\frac{1000}{1200} = -0.833(kJ/K)$$

工质吸热产生的熵变为

$$\Delta S_{工质} = \frac{Q}{T_{工质}} = \frac{1000}{850} = 1.176(kJ/K)$$

孤立系统熵变化为

$$\Delta S_{iso} = \Delta S_1 + \Delta S_{工质} = -0.833 + 1.176 = 0.343(kJ/K)$$

熵变化大于零，说明孤立系统内完成的传热过程不可逆。

第四节 卡诺循环和卡诺定理

热力学第二定律指出，任何热机都不能将吸取的热量循环不息的全部转变为功。那么，

通过循环如何把一部分热变为功呢？这就需要设定两个热源，使热机在两个热源之间工作。本节讨论在一定的热源条件下，循环中吸取的热量最多能有多少转变为功，热效率可能达到的极限究竟有多大？在两个热源之间工作的不同工质，不同过程（包括可逆或不可逆过程）的热效率又会怎样？

一、卡诺循环

在蒸汽机发明以后，不少人为提高其效率进行研究。有人还寻求另外的热机，于是研制出了以空气为工质的外燃式发动机。在这些实践经验的基础上，卡诺（Sadi Carnot）于1824年发表了重要论文"关于火的动力"。文中卡诺提出了著名的卡诺循环和卡诺定理，指出了影响热机循环热效率最本质的东西，即热机必须工作在两个热源间，热要从高温物体传向低温物体才能做功。热机做功的大小与工质性质无关，而仅仅取决于两个热源的温度。但遗憾的是，虽然卡诺定理本身是正确的，但卡诺应用了错误的"热素说"理论对它进行证明。卡诺认为：热机所做的功是由于热质从高温物体传向低温物体的结果，热素的量并没有减少，就如同水从高处流向低处推动水车做功而水的总量保持不变一样。与水流的类比使卡诺得到一个有益的见解，即至少要有两个热源才能实现做功。对卡诺循环的严格论证以及热效率公式的导出，是在1850年建立了热力学第二定律后由克劳修斯完成的。

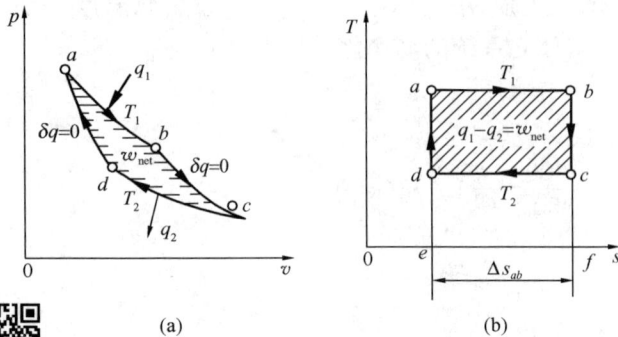

图 4-3　卡诺循环
(a) p-v 图；(b) T-s 图

微课 4-4/动画 4-1
卡诺循环

1. 卡诺循环的组成

卡诺循环是由两个可逆定温过程和两个可逆绝热过程组成，以理想气体为工质的卡诺热机循环，其 p-v 图和 T-s 图如图 4-3 所示。图中：①a—b 为可逆定温吸热过程，工质在温度 T_1 下从相同温度的高温热源吸取热量 q_1；②b—c 为可逆绝热膨胀过程，工质温度从 T_1 降低至 T_2；③c—d 为可逆定温放热过程，工质在温度 T_2 下向相同温度的低温热源放出热量 q_2；④d—a 为可逆绝热压缩过程，工质温度从 T_2 升高至 T_1。

2. 卡诺循环热效率

热机的经济性常以"循环热效率"来衡量。它从数量上反映了能量转换的完善程度。从第一章已经知道任何热机的循环热效率 η_t 表示为

$$\eta_t = \frac{w_{net}}{q_1} = \frac{q_1 - q_2}{q_1}$$

在定温吸热过程 a—b 中，工质的吸热量为

$$q_1 = T_1(s_b - s_a) = T_1 \Delta s_{ab} \tag{4-2}$$

在定温放热过程 c—d 中，工质的放热量为

$$q_2 = T_2(s_c - s_d) = T_2(s_b - s_a) = T_2 \Delta s_{ab} \tag{4-3}$$

将式（4-2）和式（4-3）代入热效率公式可得卡诺循环热效率为

$$\eta_{t}=1-\frac{q_{2}}{q_{1}}$$

$$\eta_{t}=1-\frac{T_{2}\Delta s_{ab}}{T_{1}\Delta s_{ab}}=1-\frac{T_{2}}{T_{1}} \qquad (4\text{-}4)$$

为了表明这是卡诺循环的热效率，用 η_{C} 代替 η_{t} 表示，即

$$\eta_{C}=1-\frac{T_{2}}{T_{1}} \qquad (4\text{-}5)$$

式（4-5）就是卡诺循环热效率公式。

分析该式得出以下重要结论。

（1）卡诺循环的热效率只取决于高温热源和低温热源的温度，即工质吸热和放热的温度。因此要提高其循环效率，根本的途径是提高工质吸热时的温度或降低工质放热时的温度。

（2）因 $T_{1}\to\infty$ 或 $T_{2}=0$ 都是不可能的，所以卡诺循环的热效率只能小于 1。也就是说，在循环发动机中不可能将热能全部转变为机械能。

（3）当 $T_{1}=T_{2}$ 时，循环的热效率为零。这就是说，在温度平衡的体系中，热能不可能连续不断地转变为机械能，或者说单热源热机是不存在的。要利用热能来产生动力，就一定要有温度差。

显然，上述这些结论实质上说明的也是热力学第二定律的内容。

例如海水发电试验装置利用不同深度海水的温差来发电。设海面上海水温度为 30℃，同一地区 500m 以下的深海处温度为 5℃，那么在这一温度界限内工作的卡诺循环热效率为

$$\eta_{C}=\frac{T_{1}-T_{2}}{T_{1}}=\frac{(30+273)-(5+273)}{30+273}=8.25\%$$

由于存在的各种不可逆损失，目前这种试验装置的热效率约为 3.5%。

倘若没有可利用的天然温度差，就必须用人工方法造成温度差，如利用燃料燃烧时由化学能转变而来的热能，或原子核分裂释放的核能转化为热能，以获得高于外界环境的温度。例如现代火力发电厂锅炉内烟气平均温度为 1000K、环境温度为 300K，在这一温度界限内工作的卡诺循环热效率为

$$\eta_{C}=\frac{T_{1}-T_{2}}{T_{1}}=\frac{1000-300}{1000}=70\%$$

实际上，由于水和水蒸气在锅炉内吸热时的平均温度比烟气的平均温度低得多，还存在其他一些不可逆损失，所以火力发电厂中汽轮机动力装置的实际热效率通常为 30%～40%。

卡诺循环是理论上最为完善的热机循环，在相同温度的高温热源与相同的低温热源之间，卡诺循环具有最高的循环热效率，但实际上卡诺循环是不能实施的。首先，工质做可逆变化，势必恒与外界保持热和力的平衡，使其过程无限迟缓；此外，没有完全绝热和完全传热的物质，而使工质能够在绝热变化和定温条件下交换热量。因此卡诺循环为一个理想循环，属于极限情况。但它是研究热机性能不可缺少的准绳，指明了提高循环热效率的基本方向，在热力学中具有极为重要的意义。

二、卡诺定理

定理一： 在两个不同温度的恒温热源之间工作的所有可逆热机，其热效率都相等，且与工质的性质无关。

卡诺定理的证明可以从热力学第二定律出发，利用反证法加以证明。

设有一个以理想气体为工质的卡诺热机 A 和任意可逆（采用任意工质）热机 B。A、B 同时工作于两个恒温热源 T_1、T_2 之间，它们的热效率分别为 $\eta_{tA}=1-\dfrac{q_2}{q_1}$ 及 $\eta_{tB}=1-\dfrac{q'_2}{q_1}$。

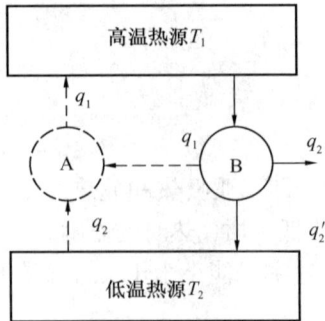

图 4-4　卡诺定理的证明

如图 4-4 所示，A、B 两热机组成联合装置。A 热机做逆循环，从低温热源吸热 q_2，向高温放热 q_1，其耗功（q_1-q_2）由任意可逆热机 B［从高温热源吸热 q_1，向低温热源放热 q'_2，输出功为（$q_1-q'_2$）］提供。若假定 $\eta_{tB}>\eta_{tA}$，则 $q_2>q'_2$。由于高温热源失去热量 q_1 的同时又得到同样数量的热量，状态未发生变化。于是此联合装置将连续地自低温热源吸取热量（$q_2-q'_2$），并将其全部转变为功对外输出。联合装置为第二类永动机，这违反了热力学第二定律，因此 $\eta_{tB}>\eta_{tA}$ 的假设不成立。同理，若 B 机做逆循环，其耗功由 A 机提供，又可推出 $\eta_{tB}<\eta_{tA}$ 的假定不成立。从上述两个结论可得出 $\eta_{tA}=\eta_{tB}$，即工作在相同温限热源间的采用任意工质的一切可逆热机的热效率均相同。

定理二： 在两个不同温度的恒温热源之间工作的任何不可逆循环，其热效率必小于同样热源间工作的可逆循环的热效率。

组成循环的过程中，如果有不可逆过程存在，则整个循环变为不可逆循环。首先，力不平衡引起的不可逆循环中有能量的耗散，所以在循环中即使吸取了相同的热量，不可逆循环所做的功必然小于可逆循环所做的功，即不可逆循环的热效率低于可逆循环的热效率。若不可逆性是由于热不平衡引起的，即热源与工质间存在温差的情况，吸热时工质的温度 T'_1 低于高温热源的温度 T_1，放热时工质的温度 T'_2 高于低温热源温度 T_2。若在吸热和放热时，工质的温度 T'_1 和 T'_2 保持不变，则可假定高温热源 T_1 在温差（$T_1-T'_1$）下不可逆地将热量传给另一个热源 T'_1，再由该热源可逆地将相同数量的热量传给工质。工质用同样的方法将热量传递给低温热源。若其他过程都是可逆绝热的，则对工质而言，就形成了一个在 T'_1 和 T'_2 之间工作的可逆循环来代替原来的不可逆循环，则其热效率为

$$\eta'_t=1-\frac{T'_2}{T'_1}$$

由于 $T'_1<T_1$，$T'_2>T_2$，故其热效率

$$\eta'_t<1-\frac{T_2}{T_1}=\eta_t$$

可见，具有任何不可逆性的循环，其热效率必低于在相同的两热源间工作的可逆循环的热效率。当然，此结论也可通过和定理一相同的方法证明得到。

三、概括性卡诺循环

卡诺循环和卡诺定理指出了循环热效率的极限和提高循环热效率的基本途径。现根据此理论来分析一个由两个定温过程和两个多变过程组成的热机循环，如图 4-5 所示。工质自高温热源 T_1 吸取热量，向低温热源 T_2 放出热量。过程 2—3、4—1 为在水平方向上距离相等（多变指数 n 相等）的两个多变过程，由图可见，过程 2—3 也有向外界的放热过程。如果它直接向低温热源放热，由于过程中工质的温度是不断变化，并不等于低温热源的温度，2—3

过程存在温差传热而变为不可逆过程，整个循环也成为不可逆循环。由卡诺定理可知，此循环的热效率必然低于在相同两热源间工作的可逆热机。因此，要提高循环的热效率，就必须使循环变为可逆循环。为此要采用无限多的蓄热器，其温度在 T_1 和 T_2 之间无限小地变化，使多变放热过程 2—3 和这些温度趋于连续变化的无限多蓄热器接触。这样工质随时在等于热源的温度下放热。同样，在 4—1 吸热过程中，工质也不能直接从高温热源 T_1 吸取热量，可利用上述无限多个蓄热器依相反次序逐个与工质相接触，

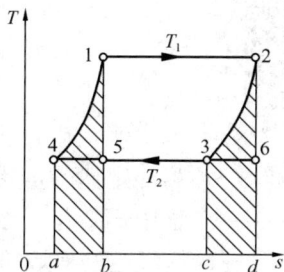

图 4-5　概括性卡诺循环

使工质随时在定温条件下吸取各蓄热器在 2—3 过程中所接受的热量。由于过程 2—3、4—1 在水平方向上距离相等，所以两曲线下面积 $23cd2$＝面积 $1ba41$，即过程 2—3 中所放出的热量在过程 4—1 中相应地全部加给了工质。工质经历一个循环后，无限多的蓄热器又恢复原态。可见，上述循环在采用无限多蓄热器后仍仅与一个高温恒温热源和一个低温恒温热源交换热量，这种在两个恒温热源间工作的可逆循环称为概括性卡诺循环。根据卡诺定理，其热效率和同温度范围内卡诺循环（循环 1—2—6—5—1）的热效率相同。

概括性卡诺循环的实现，需要借助温度连续变化的无限多蓄热器。虽然这在实际的动力装置中无法完全做到，但是它从原则上提出了减小不等温传热损失，使过程接近可逆的一种办法，就是利用工质排出的部分热量来加热工质。这种方法称为回热，采用回热的循环称为回热循环。目前，回热循环已广泛用于大、中型蒸汽动力装置和燃气轮机装置循环。

【例 4-2】 1kg 某种工质在 2000K 的高温热源与 300K 的低温热源间进行可逆的热力循环。循环中，每千克工质从高温热源吸取热量 100kJ。求：（1）此热量中最多有多少可转变为功，热效率为多少？（2）若工质从高温热源吸热过程中存在 125K 的温差，循环中其他过程与（1）相同，则在此循环中 100kJ 的热量可转变为多少数量的功，热效率又将为多少？

解　（1）由卡诺定理可知，在两个不同的恒温热源之间工作的可逆热机的热效率均等于卡诺热机的热效率。

$$\eta_{\mathrm{t}}=1-\frac{T_2}{T_1}=1-\frac{300}{2000}=0.85$$

故 100kJ 热量中可转变为功的数量为

$$w=\eta_{\mathrm{t}}q_1=0.85\times100=85(\mathrm{kJ/kg})$$

（2）由已知条件，工质在温度 $T_1'=1875\mathrm{K}$ 下吸热，在温度 T_2 下放热，无其他内部不可逆性。因此可设置一个恒温热源 T_1'，使热源 T_1 和热源 T_1' 之间做不可逆传热，再由 T_1' 热源向工质可逆传热。这样在 T_1' 和 T_2 之间构成可逆循环来代替原来的不可逆循环，其热效率为

$$\eta_{\mathrm{t}}'=1-\frac{T_2}{T_1'}=1-\frac{300}{1875}=0.84$$

循环输出功为　$w'=\eta_{\mathrm{t}}'q_1=0.84\times100=84(\mathrm{kJ/kg})$

由此可见，具有不可逆性的循环的热效率，低于在相同两热源间工作的可逆循环的热效率。

第五节   热力过程熵变化分析

熵是热力学第二定律中的一个非常重要的概念，就像热力学能和焓是热力学第一定律的重要概念一样，在第一章中就给出了熵的定义。本节主要介绍热力过程中熵变化产生的因素，并对熵参数做归纳总结。

一、不可逆过程熵的变化

如图 4-6 所示，在温度为 T 的环境中，有气体在气缸内分别做可逆、不可逆膨胀，设微元不可逆过程从环境吸热 δq，做功 δw。设微元可逆过程从环境吸热 $\delta q'$，做功 $\delta w'$。两微元过程的起点、终点相同。根据热力学第一定律有

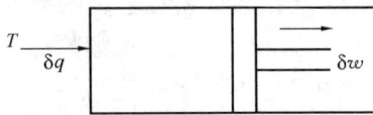

图 4-6   气体在气缸内的膨胀

不可逆过程

$$\delta q = \mathrm{d}u + \delta w \tag{a}$$

可逆过程

$$\delta q' = \mathrm{d}u + \delta w' \tag{b}$$

对于可逆过程 $\delta q' = T\mathrm{d}s$，因此（b）式可写为

$$T\mathrm{d}s = \mathrm{d}u + \delta w'$$

移项得

$$\mathrm{d}u = T\mathrm{d}s - \delta w' \tag{c}$$

将式（c）代入式（a）得

$$\delta q = T\mathrm{d}s - \delta w' + \delta w$$

$$T\mathrm{d}s = \delta q + \delta w' - \delta w$$

$$\mathrm{d}s = \frac{\delta q}{T} + \frac{\delta w' - \delta w}{T} \tag{d}$$

式中 $\delta w' - \delta w$——不可逆过程中由于不可逆因素引起的功的耗散。

若用 δw_{L} 表示功的耗散，则为

$$\mathrm{d}s = \frac{\delta q}{T} + \frac{\delta w_{\mathrm{L}}}{T} \tag{4-6}$$

式（4-6）说明，在不可逆的热力过程中，引起熵变化的原因有两个：一方面是由于系统与外界交换热量所引起熵的变化 $\dfrac{\delta q}{T}$；另一方面是由于系统内的不可逆因素导致功的耗散 δw_{L} 所引起的熵的增加 $\dfrac{\delta w_{\mathrm{L}}}{T}$。

二、熵流与熵产

1. 熵流

系统由于与外界进行热量交换而引起的熵的变化量称为熵流。微元过程熵流以 $\mathrm{d}s_{\mathrm{f}}$ 表示，即

$$\mathrm{d}s_{\mathrm{f}} = \frac{\delta q}{T} \tag{4-7}$$

对于某一热力过程则有

$$\Delta s_f = (s_2 - s_1)_f = \int_1^2 \frac{\delta q}{T} \tag{4-8}$$

根据熵流的定义可知，熵流的符号与热量符号相同，系统吸收热量，熵流为正；系统放出热量，熵流为负。要注意的是，熵流中的 T 是指工质与热源变换热量时的热源温度，过程可逆时，$T_{热源} = T_{工质}$。所以，熵流与过程的不可逆性无关，只与过程交换热量的数量和热源温度有关。

2. 熵产

系统在热力过程中由于系统内部不可逆性损耗而引起的熵变化称为熵产。微元过程熵产以 $\mathrm{d}s_g$ 表示，即

$$\mathrm{d}s_g = \frac{\delta w_L}{T} \tag{4-9}$$

对于某一热力过程则有

$$\Delta s_g = (s_2 - s_1)_g = \int_1^2 \frac{\delta w_L}{T} \tag{4-10}$$

对于不可逆过程，由于存在能量的耗散，工质总是吸收耗散热的，故熵产总是正值。因此在自然界中的一切自发进行的过程，其熵产恒为正值。其极限情况，即可逆过程中，熵产为零。

熵产是热力学第二定律的实质内容。由于能量在传递和转换过程中总有其他形式的能量转变成热能，而热能又总是由高温部分传向低温部分，这些都会引起熵产。这正是热能区别于其他能量的特性，也正是一切热力过程的自发性、方向性和不可逆性的根源。

3. 热力过程熵变化

任一热力过程，系统在状态变化过程中，因与外界的热量传递而产生熵流，又因系统内部的不可逆性而产生熵产。因此系统的热力过程的熵变化量为

$$\Delta s = \Delta s_f + \Delta s_g \tag{4-11}$$

三、熵的性质

熵不能被直接测量，熵的物理意义又不像热力学能、焓那么直接和明显。因此熵无疑是热力学中最抽象、最难理解的概念。为了帮助学习理解，综合前面所学，对于熵可归纳如下：

（1）熵是状态参数，其变化量与过程的性质无关，只与过程的初、终状态有关。熵可以与其他参数组成状态参数坐标图，在热力分析与热工计算中有重要用途，如 T-s 图和 h-s 图。

（2）熵的定义式是在可逆过程中 $\mathrm{d}s = \dfrac{\delta q}{T}$。熵的变化量说明了系统与热源间热交换的方向。

（3）对于孤立系统来说，孤立系统熵增原理是 $\Delta s_{iso} \geq 0$，Δs_{iso} 表示孤立系统的熵增。式中的"="用于可逆过程的情况，而">"用于不可逆过程的情况。

（4）对于任一热力过程，系统的熵变化量为 $\Delta s = \Delta s_f + \Delta s_g$。说明任一过程熵的变化都是由熵流与熵产两部分组成。其中熵流可为正，可为负，也可为零；对于不可逆过程熵产恒

为正，在极限情况，即可逆过程时熵产为零。

（5）对任一热力过程，熵流都表示为 $\Delta s_f = \int \dfrac{\delta q}{T}$，系统的熵变化量可表示为 $\Delta s \geqslant \int \dfrac{\delta q}{T}$。

式中等号适用于可逆过程，大于号适用于不可逆过程。对于不可逆过程来说，系统的熵变化量总大于由于换热而引起的熵流，这是因为过程存在能量的耗散，熵产总是正值。此处要特别注意的是，只要热力系统的初、终状态一定，不论状态变化过程是否可逆，熵变化量均相同。只是 $\int \dfrac{\delta q}{T}$ 在可逆过程中等于熵变化量，而在不可逆过程中其值小于熵变化量。

【例 4-3】 1kg 空气进行一个定压吸热过程，从温度为 800K 的热源吸热 100kJ。已知 $v_1 = 0.1\text{m}^3/\text{kg}$，$v_2 = 0.2\text{m}^3/\text{kg}$，$c_p = 1.004\text{kJ}/(\text{kg} \cdot \text{K})$。求空气由于吸热引起的熵流、熵产和熵变化。

解　由于吸热引起的熵变化为

$$\Delta s = c_V \ln \frac{p_2}{p_1} + c_p \ln \frac{v_2}{v_1} = c_p \ln \frac{v_2}{v_1} = 1.004 + \ln \frac{0.2}{0.1} = 0.696 \left[\text{kJ}/(\text{kg} \cdot \text{K})\right]$$

熵流

$$\Delta s_f = \int \frac{\delta q}{T} = \frac{q}{T} = \frac{100}{800} = 0.125 \left[\text{kJ}/(\text{kg} \cdot \text{K})\right]$$

熵产

$$\Delta s_g = \Delta s - \Delta s_f = 0.696 - 0.125 = 0.571 \left[\text{kJ}/(\text{kg} \cdot \text{K})\right]$$

第六节　㶲及㶲损失

热力学第一定律确定了各种热力过程中总能量在数量上的守恒，而热力学第二定律则说明了各种实际过程（不可逆过程）中能量在质量上的退化和贬值，能的可用性减小了。在这里退化、贬值、可用性的减小都是相对于人们力图获得动力（功）这一目标而言。

事实上，各种形式的能量并不都具有相同的可用性。机械能和电能等具有完全的可用性，它们全部是可用能；而热能则不具有完全可用性，热能中可用能（即可以转变为功的部分）所占的比例取决于热能所处的温度，也和环境的温度有关。而对于流动工质来说，如果流动工质具有不同于环境的压力和温度，它就具有一种潜在的做功能力。例如高温高压的气流可以通过自身的膨胀以及与外界的热交换而做功，直至变为与环境的压力、温度相同为止。

一、㶲参数的产生与发展

㶲这样一个名称的称谓历史并不长，然而，有关㶲的概念则由来已久，且有过不同的名称，含义也不尽相同。早在 1868 年，英国的泰特（P. G. Tait，1831—1901）第一次使用能量可用性（availability）的概念。后来，经过麦克斯韦、吉布斯等的工作，在 1941 由美国的基南（J. H. Keenan，1900—1977）全面建立了可用能（available energy）的概念和方法。1956 年，南斯拉夫学者朗特（Z. Rant，1904—1972）在一篇文章中提出了一个建议，就是用一个新的字 exergy 来统一可用性、可用能、做功能力等的命名，这就是现在所说的㶲。这一建议不仅统一了命名，而且更明确地赋予了㶲的意义。朗特对㶲进行了系统的研究和全面的分析，他是第一个把㶲用于化学过程的人，1962 年他又提出了炕的概念。

　　朗特的研究激励了㶲分析的持续发展，首先在欧洲，继而在苏联和日本，对㶲分析法的有关理论问题与应用问题做了大量的系统而深入的研究。20 世纪 70 年代初，世界能源危机以来，更是促进了㶲的进一步发展。在美国已开始把㶲分析与经济学因素结合起来，形成一个新的学科——㶲经济学。世界上其他国家也普遍接受了㶲的概念，并把㶲分析法广泛的应用于能源技术、能源经济和能源管理。日本已把㶲的实用分析与计算列入热管理讲座的教学内容，并于 1980 年颁布了以㶲来评价能量的通则，作为日本的工业标准。美国从 1976 年起对全国工业的主要用能部门进行了基于热力学第二定律的数据调查，并于 1979 年由能源部组织了能源装置与过程的热力学第二定律分析专题研讨会。目前㶲分析法已成功地用于分析实际的动力设备，在指出其不完善性、优化热力系统设计参数及对能量设备的停运、检修等方面作出了科学的决策。在余热利用方面，㶲分析法用于指出其潜力和限度，对技术方案作出评价。总之，在一切用能方面㶲分析法都有其特殊的优势。

　　1957 年，当时民主德国的 Elsner 教授来华讲学时，向我国的广大热工工作者比较系统和具体地介绍了参数 exergy 的概念和应用。东南大学的夏彦儒、王守泰教授等最先把这个参数的原文译作㶲，并已被我国能源界公认。近年来，㶲分析法引起了我国科技界的广泛兴趣。以㶲分析法为武器的各类节能方案的分析论证大量涌现，涉及的领域也日益广泛。

二、㶲的简明定义

　　生产和生活中需要消耗能量，是因为能量的消耗可以转换成人们所需要的其他形式的能量，所以能量中可无限转换成其他形式的能量部分是人们最关心的。从实质上讲，能的使用价值在于它可以"促成变化"，重物的提运、物质资料的生产与加工、供暖空调等，都是一种变化。能是促成变化的因素，用以按照人们所希望的方式和限度完成所希望的变化。能的可用性与能的可转化性是一致的，不具有可转化性的能，没有单独地被使用的价值。

　　在促成变化中，能本身必然同时发生着传递、转移或形式变化的过程。因此任何用能过程必是能的转化过程。能的可用性，直接联系于其可转化性。对于能的可转化性来说，存在着以下三种不同质的能量：一类是在给定环境下具有无限可转化性的能，如电能、机械能、水能、风能等，理论上它们可以百分之百转换成其他形式的能量，它们的质与量是完全一致的，属于"高级能量"；另一类能量是具有可有限转化的能，如非环境状态下的焓、热力学能等，它们理论上只有部分可以转换成任何其他形式的能量，它们的质和量是不一致的，属于"低级能量"；第三类能量是不可转换的能量，如环境中的空气和海洋的焓和热力学能，理论上它们不能转换成任何其他形式的能量，它们的质和量是完全不一致的。

　　在给定的环境条件下，能量中完全可转换为任何一种其他形式的能量，即能量中的可无限转换部分（有用能、可用能、有效能、做功能力等）称为㶲，能量中的不可无限转换部分（无用能、不可用能、无效能等）称为㶲。这样任何形式的能量都是由㶲和㶲组成，并且两者中任何一种都可以为零，可以写成

$$能＝㶲＋㶲$$

　　这样，作为能量守恒的热力学第一定律，可以表述为：在一切过程中，㶲和㶲的总量保持不变。

　　需强调指出的是，㶲和㶲的总量是守恒的，而不是说㶲和㶲各自保持恒定。在可逆和不可逆过程中，根据㶲和㶲的转换特点，更确切地把热力学第一定律和热力学第二定律表述如下：

（1）在一切过程中，㶲和㶲总量守恒。

（2）㶲是不可能转换为㶲的。

（3）在可逆过程中，㶲是守恒的。

（4）在实际过程中，总有一部分㶲转化为㶲。由于这种退化无法补偿或还原，这才是能量转化中真正损失的部分，叫㶲损失，实际上它就是不可逆因素造成的功损。

（5）在孤立系统中，㶲的值只能减少，极限情况下（可逆过程）保持不变，但不可能增加，称为孤立系统㶲减原理。可见，㶲和熵一样，也可以用作过程进行方向性的判据，即任何使孤立体系㶲增加的过程是不可能发生的。

其中，第一种是热力学第一定律的描述，其他都是热力学第二定律的描述。

在不可逆过程中㶲转变为㶲的㶲损失用任何方法都不可能再恢复为㶲。

一切过程中都要消耗能量，确切地说，所消耗的不是笼统的能量，而是能量中可以无限可转换的那部分能量，即消耗了㶲。从这个意义上说，动力工程就是从自然界的能量中获得㶲，然后再以各种能量形式供给用户，而用户消耗能，也只是这部分可无限转换的能经过生产过程的消耗转换成为㶲。

三、㶲在工程技术上的意义

通常所说的能源，实际上应该是㶲源。矿石燃料是㶲源，核燃料是㶲源，水力发电站的水头是相对于环境水的势能源。应该分清楚能的通俗概念和科学概念，通常所说的能量是指能的通俗概念，实质上能的利用是指的㶲，只是人们习惯于能量的这种叫法，但是在热力学中，必须用能的科学概念。按照能的科学概念，通常所说的"能量消耗"和"能量损失"都是违反热力学第一定律的。因为热力学第一定律指出能量既不可能被创造，也不可能被消灭，而只能按一定规律相互转换。所以不能说"能量消耗"和"能量损失"。但在不可逆过程中，确实存在着这种损失，当把能分成㶲和㶲后，就会知道"能量消耗"和"能量损失"实际上是指能量中的㶲转化为㶲了。在工程意义上㶲是能量中的重要部分，能量遵守能量守恒定律，而㶲则不遵守。这个概念在工程技术上有重要的意义。

㶲损是㶲损失的简称。一般的能量转化过程，㶲的损失有两种情况，一种是散失，即未产生实际效益而变为㶲；另一种是被消耗，借以推动生产或其他的能量转换中所必需的各种过程的进行，比如流体的流动、热量的传递、物质的扩散与混合等。这一部分消耗的㶲不能简单地一概认为是浪费，因为实际过程的进行总要消耗能量，而㶲的消耗就是过程推动力的能量代价。

能量形式转换的能力在实践中有重要的意义，因此各种不同形式的能量的价值需要根据其转换成其他形式的能量的程度来评定。没有㶲损失的能量可逆转换是理想转换，但实际上是不可能实现的。如果一味追求实现这种转换，设备费用将无限增大。因此，动力工程中要进行技术经济性的综合比较，就是在㶲损失和设备投资、设备运行费用等之间进行衡量和取舍，选出总效益最大的最优方案。

四、热量㶲、工质㶲、㶲损的表达式

以上介绍的是㶲的一般概念，在实际应用中，常把此笼统概念的㶲进行分解，如分解成物理㶲和化学㶲；而物理㶲又可进一步分解成热量㶲和机械㶲。限于篇幅，在这里只讨论热量㶲、工质㶲和㶲损。

如图 4-7 所示，工质稳定流经一开口系统，进口截面为 1，出口截面为环境状态 0，过

程中工质从热源 T 吸热 $\int \delta q$，向环境 T_0 放热 $\int \delta q_0$。

由热力学第一定律，有

$$\int \delta q - \int \delta q_0 = h_0 - h_1 + w_t \qquad (4\text{-}12)$$

把热源、环境、工质划为孤立系统，则由热力学第二定律有

$$-\int \frac{\delta q}{T} + \int \frac{\delta q_0}{T_0} + s_0 - s_1 = \Delta s_{\text{iso}} \qquad (4\text{-}13)$$

以 T_0 乘式（4-13）中各项并与式（4-12）中各对应项相加，得

$$\int \left(1 - \frac{T_0}{T}\right) \delta q + T_0(s_0 - s_1) = h_0 - h_1 + T_0 \Delta s_{\text{iso}} + w_t$$

整理成式（4-14）：

$$w_t = h_1 - h_0 - T_0(s_1 - s_0) + \int \left(1 - \frac{T_0}{T}\right) \delta q - T_0 \Delta s_{\text{iso}} \qquad (4\text{-}14)$$

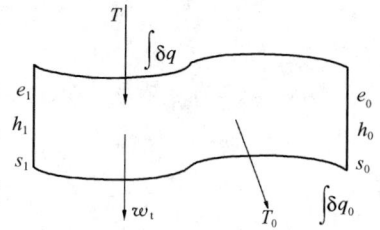
图 4-7　稳定流动

式（4-14）中各项的物理意义，可归纳为工质㶲、热量㶲及不可逆性与㶲损的关系。

1. 工质㶲

工质㶲是指工质从所处的状态可逆地变化（先可逆绝热的变化到与大气环境温度相同，然后再进行一个可逆的定温过程压力变化到与环境压力相同）到与周围环境处于热力平衡时，工质所做出的最大有用功。每千克工质的㶲称为比㶲，以符号 e_x 表示。E_x 为 m kg 质量工质的㶲，则

$$e_x = h - h_0 - T_0(s - s_0) \qquad (4\text{-}15)$$
$$E_x = H - H_0 - T_0(S - S_0) \qquad (4\text{-}16)$$

以 a_n、A_n 表示 1kg、m kg 工质的㶲，则

$$a_n = T_0(s - s_0)$$
$$A_n = T_0(S - S_0)$$

㶲的单位为 J/kg、kJ/kg 或 J、kJ。

2. 热量㶲

热量㶲为热源放出的热量中可转化为功的最大值。热量㶲与工质㶲的区别在于要获得热量㶲必须完成循环做功。在图 4-7 中，工质要完成循环，则其出口状态与入口状态必相重合，即 $h_1 = h_0$，$s_1 = s_0$，这样就可以得到热量㶲，以 $e_{x,q}$、$E_{x,Q}$ 来分别表示热量 q、Q 的㶲值，即

$$e_{x,q} = \int \left(1 - \frac{T_0}{T}\right) \delta q \qquad (4\text{-}17)$$

或

$$E_{x,Q} = \int \left(1 - \frac{T_0}{T}\right) \delta Q \qquad (4\text{-}18)$$

如果交换热量时温度保持不变，则式（4-17）和式（4-18）可写为

$$e_{x,q} = \left(1 - \frac{T_0}{T}\right) q \qquad (4\text{-}19)$$

$$E_{x,Q} = \left(1 - \frac{T_0}{T}\right)Q \tag{4-20}$$

以 $a_{n,q}$、$A_{n,Q}$ 表示热量 q、Q 的炕，则

$$a_{n,q} = \int \frac{T_0}{T}\delta q$$

$$A_{n,Q} = \int \frac{T_0}{T}\delta Q$$

炕的单位为 J/kg、kJ/kg 或 J、kJ。

值得注意的是，热量炕是过程量，取决于环境温度、热力系统交换热量时的温度变化规律及热量的大小和方向。

3. 不可逆性与炕损

由（4-14）式知，当过程的不可逆性引起的孤立系统熵增为零时，工质对外所做的最大技术功为

$$w_{t,\max} = h_1 - h_0 - T_0(s_1 - s_0) + \int \left(1 - \frac{T_0}{T}\right)\delta q \tag{4-21}$$

由不可逆性引起的做功的减少，称为炕损，以 e_L 表示：

$$e_L = w_{t,\max} - w_t = T_0 \Delta s_{iso} \tag{4-22}$$

分析说明：

（1）在孤立系统内，若发生可逆变化时，系统的炕维持不变；若孤立系统内发生不可逆过程，虽然系统的总能量在数量上并没有减少，但系统的炕却降低了，这种现象称为能级降低或能量贬值；孤立系统内的炕值不可能增加，只能减少。这是采用炕概念阐述的孤立系统炕减原理，也可以称为能量贬值原理，是热力学第二定律的另一种表述。

（2）孤立系统的熵增与系统做功能力的损失成正比。也就是说，任何炕损都等于孤立系统的熵增与环境温度的乘积。

引入热量炕、工质炕、炕损后，式（4-14）可表示为

$$w_t = e_x + e_{x,q} - e_L \tag{4-23}$$

应该指出的是，由各种不可逆因素造成的孤立系统的可用能的损失和由摩擦造成的功的损失并不相同。即使在孤立系统的不可逆损失完全由功损引起的情况下，可用能的损失也并不一定等于功损失。因为如果功的损失形成了热能，而且其所处温度高于环境温度，那么这部分热能对环境而言仍然具有一定的可用能，因此这时可用能的损失小于功损（如汽轮机的前级产生的摩擦热在后级中部分地得到利用）；只有当功损所形成的热能全部是废热时，可用能的损失才等于功损。

有关炕及其损失的讨论，使得人们懂得如何估价能量的可用性，以及如何计算实际过程中可用能的不可逆损失，以便在改进热能设备的效率时做到心中有数。

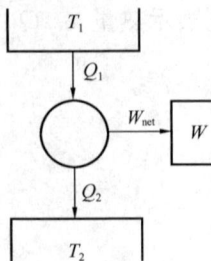

图 4-8 不可逆热机循环

【例 4-4】 某不可逆热机循环由热源吸热 $Q_1 = 6000\text{kJ}$，向冷源排热 $Q_2 = 3600\text{kJ}$，其余部分转变为功，如图 4-8 所示。热源的温度为 $T_1 = 1200\text{K}$，冷源的温度为 $T_2 = 350\text{K}$，环境温度为 $T_0 = 300\text{K}$。求该不可逆热机循环的炕损失。

解　将温度为 T_1 的热源、温度为 T_2 的冷源、不可逆热机一起看作一个系统，则该系统为一个孤立系统。可通过熵、㶲两种方法计算该不可逆循环的㶲损失。

方法一：孤立系统内，不可逆热机初终状态为同一状态，其熵变为零。

热源 T_1 的熵变为　　$\Delta S_{T_1} = -Q_1/T_1 = -5(\text{kJ/K})$

冷源 T_2 的熵变为　　$\Delta S_{T_2} = Q_2/T_2 = 10.286(\text{kJ/K})$

孤立系统的熵变为　　$\Delta S_{\text{iso}} = \Delta S_{T_1} + \Delta S_{T_2} = 5.286(\text{kJ/K})$

该不可逆循环的㶲损失为　　$E_L = T_0 \Delta S_{\text{iso}} = 1585.8(\text{kJ})$

方法二：孤立系统内，不可逆热机初终状态为同一状态，其㶲变为零；功源获得的功为其㶲值增加，即 $W_{\text{net}} = Q_1 - Q_2 = 2400$（kJ）

热源 T_1 付出的热量㶲为　　$E_{\text{x},Q_1} = -Q_1(1 - T_0/T_1) = -4500(\text{kJ})$

热源 T_2 获得的热量㶲为　　$E_{\text{x},Q_2} = Q_2(1 - T_0/T_2) = 514.2(\text{kJ})$

该不可逆循环的㶲损失为

$$E_L = -E_{\text{x},Q_1} + E_{\text{x},Q_2} + W_{\text{net}} = 1585.8(\text{kJ})$$

【例 4-5】　容器 A 和 B 的容积分别为 3m^3 和 2m^3，两者用一根带有阀门的管子相连接，如图 4-9 所示。开始，阀门是关闭的，容器 A 中储存有压力为 0.5MPa、温度为 500K 的空气，而 B 中为真空，外界环境温度 $T_0 = 298\text{K}$。假定阀门打开后，流动是绝热的，并略去连接管和阀门的体积，试计算由于过程的不可逆造成的㶲损失。

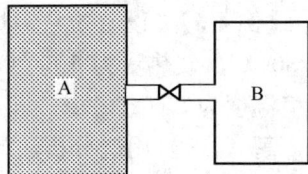

图 4-9　例 4-5 图

解　若以 A 和 B 两个容器为整个系统，打开阀门后的过程是绝热过程，有

$$q = 0, \qquad w = 0$$

由热力学第一定律得

$$\Delta u = 0 \quad \text{即} \quad c_V(T_2 - T_1) = 0$$

可得过程终态温度

$$T_2 = T_1 = 500(\text{K})$$

$$m = \frac{p_A V_A}{R_g T_A} = \frac{5 \times 10^5 \times 3}{287 \times 500} = 10.45(\text{kg})$$

$$\Delta s_{12} = c_V \ln \frac{T_2}{T_1} + R_g \ln \frac{v_2}{v_1}$$

$$= R_g \ln \frac{v_2}{v_1} = 287 \times \ln \frac{5}{3}$$

$$= 146.6[\text{J/(kg} \cdot \text{K})]$$

$$= 0.1466[\text{kJ/(kg} \cdot \text{K})]$$

$$\Delta S_{12} = m \Delta s_{12} = 10.45 \times 0.1466 = 1.53(\text{kJ/K})$$

㶲损失　　　　　　　　$E_L = T_0 \Delta S_{12} = 455.94(\text{kJ})$

此过程为绝热自由膨胀过程，过程中系统总质量、总能量不变，但由于体积增大，压力下降，系统总熵增大，存在不可逆造成㶲损失。

第七节　热力学第二定律的应用

一、热力学第二定律的应用

第二定律分析法，是热力学第一定律与第二定律相结合的分析法，最常用的有两大类，即熵分析法与㶲分析法。

熵分析法的主要内容就是通过对体系的熵平衡计算，求取熵产的大小及其分布，分析影响熵产的因素，确定熵产与不可逆损失的关系，作为评价过程的不完善性与改进过程的依据。熵分析法也有很明显的不足之处。首先，无法用它来评估能量流的使用价值，因而不便于用统一的尺度来考察各类用能装置的完善程度以及一次能源利用的充分程度。其次，熵的概念比较抽象，其物理意义是表征由有序到无序的转变度，本身并不是一种能量。此外，现代的节能实践，要求把能量的使用价值与经济价值融合在一起，对于这种要求，熵分析法也难以满足。基于以上各点，近年来㶲分析法得到了很大发展。

下面结合例题讨论热力学第二定律的使用方法。

【例 4-6】 设工质从锅炉吸热时的平均吸热温度为 300℃，锅炉烟气放热时的平均温度为 300℃，放热量为 100000 kJ，这一有温差的不可逆传热过程所造成的㶲损失是多少？设环境温度为 25℃。

解　（1）用熵分析法计算。

锅炉烟气放热引起的熵变化为

$$\Delta S_1 = -\frac{Q}{T_1}$$

工质吸热引起的熵变化为

$$\Delta S_2 = \frac{Q}{T_2}$$

因为有温差传热引起的孤立系统熵增为

$$\Delta S_{iso} = \frac{Q}{T_2} - \frac{Q}{T_1}$$

由于温差传热引起的㶲损失

$$E_L = T_0 \Delta S_{iso} = T_0 Q \left(\frac{1}{T_2} - \frac{1}{T_1} \right)$$

$$= 298.15 \times 10^5 \times \left(\frac{1}{300 + 273.15} - \frac{1}{800 + 273.15} \right)$$

$$= 0.243 \times 10^5 (kJ)$$

（2）用㶲分析法计算。

$$E_L = E_{Q_1} - E_{Q_2} = \left(1 - \frac{T_0}{T_1} \right) Q - \left(1 - \frac{T_0}{T_2} \right) Q$$

$$= Q T_0 \left(\frac{1}{T_2} - \frac{1}{T_1} \right) = 0.243 \times 10^5 (kJ)$$

从例题中可以看出，热力学第二定律分析法包含㶲分析法和熵分析法。第二定律分析法联合运用热力学第一定律和热力学第二定律，既考虑了能的数量方面又考虑了能的质量方面，因此所得结果也有别于第一定律的能量平衡分析法所得的结果。按照第一定律分析法，上例中的有温差传热并不产生能在数量上的损失，但按照第二定律分析法所计算的损失，能级品位的损失却很大。由此可以看出由于热力学第一定律分析法的片面性而得不出正确结果的原因。在锅炉传热过程中的不可逆性导致的㶲的损失，告诉人们要减少传热温差就可提高热能利用的经济性。

二、热力学第二定律对实践的指导作用

热力学第二定律是自然界最普遍的定律之一，它与质量守恒、动量守恒、能量守恒定律一起构成整个连续介质力学的基础。只不过前三个定律属于某种物理量的守恒关系，比较容易理解，而热力学第二定律描述的是过程方向性的规律，不是守恒关系。但它给出的一些结论和判据对于指导实践是极其重要的。

1. 对热机的理论指导意义

（1）热机的热效率永远都小于 100%。以热效率最高的卡诺循环来说，由于绝对零度达不到，无限高的温度则是不可能的，所以 $\eta_C < 100\%$。也就是说供给热机的热量不可能全部转变成机械功。

（2）在一定的温度范围 T_1、T_2 内，卡诺循环热效率最高。对于实际的热机循环，无论采用什么工质和什么循环，也无论将不可逆损失减小到什么程度，都不可能制造出热效率高出卡诺循环热效率的热机。但是可以努力使热机经历的循环尽可能地接近卡诺循环，越接近卡诺循环，循环热效率就越高。

（3）依靠单一热源供热而使热机循环不停地工作是不可能的。因为当 $T_1 = T_2$ 时，$\eta_C = 0$，即第二类永动机不可能制成。

（4）卡诺循环热效率使人们真正看到了影响热效率的本质因素是工质吸热、放热时的温度，而不是吸热量和放热量。因此，提高热机循环热效率的根本途径是提高工质吸热温度和降低工质放热时的温度。

第二定律的两种典型表述对于热机及制冷机的设计具有理论指导意义。它告诫人们不要违反第二定律企图制造第二类永动机，并给人们指出了提高热源转换效率的方向，即应尽量提高工质吸热时的温度，降低工质放热时的温度，减少一切不可逆因素，并尽量向卡诺循环靠近。

2. 根据热力学第二定律预测过程进行的方向，判断状态是否处于平衡状态

第二定律给出了各种形式的过程进行方向、条件、深度的判据。对于研究自然界的一些复杂现象，如天气预报、地壳变化、化学反应以至生态平衡等都具有理论指导作用。一些简单过程的进行方向是容易判断的，如两个不同温度物体的接触，热量由高温物体传给低温物体直至两物体温度一致达到热平衡状态，其熵达到最大值。对于一些复杂过程，如化学反应要直接预测其进行方向，判断其是否达到平衡是困难的，可以通过孤立系统熵的计算判断。由于自发过程只能向着使孤立系统熵增的方向进行，熵达到极大值时最稳定。可以据此来进行气象及地震预报，判断地壳是否平衡，甚至可以利用第二定律的规律性，补充某些条件，使一些非自发过程得以进行，达到改造自然的目的。

3. 指导节能及新能源开发利用

第二定律指出一切实际过程都具有不可逆性，一切不可逆性都导致㶲的损失，努力减少不可逆损失就可提高热能利用的经济性。第二定律指出能量有品质优劣和品位高低之分，在用能时必须根据需要合理使用，不能优质劣用，高位低用。例如电能是优质能，用电炉取暖就是很大浪费，因为取暖需要的只是劣质的品位不太高的热能。使用燃料燃烧取暖也很浪费，因为燃烧可以获得高温高品位的热能，取暖只需要低品位的热能。还有一些工厂中一方面消耗冷却水去冷却一些设备，把可以利用的高品位热能不可逆地变为低品位热能；而另一方面又消耗高品位燃料去加热一些设备，这也是不合理的，应该设法回收要冷却设备的热量并在加热设备中利用。工业企业或热力设备的热平衡及㶲平衡及据此画出的能流图和㶲流图可以提供能量及㶲的流向，指出损失的数量和部位，为分析和合理利用能源指出方向。

热力学第二定律是客观规律的总结，只能遵守，不能违反。它适用于一切有能量传递和能量转换的地方。从这个意义上说，整个自然科学总体上都应服从热力学原理。

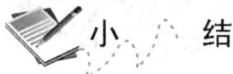

小　　结

（1）热力学第二定律的表述多种多样。其中常用的表述方法有：研究热量传递现象提出的克劳修斯说法，研究热功转换现象提出的开尔文说法。无论是什么样的表述，最后都可以归结到孤立系统的熵增原理上，它们从本质上来说是一致的，都同样反映了自然界中过程进行的方向、条件、限度的客观规律。

孤立系统的熵增原理为 $\Delta S_{iso} \geqslant 0$。熵增原理是孤立系统内热力过程能否进行的判据。

（2）卡诺循环在工程热力学发展中占据重要的地位，它的提出为改进热机指明了方向，即降低工质放热时的温度和提高工质吸热时的温度。而卡诺定理则进一步将卡诺循环的结论推广到了任意工质、任意循环的可逆热机和不可逆热机中。学习中应重点掌握卡诺循环的组成，在 p-v 图和 T-s 图上的表示，卡诺循环的结论。

（3）熵是热力学第二定律中重要的状态参数。热力学第二定律的所有表达式都与熵有关。

任一热力过程，系统的熵变化量为 $\Delta s = \Delta s_f + \Delta s_g$，即熵的变化都是由熵流与熵产两部分组成。其中熵流可为正，可为负，也可为零；熵产恒为正，在极限情况，即可逆过程时为零。熵对于分析不可逆过程具有重要的意义。

（4）㶲是能中可无限转换的部分，是能量质与量的统一。用㶲既能描述热力学第一定律，也能描述热力学第二定律，能＝㶲＋㶂。能的总量是守恒的，但能中的㶲是不守恒的。有不同的表达式，工质㶲、热量㶲及㶲损的关系式为

$$e_x = h - h_0 - T_0(s - s_0)$$

$$e_{x,q} = \int \left(1 - \frac{T_0}{T}\right) \delta q$$

$$e_L = T_0 \Delta s_{iso}$$

由于㶲是质与量的统一，所以基于热力学第一定律和热力学第二定律的㶲分析法，与传统的基于热力学第一定律的能量平衡分析法相比较更科学更全面。找出㶲损失的大小，对估价能量的可用性、改进热能设备的效率时非常重要。

思 考 题

4-1 自发过程反映了过程的什么性质？试举出几个自然界或工程实际中自发过程的实例。

4-2 试用热力学第二定律证明，在状态参数坐标图上，两条可逆绝热过程线不可能相交。

4-3 下列说法是否正确，并说明理由。

(1) 热量可以从高温物体传向低温物体而不产生其他影响；

(2) 热量可以从低温物体传向高温物体而不产生其他影响；

(3) 热可以转变为功而不产生其他影响；

(4) 功可以转变为热而不产生其他影响；

(5) 吸热过程熵一定增加，而放热过程熵一定减少；

(6) 熵增大的过程必为不可逆过程；

(7) 熵增大的过程必为吸热过程；

(8) 绝热过程即为定熵过程；反之，定熵过程必然为绝热过程。

4-4 某封闭热力系由状态 A 经历一熵增的可逆过程到达状态 B，则该热力系是否能经一绝热过程回到原状态？

4-5 如何理解温度高的热能其品质优于温度低的热能，机械能的品质优于热能。

4-6 根据热力学第二定律，热量中只有一部分能转变为有用功，而根据热力学第一定律，理想气体工质在定温过程中吸收的热量全部转换为对外的有用功，两者是否矛盾，为什么？

4-7 试从㶲的角度解释热力发动机需要在高温和高压条件下工作的原因。

4-8 简述第一类永动机和第二类永动机的本质区别？

4-9 什么是热力学第一定律分析法？什么是热力学第二定律分析法？二者相比有什么优缺点？

4-10 在 T-s 图上表示出锅炉、汽轮机中不可逆过程及损失。

4-11 画出卡诺循环的 T-s 图，并写出卡诺循环的组成和循环热效率的表达式，简述其指导意义。

4-12 若从某初态出发，经历可逆和不可逆两条途径，吸热到达某一终态，如果热源条件相同，且两条途径中吸热量相同，工质的终态熵是否相同？

4-13 阐述孤立系统熵增原理，并写出数学表达式。

4-14 在第二章的思考题 2-7 中，试分析隔板抽出后其他几个状态参数如何变化？

4-15 用搅拌器搅拌如图 4-10 所示绝热容器内

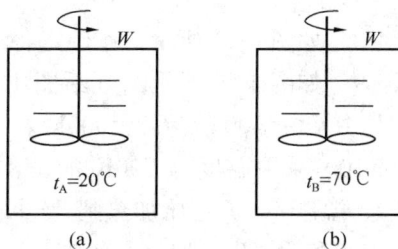

图 4-10 思考题 4-15 图

的水，在水的质量、搅拌器耗功、搅拌器和容器热容量相同的条件下，哪一种情况的不可逆损失大？若两容器内水的温度均为 20℃，而质量不同，A 中水为 2kg，B 中水为 4kg，则哪种情况的不可逆损失大？

习　题

4-1　已知在 527℃的高温热源和 27℃的低温热源之间工作的三个循环，试补充下表并说明这三个循环是否可逆。

循　环	$Q_1/(kJ/h)$	$Q_2/(kJ/h)$	$W/(kJ/h)$	效率 $\eta_t/\%$
1	1×10^6		2400	
2	1×10^6	7×10^5		
3	1×10^6			62.5

4-2　假设一卡诺热机工作于 500℃和 30℃的两个热源之间，该卡诺循环每分钟从高温热源吸取热量 100kJ，求：（1）卡诺热机的热效率；（2）每分钟所做的功；（3）卡诺热机每分钟向低温热源排出的热量；（4）卡诺热机的功率（kW）。

4-3　某制冷设备工作在温度为 33℃的热源和 -20℃的冷源之间，为了使冷库保持恒定温度，工质从冷库吸热 1.2kJ/s，求：（1）制冷设备的最大制冷系数为多少？（2）加给制冷设备的最小功率是多少？

4-4　冬季室内取暖时，燃烧煤获得的温度为 T_1（1200K）的热量 Q_1 直接降至室温 t_0（20℃）供热。若用另一种方法，即先以 T_1 作为卡诺热机的高温热源，加给热机的热量为 Q_1，并以室外冷空气（$t_0=0℃$）作为低温热源，由该热机产生的功再带动一按卡诺逆循环工作的热泵从室外冷空气提取热量 Q_b，而供给室内的热量 Q。求用后一种供热方法所提供的热量是前一种方法提供热量的多少倍？

4-5　有人声称设计了一台热力设备，该设备可以工作在 540K 的高温热源和 300K 低温热源之间，若从高温热源吸热 1kJ，可以产生 0.45kJ 的功。判断该设备是否可行，为什么？

4-6　某可逆热机工作于 $T_1=1400K$ 的高温热源和 $t_2=60℃$ 的低温热源之间。若每次循环热机从高温热源吸取 5000kJ 的热量，求：（1）高温热源和低温热源的熵变化量；（2）系统的总熵变化量。

4-7　按卡诺循环工作的工质从温度为 $T_1=1000K$ 的高温热源吸热，向 $T_2=300K$ 的低温热源放热，工质在吸热和放热时与两热源都存在 20K 的温差。求：（1）该不可逆循环的热效率；（2）若环境温度 $t_0=27℃$，则每向低温热源放热 1000kJ 热量，工质的㶲损失为多少？

4-8　如图 4-11 所示，试确定各量的值与方向？是热机还是制冷机？可逆还是不可逆？

4-9　如图 4-12 所示，判断图中的 Q_2 方向，Q_3 的大小和方向，循环净功的大小和方向，其中 $Q_1=400kJ$，$Q_2=800kJ$。

4-10　采用温度为 700K 的恒温热源供热，将气缸与活塞间封闭的 2kg 空气从压力 10^5Pa、温度 400K 定压加热到 700K。不考虑散热损失，试求该不可逆过程中空气的熵变化量、熵产和㶲损失。取空气的定值比热容为 $c_p=1.004kJ/(kg\cdot K)$，大气环境的温度和压力分别为 300K 和 1×10^5Pa。

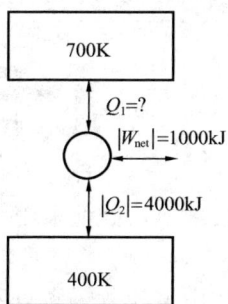

图 4-11 习题 4-8 图

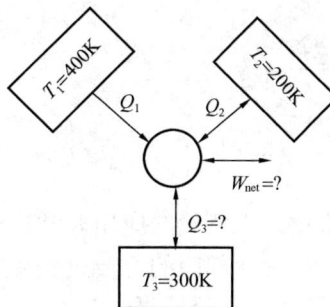

图 4-12 习题 4-9 图

4-11 某热机在温度为 $T_1 = 1500K$ 的热源与温度为 $T_0 = 300K$ 的大气环境之间循环工作。循环中，热源 T_1 供出的热量为 $Q_1 = 1000kJ$，但工质吸热时的温度维持为 $T'_1 = 1000K$，工质绝热膨胀时产生摩擦，所做的循环净功减少 50kJ，工质放热时的温度维持为 $T_2 = 350K$，最后工质经可逆绝热压缩回复到原初始状态。试分别求可逆循环、不可逆吸热过程、不可逆绝热膨胀过程、不可逆放热过程和不可逆循环的熵产和㶲损失。

第五章

水 蒸 气

在热力工程中，水蒸气的应用非常广泛。蒸汽轮机以及很多换热器都采用水蒸气做工作物质。另外，不少工业部门的生产过程也常用到水蒸气。

通常情况下，水蒸气是一种实际气体，分子之间的相互作用力和分子本身所占据的体积不能忽略，因此其性质远比理想气体复杂，它的状态也不能用理想气体状态方程 $pv = R_g T$ 来描述。当蒸汽温度逐渐升高，压力逐渐降低时，在性质上会接近一般气体，并以理想气体为其极限情况。如燃气轮机燃气中所含有的水蒸气，由于其温度高，分压力相当低，偏离液态很远，完全可以使用理想气体状态方程加以描述。

本章主要介绍水蒸气的产生、性质、参数计算以及基本热力过程。同时还将着重讨论为工程计算而编制的有关蒸汽热力性质图和表的结构及其应用。

第一节 水蒸气的基本概念

微课 5-1 水蒸气的基本概念

物质的形态在一定条件下可以相互转变。物质由液态转变为气态的现象称为汽化。相反，物质由气态转变为液态的现象称为液化（也称凝结）。实际上，在密闭容器内进行的汽化过程，总是伴随着液化过程同时进行。

从微观机理上，汽化是由于液面某些动能较大的液体分子克服了邻近分子的引力，脱离液面逸入空间而形成蒸汽。温度愈高，液面愈大，液面上空的分子愈稀，则汽化愈快。同样，蒸汽分子在杂乱运动中，也会撞回液面而成为液体，这就是液化。液面上空蒸汽密度愈大，撞回液面的分子数就愈多，即液面上蒸汽的压力愈大，液化愈快。所以液化速度取决于蒸汽压力，而汽化速度取决于液体的温度。

汽化有蒸发和沸腾两种方式。蒸发可在任何温度下发生，温度愈高，液面愈大，液面上空的气流流速越快，则蒸发愈快。火电厂的冷却塔，就是通过蒸发表面，利用通风提高蒸发汽流的流速等措施来提高蒸发速度，提高冷却塔的工作效率的。沸腾是在一定温度下，在液体内部剧烈进行的汽化现象。工业上一般都是靠液体的沸腾来产生蒸汽，在给定的压力下，沸腾只能在一个相应确定的温度下发生，这一温度成为给定压力所对应的饱和温度。

将一定量的水置于密闭容器中，当汽化速度等于液化速度时，若没有外界作用，则汽液两相将处于不会发生变化的动态平衡，此两相平衡的状态即为饱和状态。饱和状态下的蒸汽称为干饱和蒸汽，这时的液体称为饱和水，干饱和蒸汽和饱和水的混合物称为湿饱和蒸汽。饱和状态时蒸汽（或饱和水）的压力和温度分别称为饱和压力 p_s 和饱和温度 t_s。

改变饱和温度，饱和压力也会起相应的变化。一定的饱和温度总是对应着一定的饱和压力，一定的饱和压力也总是对应着一定的饱和温度，即 $p_s = f(t_s)$。

对应于某一压力 p 时水的饱和温度为 t_s。若此压力 p 下水的温度 $t = t_s$，此时的水为饱和水；$t < t_s$，水尚未达到饱和状态，称为未饱和水或过冷水，其温度低于饱和温度的数值称为过冷度，用 Δt 表示，$\Delta t = t_s - t$，过冷度越高，说明未饱和水偏离饱和状态越远；若

$t>t_s$，此时其温度高于饱和温度，称为过热蒸汽，其温度超过饱和温度的数值称为过热度，以 Δt 表示，$\Delta t = t - t_s$，过热度越高，表示蒸汽偏离饱和状态越远。

第二节 水蒸气的产生过程

工程上使用的水蒸气一般都是在锅炉内产生的，由未饱和水变为过热蒸汽的过程中，压力变化不大，所以水蒸气的产生可视为一个定压加热过程。

一、水蒸气的产生过程

将 1kg、0℃的水装在带有活塞的容器中进行定压加热，如图 5-1 所示，把未饱和水加热至过热蒸汽。水的初始状态参数为 p、v_0、t_0、h_0、s_0 等，此时由于水温低于压力 p 所对应的饱和温度 t_s，所以水处于未饱和状态 [见图 5-1（a）和图 5-2 中 a 点]。加热过程可分为定压预热、定压汽化和定压过热三个阶段。

1. 水的定压预热过程

对水加热，其温度升高、比体积增大，但因为水的膨胀性很小，因此比体积变化不明显。当水温达到某一个温度——饱和温度 t_s，由未饱和水变为饱和水，其对应的状态参数为 p、t_s、v'、h'、s' 等 [见图 5-1（b）和图 5-2 中 a—b 段]，此过程称为水的定压预热过程。

图 5-1　水蒸气的定压产生过程
（a）未饱和水；（b）饱和水；（c）湿饱和蒸汽；
（d）干饱和蒸汽；（e）过热蒸汽

微课 5-2　水蒸气的定压产生过程

定压加热阶段中，把 1kg、0℃的水定压加热为饱和水所需的热量称为液体热，用 q_L 表示，因此

$$q_L = h' - h_0 = \int_0^{t_s} c_p \mathrm{d}t \tag{5-1}$$

在 p 和 t 都不太高时，可取 $c_p = 4.1868\mathrm{kJ/(kg \cdot K)}$，以简化计算。但高温高压范围内水的比热容变化很大。精确的比热容值可参考有关图和表。

2. 饱和水的定压汽化过程

在定压下继续加热，水便逐渐汽化，这时水和汽的温度都保持不变，这个过程既是定压过程也是定温过程。当容器中最后一滴水完全变为蒸汽时 [见图 5-1（d）和图 5-2 中 b—d 段]，温度仍然是 t_s，这时的蒸汽称为干饱和蒸汽（简称为饱和蒸汽），状态参数为 p、v''、t_s、h''、s'' 等。由饱和水变为饱和蒸汽的过程中，容器中有汽水共存的状态 [见图 5-1(c)和图 5-2 中 c 点]，通常把这种混有饱和水的饱和蒸汽称为湿饱和蒸汽（简称为湿蒸汽），状态参数为 p、v_x、t_s、h_x、s_x 等。

将定压下由饱和水加热成干饱和蒸汽的过程称为饱和水的定压汽化过程。把 1kg 饱和水变为干饱和蒸汽所需的热量称为汽化潜热 r。

$$r = h'' - h' = (u'' - u') + p_s(v'' - v') \tag{5-2}$$

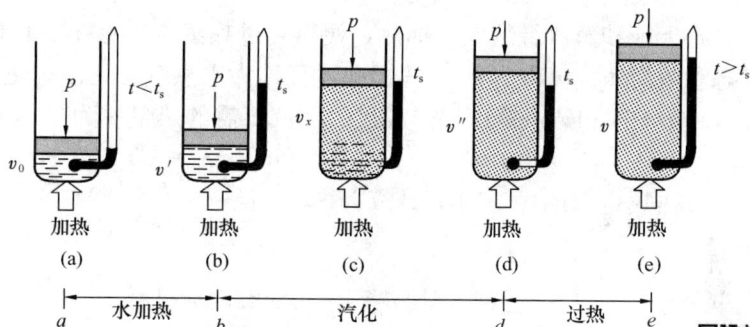

式中，等号右边第一项表示汽化时分子克服分子之间相互作用力而做的功，即内位能的增加，称为内汽化潜热 ρ；第二项为汽化时比体积从 v' 增加到 v'' 而对外做的功，称为外汽化潜热 ψ，这样式（5-2）也可写成

$$r = \rho + \psi \tag{5-3}$$

由于汽化过程中维持饱和温度 T_s 不变，由 $\delta q = T\mathrm{d}s$ 得

$$r = T_s(s'' - s') \tag{5-4}$$

要具体确定湿蒸汽所处的状态，除了说明它的压力或温度外，一般还应指出它的成分比例，即湿蒸汽中干饱和蒸汽所占的质量份额——干度 x。

$$x = \frac{\text{干饱和蒸汽质量}}{\text{湿蒸汽质量}}$$

干度是饱和状态下工质的特有参数。对于饱和水，$x=0$；对干饱和蒸汽 $x=1$；对于任一湿蒸汽状态，$1>x>0$。

3. 水蒸气的定压过热过程

将干饱和蒸汽继续定压加热，便得到过热蒸汽［见图 5-1（e）和图 5-2 中 $d—e$ 段］，其状态参数为 p、v、t、h、s 等。此过程称为水蒸气的定压过热过程。

1kg 干饱和蒸汽定压加热成过热蒸汽所需的热量称为过热热，用符号 q_{su} 表示

$$q_{su} = h - h'' \tag{5-5}$$

过热热也可用式（5-6）计算，即

$$q_{su} = \int_{t_s}^{t} c_p \mathrm{d}t \tag{5-6}$$

式中 c_p——过热蒸汽比定压热容，它随温度而变化。

将水蒸气产生过程的三个阶段串联起来，在定压下将 0℃ 的水变为过热蒸汽所需的总热量 q 为

$$\begin{aligned} q &= q_L + r + q_{su} \\ &= (h' - h_0) + (h'' - h') + (h - h'') \\ &= h - h_0 \end{aligned} \tag{5-7}$$

由式（5-7）可知，只需知道过热蒸汽焓值和给水焓值，就可求得水被加热成过热蒸汽时在整个加热过程中所吸收的总热量。

将水蒸气的定压形成过程表示在 p-v 及 T-s 图上，如图 5-2 所示，点 a 为某一确定压力下 0℃ 水的状态，点 b 为饱和水的状态，点 c 为汽水混合的湿蒸汽状态，点 d 为饱和蒸汽状态，点 e 为过热蒸汽状态。

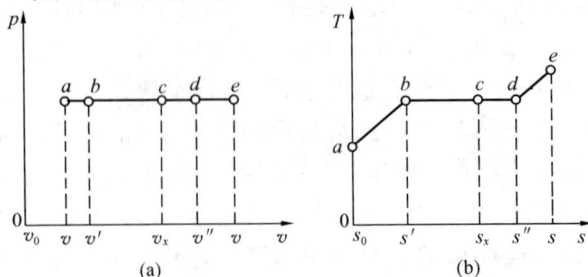

图 5-2 水蒸气定压发生过程
(a) p-v 图；(b) T-s 图

由图 5-2 中可以看出，在 p-v 图上水蒸气的定压形成过程是一条连续的平行于 v 轴的直线，整个过程中压力不变而比体积不断增大，即 $v_0 < v' < v_x < v'' < v$；而在 T-s 图上，整个过程不是一条直线。$a—b$ 段和 $d—e$ 段均为向右上方延伸的曲线，由于在蒸汽的定压形成过程中不断加热，熵始终是增加的，即

$$s_0 < s' < s_x < s'' < s$$

不论 p-v 图或 T-s 图，汽化过程线 b—c—d 都是垂直于纵轴的直线，表示水的汽化过程从开始到结束，其压力和温度均保持不变，汽化过程线既是定压线又是定温线。

二、水蒸气的 p-v 图和 T-s 图

如果改变压力 p，例如将压力提高，再次考察水在定压下的形成蒸汽的过程，同样也将经历上述五个状态和三个阶段。将不同压力下的水蒸气定压形成过程表示在 p-v 图和 T-s 图上，如图 5-3 所示。

图 5-3　水蒸气在不同压力下的形成过程
(a) p-v 图；(b) T-s 图

微课 5-3　水蒸气的 p-v 图和 T-s 图

图中点 a_1、a_2……均为 0℃的水，点 b_1、b_2……为饱和水，点 d_1、d_2 为干饱和蒸汽，点 e_1、e_2……为过热蒸汽。各条 $abcde$ 线为不同的定压线。

在 p-v 图中 $a_1a_2a_3$ 线表示 0℃时水的 p-v 关系。因为低温时水几乎不可压缩，压力升高，比体积变化极小，线 $a_1a_2a_3$ 近乎垂线。T-s 图上各种压力下 0℃水的熵均为 $s_0 \approx 0$，故重合为一点。

连接不同压力下饱和水状态点 b_1、b_2、b_3……而成的曲线 AC 称为饱和水线（下界限线）。由于水受热膨胀的影响大于压力升高压缩的影响，故饱和水线 AC 向右上方倾斜，表示 t（或 p）升高时 v' 和 s' 增大。又由于水压缩性小，绝热压缩或膨胀后温度变化极小，所以在 T-s 图上，水的定压线与曲线 AC 很靠近。

连接不同压力下干饱和蒸汽点 d_1、d_2、d_3……而成的曲线 BC 称为干饱和蒸汽线（上界限线）。由于蒸汽受热膨胀的影响小于压缩的影响，而 $p_s = f(t_s)$ 关系中 p_s 增长较 t_s 增长快，故干饱和蒸汽线向左上方倾斜，表示 t（或 p）升高时，v'' 和 s'' 减小，汽化过程中干饱和蒸汽与饱和水的比体积变化（$v'' - v'$）逐渐减小，汽化潜热 $T_s(s'' - s')$ 也逐渐减小。

饱和水线和干饱和蒸汽线会合于 C 点，称为临界点。此时饱和水和干饱和蒸汽处于同一状态。临界点处的热力参数称为临界参数。水的临界参数 $p_c = 22.064\text{MPa}$，$t_c = 373.95℃$，$v_c = 0.003106\text{m}^3/\text{kg}$，$h_c = 2095.2\text{kJ/kg}$，$s_c = 4.4237\text{kJ/(kg·K)}$。水在临界压力下没有汽化过程，汽化潜热为零。$t_c$ 是最高的饱和温度，当 $t > t_c$ 时，不论 p 多大也不能使蒸汽液化。

曲线 AC 和 BC 之间为汽化区，它是汽液两相共存的饱和蒸汽区；曲线 AC 的左侧为液相区；曲线 BC 右侧为过热蒸汽区。

综上所述，水的相变过程在 p-v 图及 T-s 图所表示的规律，可归纳为一点（临界点），两线（上、下界限线），三区（未饱和水区、湿饱和蒸汽区、过热蒸汽区），五状态（未饱和水、饱和水、湿饱和蒸汽、干饱和蒸汽，过热蒸汽）。

火电厂中，给水在锅炉内吸收的总热量就是由前述的液体热、汽化热和过热热三部分组成。其中液体热主要在省煤器内吸收，汽化热主要在水冷壁内吸收，过热热则在过热器内吸收。当压力升高时，液体热和过热热所占的比例增大，汽化潜热所占的比例缩小，则锅炉的蒸发受热面应该减小，而预热受热面和过热受热面应该增大。因此，随着压力的升高，锅炉

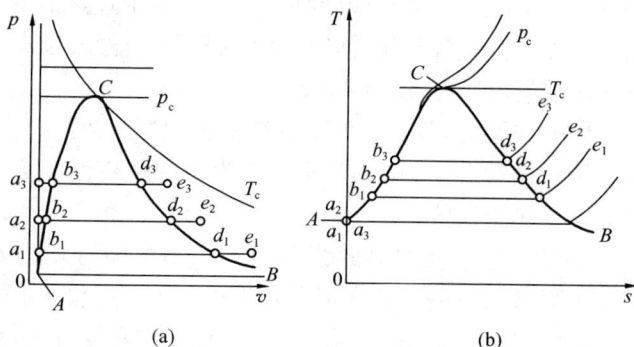

炉膛水冷壁的受热面积应减小，水平烟道中过热器的受热面积应增大。此时不必把锅炉炉膛中的水冷壁都做成蒸发受热面，可把一部分过热受热面由水平烟道移入炉膛，顶棚过热器、屏式过热器就是为此而设计的。

【例 5-1】 有没有 380℃ 的饱和水，为什么？

解 没有 380℃ 的饱和水。因为水的临界温度为 373.95℃，当 $t=380℃>373.95℃$ 时，只能是过热蒸汽状态。

临界压力 t_c 是最高的饱和压力，不可能有超过 t_c 的饱和状态。当压力高于临界压力，即超临界参数范围，蒸汽定压发生过程不经过液-气两相区，而是在连续渐变中完成的。

【例 5-2】 1kg 水在压力 0.1MPa 时饱和温度 $t_s=99.63℃$，当保持压力不变，温度提高到 150℃，则水处于何种状态？若 1kg 水中含有蒸汽 0.3kg，则又处于何种状态？此时温度又如何？

解 水的温度 $t=150℃>t_s$，此时水处于过热蒸汽状态。若 1kg 水中含有蒸汽 0.3kg，处于汽、水共存状态，必然为湿蒸汽。其温度等于饱和温度 t_s，干度 $x=0.3$。

第三节　水和水蒸气的热力性质表和图

微课 5-4　水和水蒸气的热力性质表和图

如前述指出，水蒸气的性质与理想气体截然不同，p、v、T 的关系不再符合 $pv=R_gT$，热力学能和焓也不再是温度的单值函数。如果用数学式来表示，其形式复杂，只有借助于计算机求取所需的参数。工程上为分析和计算的方便，一般利用水蒸气性质图和表。本节主要介绍如何应用水和水蒸气热力性质表和图来确定水蒸气的状态参数。

一、水和水蒸气热力性质表

水蒸气表是确定水蒸气状态参数的重要工具，具有简便实用的优点。现有的水蒸气表遵循国际标准规定，取水的三相点时液相水的热力学能和熵值为零。

1. 饱和水和干饱和蒸汽热力性质表

为了使用方便，此表通常可有两种编排形式：一种如附表 12 所示，以温度为自变量，列出相应的饱和压力、比体积、焓、汽化潜热 r、熵；另一种如附表 13 所示，以压力为自变量，列出相应的饱和温度，以及饱和水和干饱和蒸汽的各参数值。

为了寻找表中没有列出的某些中间压力或中间温度下各变量的数值，可以采用内插法。

由于饱和蒸汽表中无湿蒸汽参数，无法直接查出。可根据给定的压力或温度分别查出饱和水和干饱和蒸汽参数，利用式（5-8）～式（5-11）进行计算，即

$$v_x=xv''+(1-x)v'=v'+x(v''-v') \tag{5-8}$$

$$h_x=xh''+(1-x)h'=h'+x(h''-h') \tag{5-9}$$

$$s_x=xs''+(1-x)s'=s'+x(s''-s') \tag{5-10}$$

$$u_x=h_x-pv_x \tag{5-11}$$

2. 未饱和水与过热蒸汽表

未饱和水与过热蒸汽表的参数合并列在同一表中，见附表 14。表中，以温度为最左侧第一行变数，以压力为最上面第一列的变数，由该两变数的交点可查得 v、h 和 s 三个参数。表中画有一条粗黑的阶梯线，其上为未饱和水参数，其下为过热蒸汽参数。

因热力学能在工程计算中应用较少，故其数值在上述各表中一般都不列出，如果需要可根据 $u=h-pv$ 计算。

【例 5-3】 确定下列各点的状态：（1）$p=0.1\text{MPa}$，$t=110℃$；（2）$p=1\text{MPa}$，$v=0.1\text{m}^3/\text{kg}$。

解 （1）由饱和水和饱和蒸汽表查得 $p=0.1\text{MPa}$ 时，$t_s=99.63℃$。

由 $t=110℃>t_s=99.63℃$，可知该状态为过热蒸汽。

（2）由饱和水和饱和蒸汽表查得

$$p=1\text{MPa 时，} v'=0.0011274\text{m}^3/\text{kg}，v''=0.19430\text{m}^3/\text{kg}$$

由 $\quad v'=0.0011274\text{m}^3/\text{kg}<v=0.1\text{m}^3/\text{kg}<v''=0.19430\text{m}^3/\text{kg}$

可知该状态为湿蒸汽。

【例 5-4】 100kg、150℃的水蒸气中含水 20kg，求此蒸汽的状态和参数。

解 蒸汽含水表明处于湿蒸汽状态，其干度为

$$x=\frac{100-20}{100}=0.8$$

由以温度为自变量的饱和水和饱和蒸汽表查得 150℃时饱和水和饱和蒸汽的有关参数，按式（5-8）～式（5-10）计算湿蒸汽的有关参数。

湿蒸汽的压力必为饱和压力，查得 $p_s=0.47597\text{MPa}$

湿蒸汽的比体积

$$v_x=v'+x(v''-v')=0.00109+0.8(0.39261-0.00109)$$
$$=0.3143(\text{m}^3/\text{kg})$$

湿蒸汽的焓

$$h_x=h'+x(h''-h')=h'+xr=632.2+0.8\times2114.1$$
$$=2323.5(\text{kJ/kg})$$

湿蒸汽的熵

$$s_x=s'+x(s''-s')=1.8416+0.8(6.8381-1.8416)$$
$$=5.8388[\text{kJ/(kg·K)}]$$

【例 5-5】 给水泵进口水温为 160℃，为了防止水泵入口水汽化，压力表读数至少应大于多少？取大气压力 $p_b=0.1\times10^6\text{Pa}$。

解 查饱和水及饱和水蒸气的热力性质表。

由 $t=160℃$，得 $p_s=0.61804\text{MPa}$

为了防止水泵入口汽化，此处水的压力 $p\geqslant0.61804\text{MPa}$

由 $p=p_g+p_b$ 得 $p_g=p-p_b=0.61804-0.1=0.51804$（MPa）

为了防止水泵入口汽化，压力表读数至少应大于 0.51804MPa。

二、水蒸气的焓-熵图

利用水和水蒸气热力性质表确定蒸汽的状态时，常常用到内插法，湿蒸汽的状态参数也必须通过计算才能获得，因而显得很烦琐。通常在实际工程分析和计算中，最常用的是焓-熵（h-s）图。在图中，水的汽化热、过热热及绝热膨胀技术功都可以用线段表示，使蒸汽

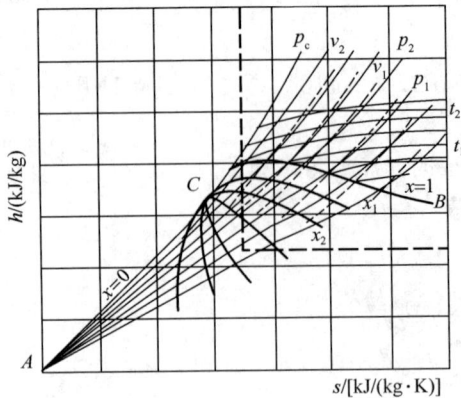

图 5-4　水蒸气的焓-熵图

热力过程的分析直观、清晰和方便。

以焓为纵坐标、熵为横坐标所构成的焓-熵图，是根据由实验和理论分析编制的水和水蒸气热力性质表的数据绘制的。焓-熵图主要由一系列线群组成。除定焓线与定熵线之外，还绘制有定压线群、定体积线群、定温线群和定干度线群，如图 5-4 所示。

1. 定压线群

定压线群在焓熵图上是一组自左下方向右上方延伸的呈发散状的线群，从右到左压力逐渐升高。在湿蒸汽区，因压力一定时温度不变，故定压线是斜率为常数的直线；而在过热蒸汽区，定压线的斜率随温度的提高而增大，为一簇上翘的曲线。

2. 定温线群

在湿蒸汽区域中，压力和温度呈依变关系，所以定温线也是定压线。在过热区域内，定温线向右上方倾斜并延伸至低压区，逐渐趋于水平，温度高的定温线在上，温度低的定温线在下。

3. 定体积线群

焓-熵图中，定体积线延伸方向同定压线相似，但定体积线的斜率大于定压线的斜率，即定体积线更陡。在图中通常将定体积线印成红线或虚线，使查阅方便。

4. 定干度线群

即 x 等于常数的曲线群，定干度线只在湿蒸汽区有，干度值大的定干度线在上，干度值小的定干度线在下。

工程实际中，在热机内工作的蒸汽的干度 x 很少小于 0.5，所以实用的 h-s 图只限于图 5-4 中右上黑线框出部分 [$h=1600\sim4000\mathrm{kJ/kg}$，$s=5\sim12.5\mathrm{kJ/(kg\cdot K)}$]，对于超出此范围的过热蒸汽，因其已经远离临界点 C 的状态，可以作为理想气体加以处理。

两条线的交点可以确定一点的位置，因此利用 h-s 图查一个状态时，需已知两个参数。但注意在湿蒸汽区，压力和温度互为依变数，因此还需要另外一个独立参数才能确定状态点的位置。而在确定干饱和蒸汽状态时，因状态点必然在干饱和蒸汽线上，只需一个已知量即可。附图 2 是水蒸气的焓-熵图。

【例 5-6】　某汽轮机入口水蒸气的压力与温度分别 $p_1=17\mathrm{MPa}$，$t_1=550℃$。经定熵膨胀做功至 0.01MPa，试用 h-s 图求解有关参数和 1kg 水蒸气流过汽轮机所做的轴功。

解　如图 5-5 所示，由 $p_1=17\mathrm{MPa}$ 的定压线与 $t_1=550℃$ 的定温线的交点 1，直接读得初态参数为

$s_1=6.44\mathrm{kJ/(kg\cdot K)}$，$h_1=3430\mathrm{kJ/kg}$，$v_1=0.02\mathrm{m^3/kg}$

由点 1 沿定熵线和 $p_2=0.01\mathrm{MPa}$ 定压线交于点 2，点 2 即为膨胀终点。由点 2 可读出终态参数为

$s_2=s_1$，$h_2=2040\mathrm{kJ/kg}$，$v_2=17\mathrm{m^3/kg}$

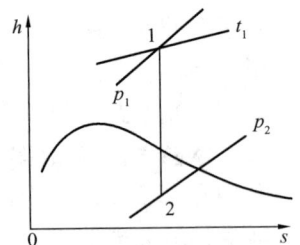

图 5-5　例 5-6 图

汽轮机做的轴功即为膨胀前后的焓降为 $w_s = \Delta h = h_1 - h_2 = 1390(\text{kJ/kg})$

第四节 水蒸气的热力过程

由于精确的水蒸气的状态方程都比较复杂，而且有时还牵涉到相变，因此，一般都不利用状态方程，而利用图、表对水蒸气的热力过程进行分析和计算。蒸汽的典型热力过程也是定压、定体积、定温和可逆绝热过程（定熵过程）。其中定压和绝热过程在蒸汽动力循环中出现得最多。

微课 5-5 水蒸气的热力过程

分析水蒸气的热力过程时，一般步骤大致如下：

（1）将过程表示在焓-熵图中，以便分析。

（2）根据焓-熵图或热力性质表查出过程始末各状态参数值。

（3）根据已求得的初、终态参数，应用热力学基本定律计算热量和功。

下面应用水蒸气的 $h\text{-}s$ 图，分析水蒸气的典型热力过程。

一、定压过程

在蒸汽动力循环中，定压过程出现较多。例如，若忽略摩擦阻力和传热温差等不可逆因素，则水在锅炉内的吸热汽化过程、水蒸气在冷凝器中的凝结过程、锅炉给水在回热加热器内的预热过程都可视为理想的可逆定压过程。

已知初态 p_1 及 x_1，定压加热至 t_2，如图 5-6 所示。

图 5-6 水蒸气的定压加热过程

（1）由 p_1 及 x_1 的交点确定初态点 1，查得 v_1、t_1、s_1、h_1。

（2）由 $p_1 = p_2 = p$ 的定压过程线与已知的 t_2 定温线的交点确定终态点 2，由此可得 v_2、s_2、h_2。

定压过程的热量为

$$q_{12} = h_2 - h_1 \tag{5-12}$$

定压过程所做的体积功为

$$w = \int_1^2 p \, \mathrm{d}v = p(v_2 - v_1) \tag{5-13}$$

定压过程的技术功为

$$w_t = -\int_1^2 v \, \mathrm{d}p = 0 \tag{5-14}$$

定压过程中热力学能的变化为

$$\Delta u = u_2 - u_1 = (h_2 - p_2 v_2) - (h_1 - p_1 v_1)$$
$$= (h_2 - h_1) - p(v_2 - v_1) \tag{5-15}$$

二、可逆绝热过程（定熵过程）

绝热过程在蒸汽动力装置循环中也是实施较普遍的一种过程，如水蒸气在汽轮机内的膨胀过程、水在水泵中的升压过程等都是绝热过程。如果在绝热过程中不考虑摩擦等不可逆因素，则可逆的绝热过程是定熵过程。

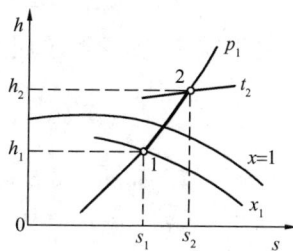

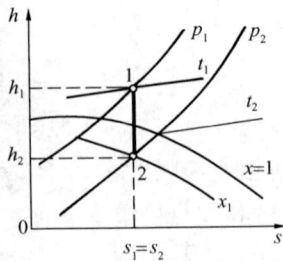

图 5-7 水蒸气的定熵过程

已知初态 p_1 和 t_1 的过热蒸汽定熵膨胀到 p_2，如图 5-7 所示。

在 h-s 图上先由 p_1 定压线和 t_1 定温线得交点 1，然后由点 1 向下做垂线与已知的 p_2 定压线交于终态点 2。

定熵过程所做体积功是工质热力学能的降低量：

$$w = -\Delta u = (h_1 - h_2) - (p_1 v_1 - p_2 v_2) \tag{5-16}$$

过程中所做技术功是焓的减少量：

$$w_t = h_1 - h_2 \tag{5-17}$$

在某些精度要求不高的场合，也可用绝热过程方程（$pv^\kappa =$ 常数）代入功的公式中进行计算。注意此时该式中的指数 κ 并非等熵指数，$\kappa \neq c_p/c_V$，而是一个经验数据，且随蒸汽的压力、温度和干度而变，一般取值为：

过热蒸汽 $\kappa = 1.3$；

干饱和蒸汽 $\kappa = 1.135$；

湿蒸汽（$x > 0.7$）$\kappa = 1.035 + 0.1x$。

对于变化范围不大的定熵过程，可由初态点 1 和终态点 2 按式（5-18）计算 κ 值，即

$$\kappa = \frac{\ln p_1 - \ln p_2}{\ln v_2 - \ln v_1} \tag{5-18}$$

【例 5-7】 如图 5-8 所示 $p_1 = 5\text{MPa}$、$t_1 = 400℃$ 的蒸汽进入汽轮机绝热膨胀至 $p_2 = 0.004\text{MPa}$。设环境温度 $t_0 = 20℃$，求：（1）若过程是可逆的，1kg 蒸汽所做的体积功及技术功各为多少？（2）若汽轮机的相对内效率为 0.88 时，其做功能力损失为多少？

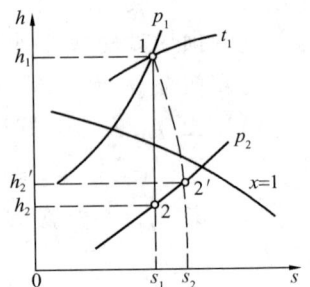

图 5-8 例 5-7 图

解 用 h-s 图确定初、终态参数

$h_1 = 3200\text{kJ/kg}$，$v_1 = 0.058\text{m}^3\text{/kg}$，$s_1 = 6.65\text{kJ/(kg·K)}$

则

$$u_1 = h_1 - p_1 v_1 = 3200 - 5 \times 10^6 \times 0.058 \times 10^{-3} = 2910(\text{kJ/kg})$$

若不考虑损失，蒸汽做可逆绝热膨胀，即沿定熵线膨胀至 $p_2 = 0.004\text{MPa}$，此过程在图 5-8 中 h-s 图上用一条垂直线表示，查得

$$h_2 = 2020\text{kJ/kg}, \quad v_2 = 30\text{m}^3\text{/kg}, \quad s_2 = s_1 = 6.65\text{kJ/(kg·K)}$$

则

$$u_2 = h_2 - p_2 v_2 = 2020 - 0.004 \times 10^6 \times 30 \times 10^{-3} = 1900 \text{ (kJ/kg)}$$

（1）体积功及技术功 $w = u_1 - u_2 = 2910 - 1900 = 1010$ （kJ/kg）

$$w_t = h_1 - h_2 = 3200 - 2020 = 1180 \text{ (kJ/kg)}$$

（2）由于损失存在，故该汽轮机实际完成功为

$$w'_t = \eta_{\text{ri}} w_t = 0.88 \times 1180 = 1038(\text{kJ/kg})$$

此不可逆过程在图 5-8 中 h-s 图上用虚线表示，膨胀过程的终点状态推算如下：

按题意 $w'_t = h_1 - h'_2$，则

$$h_{2'} = h_1 - w'_t = 3200 - 1038 = 2162(\text{kJ/kg})$$

这样利用两个参数 $p_{2'} = 0.004\text{MPa}$ 和 $h_{2'} = 2162\text{kJ/kg}$，即可确定实际过程终点的状态，并在 h-s 图上查得 $s_{2'} = 7.12\text{kJ/(kg·K)}$，故不可逆过程熵产为

$$\Delta s_g = s_{2'} - s_2 = 7.12 - 6.65 = 0.47[\text{kJ}/(\text{kg}\cdot\text{K})]$$

做功能力损失

$$e_L = T_0 \Delta s = T_0(\Delta s_f + \Delta s_g)$$

因绝热过程 $\Delta s_f = 0$，则 $e_L = T_0 \Delta s_g = (273+20)\times 0.47 = 137.7(\text{kJ/kg})$

第五节　湿　空　气

在一般的工程问题中，空气中水蒸气的含量及变化都较小，可以忽略水蒸气的存在，近似当作理想气体混合物折算为一种理想气体来分析计算。但当空气中水蒸气含量的多少及其所处的状态对于所讨论的问题具有重要的影响时，特别是烘干装置、采暖通风、室内调温调湿以及冷却塔等设备中用作工质的湿空气，其水蒸气含量及状态的变化具有特殊作用，此时空气应当作湿空气分析计算。本节简单介绍一些湿空气的基本性质。

一、干空气与湿空气

为了简化问题的讨论，将空气中除水蒸气之外的其他气体折算为一种组元的气体，称为干空气，将湿空气定义为水蒸气与干空气组成的二元气体混合物。

由前面的知识可知干空气属于理想气体混合物，而湿空气中的水蒸气含量较少，分压力较低，这样稀薄的蒸汽也可以看作理想气体，因此我们通常把湿空气看作理想气体混合物。为了描述方便，分别以下标"a""v""s"表示干空气、水蒸气和饱和水蒸气的参数，而无下标时则为湿空气参数。

根据道尔顿分压力定律，湿空气总压力 p 等于干空气分压力 p_a 和水蒸气分压力 p_v 之和，这个总压力即大气压力，表示为

$$p = p_a + p_v \tag{5-19}$$

湿空气与前面讨论的单纯气体组成的理想气体混合物的不同之处在于湿空气中的水蒸气组分通常随温度的变化而变化，而单纯理想气体混合物的各组分是恒定的。

二、未饱和湿空气和饱和湿空气

根据湿空气中水蒸气所处的状态的不同，可将湿空气分为未饱和湿空气和饱和湿空气两类。

1. 未饱和湿空气

若湿空气中的水蒸气处于过热状态，我们称这种状态下的湿空气为未饱和湿空气，如图 5-9 中的 1 点所示。此时水蒸气的分压力低于当时温度对应的饱和压力，水蒸气的含量还没有达到最大值，此时的湿空气具有一定的吸湿能力。

自然界中的空气大都处于未饱和湿空气状态。由于通常大气中的水蒸气的含量很小，故大气中水蒸气的分压力通常都很低，而大气温度对应的饱和压力远大于湿空气中水蒸气的分压力，即大气中水蒸气大都处于过热状态。

2. 饱和湿空气

若保持湿空气的温度不变，而增加其中水蒸气的含量，水蒸气的分压力随着水蒸气的含量增大而增大，当湿空气中水蒸气的分压力达到湿空气温度对应的饱和压力时，湿空气达到饱和状态，这种由饱和水蒸气和干空气组成的湿空气称为饱和湿空气，如图 5-9 中 3 点所示。饱和湿空气中的水蒸气的含量已达到最大限度，不再具有吸湿能力。

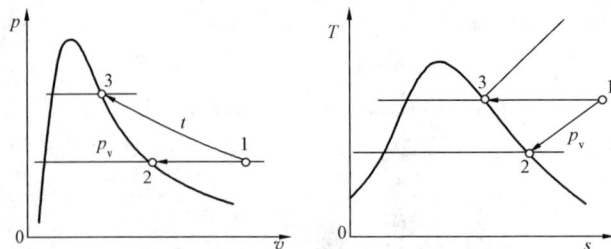

图 5-9　未饱和湿空气与饱和湿空气

三、露点温度

如果保持未饱和湿空气中水蒸气的含量不变，即水蒸气的分压力不变，而降低水蒸气的温度，当温度降低到水蒸气分压力对应的饱和温度时，水蒸气也达到饱和状态，如图 5-9 中的 2 点所示，此时若再冷却，湿空气中的水蒸气就会凝结，以水滴形式从空气中分离出来，这种现象称为结露，这个开始结露的温度称为露点，一般用 t_{DP} 表示。由图 5-9 可知，露点就是湿空气中水蒸气分压力所对应的饱和温度，即 $t_{DP} = f(p_v)$。露点可用湿度仪或露点仪测定。可见，测出露点也就知道了湿空气中水蒸气的分压力 p_v。

显然，湿空气中水蒸气的含量越高，其分压力越高，它所对应的饱和温度（即露点）也越高；反之湿空气中水蒸气的含量越低，其分压力越低，它所对应的饱和温度（即露点）也越低。如果露点温度低于 0℃，水蒸气就直接凝结成霜。因而在气象学上可以通过测定露点来预报霜冻的出现。

露点温度是湿空气的一个重要参数，露点温度的高低可以说明湿空气的潮湿程度。在湿空气温度一定的条件下，露点温度越高说明湿空气中水蒸气的分压力越高，水蒸气的含量越高，湿空气越潮湿；反之，湿空气越干燥。

露点温度在锅炉的设计及运行中有着现实的意义。锅炉燃烧产生的烟气，其中总含有一定量的水蒸气和酸蒸气，如果锅炉受热面的温度低于露点，就会产生结露现象。对于电厂锅炉，其排烟温度高，受热面的温度总是高于水蒸气的露点，水蒸气的结露不会产生，但在一定条件下，受热面的温度低于烟气中的酸蒸气的露点温度，酸蒸气是可能结露的，如果酸性物质凝结在受热面上，就会造受热面腐蚀，即低温腐蚀，同时还会带来受热面的黏结性积灰。这种低温腐蚀常发生在锅炉的尾部受热面（例如空气预热器的低温段）。关于防止低温腐蚀的措施在锅炉专业课中会进一步讨论。

四、湿空气的湿度

湿空气的湿度是描述湿空气中水蒸气含量多少的物理量。依据量度方法的不同主要有绝对湿度、相对湿度、含湿量。这三个湿度中，绝对湿度是湿度概念的基础，而相对湿度与含湿量却分别由于各自的特点成为最常用的湿度。

1. 湿空气的绝对湿度

每立方米湿空气中所含水蒸气的质量称为湿空气的绝对湿度，用 ρ_v 表示，单位为 kg/m³。按照理想气体状态方程，有

$$\rho_v = \frac{1}{v_v} = \frac{p_v}{R_v T} \tag{5-20}$$

湿空气的绝对湿度在数值上等于湿空气中水蒸气的密度。在湿空气温度 T 一定的条件

下，它仅取决于水蒸气的分压力 p_v。

显然，绝对湿度 ρ_v 为 0 时，湿空气为相应温度下的干空气。而最大绝对湿度 ρ_{vmax} 取决于湿空气的温度 T 和湿空气的总压力 p。在温度一定的条件下，湿空气的最大绝对湿度 ρ_{vmax} 对应于水蒸气分压力的最大值 p_{vmax}。而 p_{vmax} 有两种可能：当相应温度下水蒸气的饱和压力 p_s 小于或等于湿空气的总压力 p 时，$p_{vmax}=p_s$；当相应温度下水蒸气的饱和压力 p_s 大于湿空气的总压力 p 时，由于分压力不可能大于总压力，因此 $p_{vmax}=p$。因此，当 $p_s \leqslant p$ 时，湿空气的最大绝对湿度 ρ_{vmax} 为相应温度下的饱和湿空气的绝对湿度 ρ_s，即

$$\rho_{max} = \frac{p_s}{R_v T} = \rho_s \tag{5-21}$$

当 $p_s > p$ 时，湿空气的最大绝对湿度 ρ_{vmax} 为水蒸气分压力等于湿空气总压力时的绝对湿度，即

$$\rho_{max} = \frac{p}{R_v T} \tag{5-22}$$

湿空气的绝对湿度仅反映了湿空气中水蒸气的疏密程度，并不直接表示湿空气的吸湿能力和干燥潮湿程度。湿空气的吸湿能力和干燥潮湿程度取决于它的绝对湿度 ρ_v 偏离同温度下湿空气最大绝对湿度 ρ_{vmax} 的程度。湿空气在相同的绝对湿度下，温度不太高的范围内，温度越高，湿空气偏离饱和湿空气越远，从而，吸湿能力越强、越干燥。也正因此，冬季室温不宜于过高。

2. 湿空气的相对湿度

湿空气的绝对湿度 ρ_v 与同温度下湿空气的最大绝对湿度 ρ_{max} 的比值定义为湿空气的相对湿度，用符号 φ 表示：

$$\varphi = \frac{\rho_v}{\rho_{max}} \tag{5-23}$$

由上式可知，湿空气的相对湿度 φ 在数值上介于 0 和 1 之间。φ 越小，表示湿空气的绝对湿度离同温度下的最大绝对湿度越远，即湿空气越干燥，吸湿能力越强，当 $\varphi=0$ 时，即为干空气；反之，φ 越大，湿空气越潮湿，吸湿能力也越弱，当 $\varphi=1$ 时，即为饱和湿空气或纯水蒸气。所以，不论温度如何，φ 的大小直接表明了湿空气吸湿能力的强弱和干燥潮湿的程度，也即表明了湿空气的绝对湿度 ρ_v 与同温度下的最大绝对湿度 ρ_{vmax} 之间的偏离程度。

当 $p_s \leqslant p$ 时，按照理想气体状态方程可得

$$\varphi = \frac{\rho_v}{\rho_{max}} = \frac{\dfrac{p_v}{R_v T}}{\dfrac{p_s}{R_v T}} = \frac{p_v}{p_s} \tag{5-24}$$

此时，湿空气的相对湿度 φ 等于湿空气中水蒸气的分压力 p_v 与同一温度的饱和湿空气中水蒸气分压力 p_s 的比值。

当 $p_s > p$ 时，湿空气的相对湿度 φ 为

$$\varphi = \frac{\rho_v}{\rho_{max}} = \frac{\dfrac{p_v}{R_v T}}{\dfrac{p}{R_v T}} = \frac{p_v}{p} \tag{5-25}$$

此时，湿空气的相对湿度 φ 等于湿空气中水蒸气的分压力 p_v 与湿空气的总压力 p 的比值。总之，在湿空气温度 T、总压力 p 一定的条件下，湿空气的相对湿度 φ 仅取决于水蒸气的分压力 p_v。

3. 湿空气的含湿量

以湿空气为工质的热力过程中，水蒸气的含量往往发生变化。为了便于分析计算，湿空气的比参数，一般以单位质量的干空气为基准。描述湿空气中水蒸气含量份额的含湿量和湿空气的比焓、比体积等均是这样定义的。在含有 1kg 干空气的湿空气中，所含有的水蒸气的质量称为含湿量（又称比湿度），以 d 表示，定义如下：

$$d = 1000 \frac{m_v}{m_a} \tag{5-26}$$

式中 m_v、m_a——湿空气中水蒸气和干空气的质量，kg。

通常情况下，湿空气中水蒸气的含量较小，为此含湿量 d 常采用单位 g/kg。

水蒸气和干空气的气体常数分别为 $R_v = 461\mathrm{J/(kg \cdot K)}$，$R_a = 287\mathrm{J/(kg \cdot K)}$。由理想气体状态方程与分压力定律可知

$$d = 1000 \frac{m_v}{m_a} = 1000 \frac{\dfrac{p_v V}{R_v T}}{\dfrac{p_a V}{R_a T}} = 622 \frac{p_v}{p_a} = 622 \frac{p_v}{p - p_v} \tag{5-27}$$

该式确定了含湿量 d 与湿空气总压力 p、水蒸气分压力 p_v 之间的函数关系，即 $d = f(p, p_v)$。该式表明：湿空气总压力 p 一定时，湿空气的含湿量 d 只取决于水蒸气的分压力 p_v，即 $d = f(p_v)$，并且随着 p_v 的升降而增减。

当 $p_s \leqslant p$ 时，将 $p_v = \varphi p_s$ 代入式（5-27），可得

$$d = 622 \frac{\varphi p_s}{p - \varphi p_s} \tag{5-28}$$

当 $p_s > p$ 时，将 $p_v = \varphi p$ 代入式（5-27），可得

$$d = 622 \frac{\varphi p}{p - \varphi p} = 622 \frac{\varphi}{1 - \varphi} \tag{5-29}$$

水蒸气的饱和压力 p_s 是湿空气温度的单值函数，式（5-28）与式（5-29）确定了含湿量 d 与湿空气总压力 p、相对湿度 φ、湿空气的温度 t 之间的函数关系，即 $d = f(p, \varphi, t)$。湿空气总压力 p 一定时，含湿量 d 取决于相对湿度 φ 和湿空气的温度 t，当湿空气的温度 t 高于湿空气总压力 p 所对应的水蒸气饱和温度 t 时，含湿量 d 仅取决于相对湿度 φ。

【例 5-8】 在相同的总压力下，有两个湿空气状态 1 与 2。1 状态下湿空气中的水蒸气为饱和蒸汽，2 状态下湿空气中的水蒸气为过热蒸汽，而它们的水蒸气分压力相等 $p_{v1} = p_{v2}$。试确定这两个湿空气状态的绝对湿度 ρ_v、相对湿度 φ 和含湿量 d 的相对大小。

解： 由水蒸气的热力学性质可知，相同的压力下，过热蒸汽的比体积大于饱和蒸汽的比体积。因此，1 状态下的湿空气的绝对湿度较大，$\rho_{v1} > \rho_{v2}$。

1 状态下湿空气中的水蒸气为饱和蒸汽，所以 1 状态下的湿空气必然是饱和湿空气，$\varphi_1 = 1$。2 状态下湿空气中的水蒸气为过热蒸汽，在水蒸气分压力相同的条件下，其温度较高（$t_2 > t_1$），相应的饱和压力也较高（$p_{s2} > p_{s1}$）。由式（5-24）和式（5-25）可知：当

$p_{s1}<p$ 时，$\varphi_2<1$；当 $p_{s1}=p$ 时，$\varphi_2=1$。从而，1 状态下的湿空气的相对湿度大于等于 2 状态下的湿空气的相对湿度，$\varphi_1\geqslant\varphi_2$。

两个湿空气状态的总压力及水蒸气的分压力分别相等，由式（5-27）可知：两个湿空气状态的含湿量相等，$d_1=d_2$。

通过该题的分析求解，可进一步讨论体会绝对湿度 ρ_v、相对湿度 φ 和含湿量 d 在概念上的差异、关系以及确定其数值的条件。绝对湿度 ρ_v 反映的是湿空气中水蒸气的疏密程度，相对湿度 φ 反映的是湿空气的绝对湿度 ρ_v 与同温度下的最大绝对湿度 ρ_{vmax} 之间的偏离程度，含湿量 d 反映的是湿空气中水蒸气与干空气的质量比值。在湿空气的温度 t、总压力 p 已经确定的条件下，三者的数值均取决于水蒸气的分压力 p_v，彼此间不是独立参数。

小　结

本章主要介绍了水蒸气热力性质的一些基本概念，以及水蒸气热力性质表的结构和确定状态参数的方法。

（1）理解汽化与凝结、饱和状态、饱和液体与饱和蒸汽、饱和压力与饱和温度这些术语的概念及含义。饱和状态的重要特征：饱和压力、饱和温度不是互相独立的，是一一对应的关系。

（2）水蒸气各状态之间的关系与基本特性在 $p\text{-}v$ 图与 $T\text{-}s$ 图上的表示，可归纳为一点（临界点），两线（上、下界限线），三区（未饱和水区、湿饱和蒸汽区、过热蒸汽区），五状态（未饱和水、饱和水、湿饱和蒸汽、干饱和蒸汽、过热蒸汽）。水的临界点参数 $p_c=22.064\text{MPa}$，$t_c=373.95℃$，$v_c=0.003106\text{m}^3/\text{kg}$，$h_c=2095.2\text{kJ/kg}$，$s_c=4.4237\text{kJ/(kg}\cdot\text{K)}$。熟悉水的相变过程在 $p\text{-}v$ 图及 $T\text{-}s$ 图所表示的规律，对于分析水蒸气特性有重要意义。

（3）利用水蒸气图和表确定水蒸气状态参数、分析水蒸气热力过程是本章的重点，要熟练掌握。利用水蒸气表确定水蒸气状态参数，关键是要判断水蒸气的状态，正确选用相应的表查取。利用水蒸气焓-熵图分析水蒸气热力过程，关键是要在焓-熵图上正确确定状态点，根据过程特性确定热力过程，要熟练定性表达。

（4）湿空气是干空气和水蒸气组成的理想混合气体，根据水蒸气的状态不同，湿空气可分为饱和湿空气和未饱和湿空气。湿空气中水蒸气的含量多少可用绝对湿度、相对湿度和含湿量表示。

思 考 题

5-1　在 $p\text{-}v$ 图和 $T\text{-}s$ 图上画出水蒸气的定压产生过程，并说明水蒸气的定压产生过程可分为哪几个阶段？有什么特点？

5-2　随着压力升高，饱和水和干饱和蒸气的参数如何变化？

5-3　为什么随着工质压力升高，汽包锅炉会由自然循环变为强制循环？

5-4　在 $p\text{-}v$ 和 $T\text{-}s$ 图上画出液态水等温吸热膨胀变为蒸汽的过程，并简述过程中状态参数的变化。

5-5　在水蒸气的焓熵图上的过热蒸汽区为何没有标等干度线？湿蒸汽区为何没有标等

温线？若湿蒸汽的压力已知，如何查它的温度？

5-6　画出水蒸气的 p-v 和 T-s 图，并根据图示解释水蒸气的一点、二线、三区、五态的概念。

5-7　从水蒸气性质分析超临界压力机组的锅炉为什么没有汽包？

5-8　处于沸腾状态的水总是烫手的，这种说法是否正确？为什么？

5-9　未饱和水的温度一定低，过热蒸汽的温度一定高，这种说法对吗？

5-10　在水蒸气的 h-s 图上画出下列过程：

（1）湿蒸汽定压加热为过热蒸汽；

（2）过热蒸汽可逆绝热膨胀为湿蒸汽。

5-11　何谓湿空气？何谓未饱和湿空气？何谓饱和湿空气？

5-12　什么是露点温度？在工程上有何指导意义？

5-13　冬夜，窗子玻璃靠室内一面常有水珠出现，夏季时一些冷水管的表面也常有水滴出现，这是为什么？

习　题

5-1　利用水蒸气表，确定下列各点水的状态和状态参数：（1）$p=0.75\text{MPa}$，$t=40℃$；（2）$p=0.35\text{MPa}$，$x=0.9$；（3）$p=13\text{MPa}$，$t=540℃$。

5-2　已知水蒸气的压力为 $p=4\text{MPa}$，$t=450℃$，分别用水蒸气性质表和 h-s 图确定此状态时的状态参数。

5-3　1kg 状态为 $p_1=1\text{MPa}$、$t_1=200℃$ 的过热蒸气，在定压下被加热到 $300℃$，试求加热量、体积变化功及热力学能变化。如果工质为 1kg 空气，结果又将如何？

5-4　将 6MPa、45℃ 的 1.5kg 水定压加热到干度为 0.95，求：（1）过程中的加热量；（2）温度、比体积、热力学能和熵的变化量。

5-5　一加热器换热量为 $9×10^6\text{kJ/h}$，现给加热器送入压力 $p=0.15\text{MPa}$、$t_1=200℃$ 的水蒸气，水蒸气在加热器内放热后变为 $t_2=80℃$ 的凝结水排入大气，问此换热器每小时所需蒸汽量。

5-6　$p=0.008\text{MPa}$、$x=0.8$ 的水蒸气以 100m/s 的速度进入冷凝器，蒸汽冷凝为饱和水后离开冷凝器，流出时的速度是 10m/s，问 1kg 水蒸气在冷凝器中放出的热量及熵的变化。

5-7　某燃煤锅炉的蒸发量为 20t/h，蒸汽的压力为 $p_1=3\text{MPa}$，温度 $t_1=400℃$。锅炉的给水温度为 $t_1=40℃$，锅炉热效率为 80%，每千克煤的发热量为 28000kJ/kg，求锅炉每小时的燃煤量。

5-8　压力为 3.5MPa，温度为 420℃ 的过热蒸气，在汽轮机中定熵膨胀，如果乏汽恰好为干饱和蒸气，则汽轮机的做功量及乏汽的温度各为多少？并将该过程表示在 h-s 图上。

5-9　功率为 25000kW 的汽轮机，每做 1kWh 的功需要蒸汽 3.5kg。汽轮机排出压力为 5kPa、$x=0.88$ 的蒸汽进入凝汽器，被冷却成饱和水。若循环冷却水进入凝汽器时的温度为 20℃，流出时温度提高到 30℃。求每小时冷却水的质量流量。已知冷却水比热容 $c_p=4.1868\text{kJ/(kg·K)}$。

第六章

气 体 与 蒸 汽 的 流 动

前面介绍了工质经过某热力过程进行的能量转换情况。在能量转换过程中没有考虑工质流动状态的变化，工质在流动过程中可以发生各种不同的能量转换过程。如蒸汽在汽轮机内的喷管中流动时，压力降低，比体积增大，流速增加，蒸汽的部分热能转变为宏观动能。流体流动状态的变化是以流速变化为标志的，流速变化与流体状态变化、能量转换的热力过程有关，也与流道尺寸及边界的情况有关。

动力工程中常见的工质流动都是稳定或接近稳定流动。因此本章主要研究工质在喷管和扩压管中的稳定流动过程。给出了流动过程中能量的传递、转换及其状态参数变化之间的热力学关系式，以及流道尺寸对工质流动的影响规律。喷管和扩压管是工程中常见的特殊形状的管道，气体和蒸汽流经这种管道时能量形式发生转换，达到提高气体流速或提高气体压力的目的。本章重点研究气体在喷管中的流动规律，喷管出口流速及流量的计算，还进一步讨论了有摩擦阻力的绝热流动和绝热节流的特点。本章属于工程应用性内容，是前面各章内容的综合应用。

第一节　稳定流动的基本方程式

稳定流动的概念在第三章中已介绍，这里讨论的方程式也是针对一元稳定流动提出的，主要包括连续性方程、能量方程和过程方程式。

一、连续性方程

连续性方程是质量守恒定律应用于工质流动的数学表达式。

如图 6-1 所示，截面 1—1、2—2 为管道中垂直流动方向上任取的两截面。截面 1—1 面积为 A_1（m^2），流体的流速为 c_1（m/s），流体的比体积为 v_1（m^3/kg），则通过 1—1 截面的质量流量为

$$q_{m1} = \frac{A_1 c_1}{v_1}$$

同样，若通过面积为 A_2（m^2）的截面 2—2 的流体流速为 c_2（m/s），流体的比体积为 v_2（m^3/kg），其质量流量为 $q_{m2} = \frac{A_2 c_2}{v_2}$。

由于是稳定流动，则流动过程中质量应守恒。通过每个流通截面的质量流量为常数，即

图 6-1　流体在管道中的流动

$$q_{m1} = q_{m2} = q_m = \frac{Ac}{v} = 常数 \tag{6-1}$$

其微分表达形式为

微课 6-1　气体流动的基本方程式

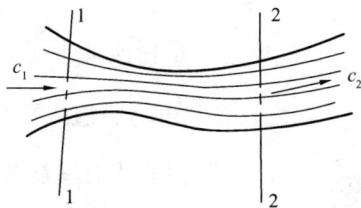

$$\frac{\mathrm{d}A}{A} = \frac{\mathrm{d}v}{v} - \frac{\mathrm{d}c}{c} \qquad (6\text{-}2)$$

连续性方程揭示了流体在稳定流动时，流体的流速、流通截面积、流体的比体积之间的关系。它适用于一切稳定流动过程。

二、能量方程

能量方程是能量守恒定律应用于工质流动的数学表达式。

在第二章中，根据热力学第一定律导出的稳定流动能量方程为

$$q = (h_2 - h_1) + \frac{1}{2}(c_2^2 - c_1^2) + g(z_2 - z_1) + w_s$$

流体在管道中流动时，高度变化一般不大，位能差可忽略不计。因不对外做轴功，$w_s = 0$，所以上式可简化为

$$q = (h_2 - h_1) + \frac{1}{2}(c_2^2 - c_1^2)$$

又若工质的流速较大，而管道的长度较短时，流体流过流道时和外界的换热量可忽略，即流动过程可以按绝热处理，因此有

$$h_2 - h_1 + \frac{c_2^2 - c_1^2}{2} = 0 \qquad (6\text{-}3)$$

即在稳定绝热流动过程中，任一截面上工质的焓与动能之和总是保持不变，工质动能的增加等于其焓值的减少。式（6-3）适用于任何工质的可逆与不可逆的稳定绝热流动。若式（6-3）以微分形式表示，有

$$\mathrm{d}h + c\,\mathrm{d}c = 0 \qquad (6\text{-}4)$$

三、过程方程

过程方程是根据过程进行的特点描述工质参数变化规律的数学表达式。

工质在管道中稳定流动时，若与外界无热量交换又无摩擦和扰动（或数值较小，可以忽略不计），可认为流动为可逆绝热过程，即定熵过程。此时过程方程可表示为

$$pv^\kappa = 常数$$

以微分形式表示则是

$$\kappa \frac{\mathrm{d}v}{v} + \frac{\mathrm{d}p}{p} = 0 \qquad (6\text{-}5)$$

式（6-5）描述了定熵流动中压力和比体积的变化关系。式中 κ 为等熵指数，对于理想气体 $\kappa = \frac{c_p}{c_V}$，而比热容可为定值或平均值。对于水蒸气，κ 为一个经验数值。

四、声速与马赫数

微课 6-2 声速与马赫数

在连续介质中施加一个微弱扰动，介质就会以纵波的形式向周围介质传播这一扰动，其传播扰动的速度称为介质的声速。将石子投入平静的水面，在湖面会形成环状涟漪，逐层向外传播，其传播速度是水的横向传播速度。而声速是纵波传播速度，水的声速比环状涟漪逐层向外传播的速度要大得多。对于可压缩流体，截面变化和流速变化的关系取决于工质的速度与声速的关系。因此在分析工质流动中，声速是非常重要的参数。在分析时介质受到微弱扰动引起的压力波传播过程可以认为是可逆绝热过程，即定熵过程。

声速与介质的性质、介质所处的物理状态有关，对于状态参数为 p、v、T 的理想气体，声速 a 的表达式为

$$a = \sqrt{\kappa\, pv} = \sqrt{\kappa R_g T} \tag{6-6}$$

式（6-6）说明理想气体的声速是温度的单值函数。

声速是状态参数，一般所说的当地声速是指流体在某一状态（p、v 或 T）时的声速。若流体流动时状态发生变化，则当地声速也随之变化。在研究流体流动时，常以声速作为流速的比较标准。

流体流速与当地声速的比值称为马赫数 Ma，定义式为

$$Ma = \frac{c}{a} = \frac{c}{\sqrt{\kappa R_g T}}。$$

按马赫数的大小把流动分为三类，即：

$Ma < 1$，即流速小于当地声速时，称为亚声速流动；

$Ma = 1$，即流速等于当地声速时，称为等声速流动；

$Ma > 1$，即流速大于当地声速时，称为超声速流动。

亚声速流动与超声速流动具有完全不同的性质。

第二节　气体在喷管中流动的基本规律

从力学的观点来说，要使工质流速改变必须有压力差。一般地讲，气体流经喷管，只要喷管进出口截面上有足够的压差，不管过程是否可逆，气体流速总会增大。但若流道截面面积的变化能与气体体积变化相配合，那么膨胀过程的不可逆损失会减少，动能的增加量就较大，喷管出口截面上的气体流速就会更大。

本节将从稳定流动的基本方程式出发，讨论喷管截面上的压力变化、喷管截面面积变化与气流流速变化之间的关系，建立工质在管道内流动时流速与压力及流道截面面积之间的单值关系。

一、压力与流速变化的关系式

由稳定流动能量方程式 $dh + c\,dc = 0$ 和热力学第一定律 $dq = dh - v\,dp$ 可得

$$c\,dc = -v\,dp \tag{6-7}$$

微课 6-3　气体流动过程中参数变化规律

以 $\frac{1}{c^2}$ 乘式（6-7），等式右侧再乘以 $\frac{\kappa p}{\kappa p}$ 可得

$$\frac{dc}{c} = -\frac{\kappa pv}{\kappa c^2}\frac{dp}{p}$$

将式（6-6）代入上式，得

$$\frac{dc}{c} = -\frac{a^2}{\kappa c^2}\frac{dp}{p} = -\frac{1}{\kappa Ma^2}\frac{dp}{p} \tag{6-8}$$

式（6-8）中 dc 和 dp 的符号始终相反，这表明在流动过程中工质压力的变化和速度的变化趋势相反，即若流体速度增加（$dc > 0$），则压力必然降低（$dp < 0$），此时流体膨胀；若流

体速度减少（$\mathrm{d}c<0$），则压力必然增加（$\mathrm{d}p>0$），此时流体被压缩。

这也说明，要使流速增大以获得动能，就需要使工质有机会在适当的条件下降低其压力。工程上把利用压力降低使流速增大的管道称为喷管。蒸汽轮机及燃气轮机中都装有喷管，以获得用于推动轮机叶片的高速气流。相反，要获得高压流体，则必须使高速气流在适当条件下降低流速。工程上把利用流体速度减小使工质压力增加的管道称为扩压管，叶轮式压气机就是使高速气流在扩压管中降速以获得高压气体的设备。

二、比体积与速度变化的关系式

将式（6-8）代入式（6-5），可得出在相同的压力变化下，比体积变化率和速度变化率的关系式：

$$\frac{\mathrm{d}v}{v}=Ma^2\frac{\mathrm{d}c}{c} \tag{6-9}$$

由式（6-9）可知，比体积的变化和流速的变化是同向的。工质比体积增加，流速增大；比体积减小，流速降低。$\dfrac{\mathrm{d}v}{v}$ 与 $\dfrac{\mathrm{d}c}{c}$ 的大小关系与马赫数有关，即：

当马赫数 $Ma<1$，即流动为亚声速流动时，有 $\left|\dfrac{\mathrm{d}v}{v}\right|<\left|\dfrac{\mathrm{d}c}{c}\right|$；

当马赫数 $Ma=1$，即流动为等声速流动时，有 $\left|\dfrac{\mathrm{d}v}{v}\right|=\left|\dfrac{\mathrm{d}c}{c}\right|$；

当马赫数 $Ma>1$，即流动为超声速流动时，则 $\left|\dfrac{\mathrm{d}v}{v}\right|>\left|\dfrac{\mathrm{d}c}{c}\right|$。

可见工质做亚声速流动、超声速流动具有不同的流动特性。

上面讨论的是流体流速变化与流体状态变化的关系，这属于流体流动的内部属性。另外，流速变化还需要适当的外部条件——管道截面积的变化来配合。

三、流速变化对截面积的要求

将式（6-9）代入式（6-2）可得

$$\frac{\mathrm{d}A}{A}=(Ma^2-1)\frac{\mathrm{d}c}{c} \tag{6-10}$$

微课 6-4　气体流动时流速变化对截面积的要求

这就是可压缩流体的截面积相对变化和速度相对变化之间的关系式。从中可知，二者之间的变化与流体流动的特性有关。根据图 6-2 所示三种形状的喷管讨论如下：

（1）亚声速流动。$Ma<1$，则 $Ma^2-1<0$，欲使流速增加 $\mathrm{d}c>0$，应采用渐缩喷管，即截面积沿流动方向逐渐减小，$\mathrm{d}A<0$，如图 6-2（a）所示。

渐缩喷管出口速度最大只能等于当地声速（$Ma=1$），而不会超过它，因为 $Ma>1$ 时必须使 $\dfrac{\mathrm{d}A}{A}>0$，即截面积已变为渐扩形式。

（2）超声速流动。$Ma>1$，则 $Ma^2-1>0$，欲使流速增加 $\mathrm{d}c>0$，应采用渐扩喷管，即截面积沿流动方向逐渐增大，$\mathrm{d}A>0$，如图 6-2（b）所示。

（3）等声速流动。$Ma=1$，则 $Ma^2-1=0$，必有 $\mathrm{d}A=0$。说明喷管中工质流速达到声速时，喷管截面积变化率为零。

如工质在喷管进口截面上的马赫数 $Ma<1$，而要求工质在喷管出口截面上的马赫数 $Ma>1$，则应当采用缩放喷管（拉伐尔喷管），如图 6-2（c）所示，工质在渐缩段加速，在某一最小截面达到声速，而后在渐放段继续加速变为超声速气流。

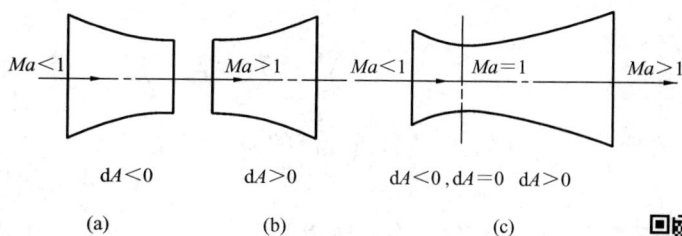

图 6-2　三种形状的喷管
（a）渐缩喷管；（b）渐扩喷管；（c）缩放喷管

动画 6-1　缩放喷管

缩放喷管最小截面称为临界截面（也称喉部）。临界截面是工质流速由亚声速变为超声速的转折点。此处的参数称为临界参数，以下角标"cr"表示。

$$c_{cr}=\sqrt{\kappa p_{cr}v_{cr}} \tag{6-11}$$

其中临界压力是流动分析计算中的一个重要参数，可以用来作为选择喷管或扩压管流道形状的判断依据，随后就此还要做进一步的讨论。

如果工质流经扩压管，则有 $\mathrm{d}p>0$，$\mathrm{d}c<0$，$\mathrm{d}v<0$。同理

$Ma>1$ 时，$\left|\dfrac{\mathrm{d}v}{v}\right|>\left|\dfrac{\mathrm{d}c}{c}\right|$，$\dfrac{\mathrm{d}A}{A}<0$

$Ma=1$ 时，$\left|\dfrac{\mathrm{d}v}{v}\right|=\left|\dfrac{\mathrm{d}c}{c}\right|$，$\dfrac{\mathrm{d}A}{A}=0$

$Ma<1$ 时，$\left|\dfrac{\mathrm{d}v}{v}\right|<\left|\dfrac{\mathrm{d}c}{c}\right|$，$\dfrac{\mathrm{d}A}{A}>0$

上述关系式表明工质在扩压管中的流动和在喷管中的流动不同，采用渐缩扩压管可使超声速工质流速降低，压力升高；而渐放扩压管使亚声速工质流速降低，压力升高；如超声速工质进入扩压管，流出时为亚声速，则需采用缩放扩压管。各种扩压管的形状如图 6-3 所示。

综上所述，在喷管及扩压管内的绝热流动过程中，工质参数变化及能量转换特性不同，但它们都服从稳定流动基本方程式。扩压管内的流动过程是喷管流动的逆过程。要确定某一管道是喷管或扩压管并不取决于管道的形状，而是由管道内工质状态的变化所决定的。

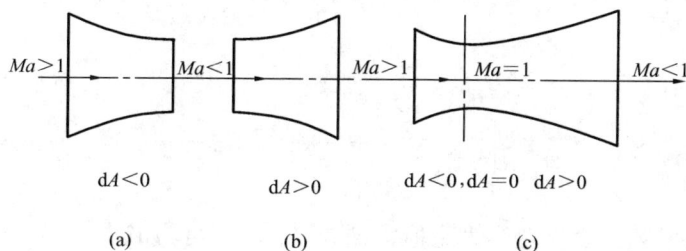

图 6-3　三种形状的扩压管
（a）渐缩扩压管；（b）渐扩扩压管；（c）缩放扩压管

第三节 绝 热 滞 止

　　工程上测量高速气流的温度以及设计在大气中做高速运动的飞行体时，都必须考虑气流在物体表面发生滞止所引起的气流温度升高的现象。气流流经物体表面由于摩擦、撞击使气流在物体表面上受阻，气流相对于物体的速度降低为零，这种现象称为绝热滞止，如图 6-4 所示。

　　将具有一定初始速度的气流，在定熵条件下使其速度为零，即达到了绝热滞止状态，该过程就是绝热滞止过程，相当于将具有一定初始速度的气流假想在扩压管内定熵压缩到速度为零的状态。如图 6-5 所示，0 点速度为零，是绝热滞止状态，0 点的相应状态参数称为滞止参数，滞止参数用上角标"0"表示。

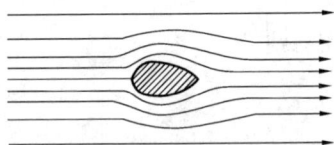

图 6-4　滞止现象

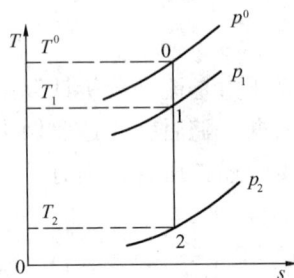

图 6-5　绝热滞止过程在
T-s 图上的表示

一、理想气体滞止参数的计算

根据稳定流动的能量方程，对于喷管中的绝热流动有

$$h_1 + \frac{c_1^2}{2} = h_2 + \frac{c_2^2}{2} = h + \frac{c^2}{2} = 常数$$

　　当其完全被滞止，即速度为零时，其焓值将增至最大，它等于工质没有被滞止时的焓与动能的总和，此时的焓值就是滞止焓 h^0。

$$h^0 = h_1 + \frac{c_1^2}{2} = h_2 + \frac{c_2^2}{2} = h + \frac{c^2}{2} = 常数 \tag{6-12}$$

　　与此同时，工质的温度、压力等参数也随着升高，最后也达到某一最大值，分别称为滞止温度 T^0 和滞止压力 p^0。

　　由于理想气体的焓只是温度的函数，设比热容为定值，则式（6-12）可写成

$$T^0 = T + \frac{c^2}{2c_p} \tag{6-13}$$

将 $c_p = \frac{\kappa R_g}{\kappa - 1}$ 代入并考虑到 $a = \sqrt{\kappa R_g T}$ 和 $Ma = \frac{c}{a}$，式（6-13）可变为

$$\frac{T^0}{T} = 1 + \frac{\kappa - 1}{2} Ma^2 \tag{6-14}$$

根据理想气体的状态参数关系式计算出滞止压力 p^0、滞止比体积 v^0，即

$$p^0 = p \left(\frac{T^0}{T} \right)^{\frac{\kappa}{\kappa-1}} \tag{6-15}$$

$$v^0 = v \left(\frac{T}{T^0} \right)^{\frac{1}{\kappa-1}} \tag{6-16}$$

二、水蒸气滞止参数的求法

水蒸气的滞止参数可从 $h\text{-}s$ 图上求得。如图 6-6 所示，点 1 代表工质在喷管入口处的状态点。利用式 $h^0 = h_1 + \frac{c_1^2}{2}$ 计算出 h^0，从点 1 向上做垂线，与 h^0 的水平线交于 0 点。则图中点 0 即代表滞止状态的状态点，这点的压力和温度就是滞止压力和滞止温度。

但在流速不太高的情况下，滞止参数和工质的实际参数没有多大差别。如对空气，在 $Ma=0.2$ 时，由式（6-14）计算出的滞止温度 T^0 仅比 T 大 0.8%，可忽略不计，这时初始参数就是滞止参数。在以后的计算中，如果流体初始速度不计，都可以用进口参数代替滞止参数。而如果流速很大时，两种参数之间的差别就不可忽视。

滞止状态是工程上常见的一种真实状态，在工程上具有现实意义。例如，用温度计插入流动的流体中测量温度时，正对温度计水银泡的流体会产生绝热滞止。在滞止点，工质被阻而失去的动能转换为焓，提高了该点的工质温度，则温度计所测得的理论温度将是滞止温度，会高于工质的真实温度。在大气中飞行的飞行器的头部、机翼的迎风面上就属于这种情况。特别是当航天飞行器返回大气时，由于 Ma 很高，其迎风面上将承受很高的温度，能达到数千乃至上万摄氏度的高温。人造卫星及其运载火箭在返回大气时就是因为高温而烧毁的。因此，如果要使航天器成功地返回地球的话就必须进行热防护，图 6-7 是我国神舟六号返回时的情形。一般航天飞机采用的是可重复使用的隔热瓦，而返回式卫星和载人飞船返回舱多采用一次性的烧蚀防热结构。

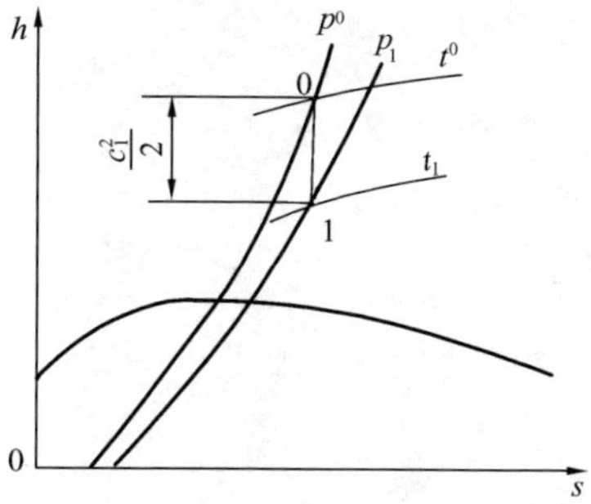

图 6-6　水蒸气滞止参数的确定

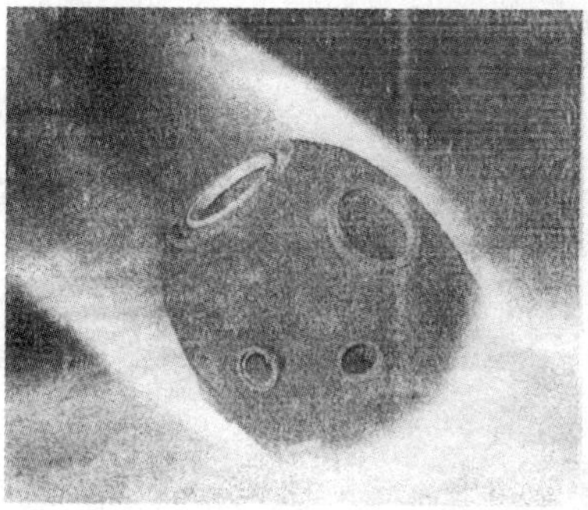

图 6-7　神舟六号返回地球

【**例 6-1**】　空气在 1×10^5 Pa 的压力和 27℃ 的温度下，以 300m/s 的速度在风道中高速流动。设空气比热容为定值：$c_p=1$ kJ/(kg·K)，$c_V=0.71$ kJ/(kg·K)，求绝热滞止的温度和压力。

解　对于理想气体，滞止温度由式（6-13）求得

$$T^0 = T + \frac{c^2}{2c_p} = 300 + \frac{300^2}{2\times 1000} = 345 \, (K)$$

滞止压力由式（6-15）得

$$p^0 = p\left(\frac{T^0}{T}\right)^{\frac{\kappa}{\kappa-1}} = 10^5 \times \left(\frac{345}{300}\right)^{\frac{1.4}{0.4}} = 1.63 \times 10^5 \text{(Pa)}$$

第四节 喷 管 的 计 算

喷管的计算主要是喷管的设计计算和喷管的校核计算。不论是喷管的设计计算还是校核计算，喷管中流体的流速计算和流量计算都是非常重要的。计算时，通常已知工质的初参数和背压（喷管出口外的空间压力）。

一、流速的计算

工质在喷管中进行绝热流动时，根据稳定流动能量方程 $h_1 + \frac{1}{2}c_1^2 = h_2 + \frac{1}{2}c_2^2$（$h_1$、$h_2$ 为喷管进、出口处工质焓，$\frac{1}{2}c_1^2$、$\frac{1}{2}c_2^2$ 为喷管进、出口处工质所具有的动能），可求得出口流速为

$$c_2 = \sqrt{2(h_1 - h_2) + c_1^2} \tag{6-17}$$

$$c_2 = 1.414\sqrt{h^0 - h_2} \tag{6-18}$$

式（6-18）是直接根据稳定流动能量方程导出的，适用于可逆和不可逆的绝热过程。

对于水蒸气，式（6-18）中的 h^0、h_2 可由蒸汽在喷管入口参数和出口处的 p_2 从 h-s 图中查出。

对于理想气体的可逆流动，流速也可按式（6-19）计算（比热容为定值）：

$$
\begin{aligned}
c_2 &= \sqrt{2(h^0 - h_2)}\\
&= \sqrt{2c_p(T^0 - T_2)}\\
&= \sqrt{2\frac{\kappa R_g}{\kappa-1}(T^0 - T_2)}\\
&= \sqrt{2\frac{\kappa R_g T^0}{\kappa-1}\left(1 - \frac{T_2}{T^0}\right)}\\
&= \sqrt{2\frac{\kappa R_g T^0}{\kappa-1}\left[1 - \left(\frac{p_2}{p^0}\right)^{\frac{\kappa-1}{\kappa}}\right]}\\
&= \sqrt{2\frac{\kappa}{\kappa-1}p^0 v^0\left[1 - \left(\frac{p_2}{p^0}\right)^{\frac{\kappa-1}{\kappa}}\right]}
\end{aligned}
\tag{6-19}
$$

由式（6-19）可看出，在滞止参数（即初始状态参数 p_1、v_1）一定时，出口流速 c_2 取决于 $\frac{p_2}{p^0}$，喷管出口压力与滞止压力之比 $\frac{p_2}{p^0}$ 称为压力比 β。压力比 β 越小，c_2 越大，图 6-8 为出口流速随压力比的变化关系曲线。当 β 为 1 时，流速为

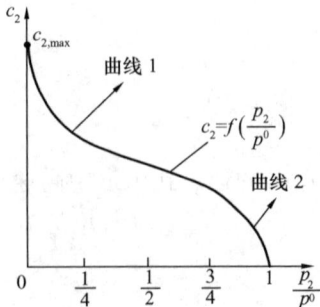

图 6-8 出口流速随压力比的变化关系曲线

零，气流不流动。当 β 逐渐减小时，c_2 逐渐增大，初期增加较快，以后逐渐减慢。当 β 趋于零，出口截面流速趋于某一最大值，其值为

$$c_{2,\max}=\sqrt{2\frac{\kappa}{\kappa-1}p^0v^0}=\sqrt{2\frac{\kappa}{\kappa-1}R_gT^0} \tag{6-20}$$

喷管出口截面上的流速实际上是不可能达到 $c_{2,\max}$ 的。因为最大流速是对应于 $p_2\to0$、$v_2\to\infty$ 的速度，而根据连续性方程，此时喷管出口的截面积应无限大，显然这是不可能的。

二、临界流速与临界压力比

在喷管的计算中，临界压力 p_{cr} 是一个十分重要的参数。把临界压力代入式（6-19），得到临界流速为

$$c_{cr}=\sqrt{2\frac{\kappa}{\kappa-1}p^0v^0\left[1-\left(\frac{p_{cr}}{p^0}\right)^{\frac{\kappa-1}{\kappa}}\right]} \tag{6-21}$$

微课 6-7　喷管的临界压力与临界流速

而临界流速等于当地声速，$c_{cr}=\sqrt{\kappa p_{cr}v_{cr}}$，所以有

$$\kappa p_{cr}v_{cr}=2\frac{\kappa}{\kappa-1}p^0v^0\left[1-\left(\frac{p_{cr}}{p^0}\right)^{\frac{\kappa-1}{\kappa}}\right] \tag{6-22}$$

将 $v_{cr}=v^0\left(\dfrac{p^0}{p_{cr}}\right)^{\frac{1}{\kappa}}$ 代入式（6-22）得

$$2\frac{\kappa}{\kappa-1}p^0v^0\left[1-\left(\frac{p_{cr}}{p^0}\right)^{\frac{\kappa-1}{\kappa}}\right]=\kappa p^0v^0\left(\frac{p_{cr}}{p^0}\right)^{\frac{\kappa-1}{\kappa}} \tag{6-23}$$

式中临界压力与滞止压力之比 $\dfrac{p_{cr}}{p^0}$ 称为临界压力比，常用 β_{cr} 表示，由式（6-23）可得

$$\beta_{cr}=\frac{p_{cr}}{p^0}=\left(\frac{2}{\kappa+1}\right)^{\frac{\kappa}{\kappa-1}} \tag{6-24}$$

式（6-24）为理想气体定熵流动时临界压力比的计算公式。可见，β_{cr} 只是等熵指数 κ 的函数，而与工质所处状态无关。

当比热容取定值时，对于理想气体有：

单原子的理想气体 $\kappa=1.67$，$\beta_{cr}=0.468$；

双原子的理想气体 $\kappa=1.4$，$\beta_{cr}=0.528$；

多原子理想气体 $\kappa=1.3$，$\beta_{cr}=0.546$。

对于水蒸气的可逆绝热流动，κ 不具有比热容比的意义，而纯为一个经验数据，一般取为：

过热蒸汽 $\kappa=1.3$，$\beta_{cr}=0.546$；

干饱和蒸汽 $\kappa=1.135$，$\beta_{cr}=0.577$。

将式（6-24）代入临界流速计算公式，得

$$c_{cr}=\sqrt{\frac{2\kappa}{\kappa+1}p^0v^0}=\sqrt{\frac{2\kappa}{\kappa+1}R_gT^0} \tag{6-25}$$

可见临界流速只取决于工质的滞止参数。

临界压力比在分析喷管流动过程中是一个很重要的参数，根据它可以计算出气体压力降

低到多少时，流速恰好等于当地声速。

对于渐缩喷管，其出口截面的最大速度只能等于当地声速，达到临界状态，$Ma=1$，$p_2=p_{cr}$。因此，对于渐缩喷管流速与压力比 $\dfrac{p_2}{p^0}$ 的关系曲线应是图 6-8 中的曲线 2，而不是曲线 1。当背压（喷管出口外的空间压力）p_b 大于临界压力 p_{cr} 时，喷管出口截面的压力 p_2 等于 p_b，且出口截面的速度小于当地声速，即 $p_2=p_b>p_{cr}$，$c_2<a_2$，$Ma<1$，为亚声速气流。随着背压 p_b 降低，当 $p_b=p_{cr}$ 时，出口截面的速度等于当地声速，即 $p_2=p_b=p_{cr}$，$c_2=a_{cr}$，$Ma=1$，为等声速气流。随着背压 p_b 继续降低，当 $p_b<p_{cr}$ 时，喷管出口截面处的压力仍等于临界压力而不等于背压，由临界压力 p_{cr} 降到背压 p_b 的膨胀是在喷管外边完成的，这种现象称为膨胀不足。此时为 $p_2=p_{cr}$，$c_2=a_{cr}$，$Ma=1$，出口仍为声速气流。因此，当喷管背压低于临界压力（$p_b<p_{cr}$）时，也就是当 $\dfrac{p_b}{p^0}<\dfrac{p_{cr}}{p^0}$ 时，随着喷管背压的降低，喷管出口处气流的压力不变，仍等于临界压力，$p_2=p_{cr}$；喷管出口速度也不变，仍等于临界速度，$c_2=a_{cr}$。

对于缩放喷管，由于有渐扩部分保证了气流在达到临界流速后的继续膨胀，因此可以获得超声速气流。

三、流量的计算

由稳定流动的连续性方程 $q_m=\dfrac{Ac}{v}$ 知，当已知四个变量中的三个，即可求出其余的一个未知数。例如管道任意截面的 A、v 及 c 已知（通常截面积是取最小截面，如渐缩喷管的出口、缩放喷管的喉部），即可求出流量。

现取渐缩喷管的出口截面 A_2 来计算质量流量，并分析它和该截面上的压力比 p_2/p^0 的关系，即

$$q_m=\frac{A_2 c_2}{v_2}$$

将式（6-19）及 $v_2=v^0(p^0/p_2)^{\frac{1}{\kappa}}$ 代入上式得

$$q_m=A_2\sqrt{2\frac{\kappa}{\kappa-1}\frac{p^0}{v^0}\left[\left(\frac{p_2}{p^0}\right)^{\frac{2}{\kappa}}-\left(\frac{p_2}{p^0}\right)^{\frac{\kappa+1}{\kappa}}\right]} \qquad (6\text{-}26)$$

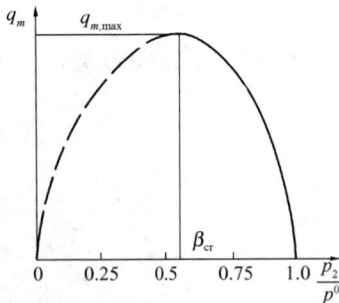

图 6-9 流量随压力比的
变化关系曲线

由式（6-26）可知，当出口截面积、工质的滞止参数（即初态参数 p_1、v_1）一定，流量随 $\dfrac{p_2}{p^0}$ 而变，它们的关系曲线见图 6-9。

对于渐缩喷管，当背压 p_b 等于滞止压力，喷管出口压力 $p_2=p_b=p^0$，即 $\dfrac{p_2}{p^0}=1$，$q_m=0$，此时无工质流过喷管。背压 p_b 逐渐降低时，p_2 随着降低，喷管流量逐渐增大。当背压降至临界压力时，$p_2=p_b=p_{cr}$，此时出口流速为声速，流量也达到最大值。如果背压继续降低，流量似乎将减小，

如图 6-9 中虚线所示。但实际上，此虚线段是不存在的，因为渐缩喷管中出口截面上的压力不可能降低到小于临界压力。当背压 p_b 降至临界压力 p_{cr} 以下时，出口截面压力 p_2 保持临界压力 p_{cr} 不再变化。这时如果工质要继续膨胀，流速将继续增加至超声速，此时气流截面要求渐扩，这在渐缩喷管中是无法满足的。故工质在喷管中只能膨胀到 p_{cr} 为止，出口流速也只能达到当地声速。当背压降至临界压力时，流量达到最大值后，如背压继续下降，气流将从出口截面处的 p_{cr} 在管外无约束地膨胀（即自由膨胀）到 p_b，这个压力降不会引起流速增加，流量也继续保持最大值。最大流量计算式为

$$q_{m,\max} = A_{\min}\sqrt{2\frac{\kappa}{\kappa+1}\left(\frac{2}{\kappa+1}\right)^{\frac{2}{\kappa-1}}\frac{p^0}{v^0}} = A_{\min}\sqrt{\left(\frac{2}{\kappa+1}\right)^{\frac{\kappa+1}{\kappa-1}}\frac{\kappa p^0}{v^0}} \tag{6-27}$$

对于缩放喷管，当背压 $p_b < p_{cr}$ 时，工质能够实现完全膨胀，即 $p_2 = p_b < p_{cr}$。但在其最小截面处的压力与背压无关，恒为临界压力 p_{cr}。由流动的连续性可知，缩放喷管的流量也可用式（6-26）计算。

四、水蒸气流速、流量的计算

在蒸汽的流动中，由于其出入口时的焓值可由已知条件方便地在 h-s 图或水蒸气性质表上查出。因此蒸汽流速可采用下式计算

$$c_2 = \sqrt{2(h_1 - h_2) + c_1^2} = \sqrt{2(h^0 - h_2)} \tag{6-28}$$

微课 6-8 水蒸气的喷管计算

同样，蒸汽的临界流速为

$$c_{cr} = \sqrt{2(h^0 - h_{cr})}$$

式中，h^0、h_2、h_{cr} 分别为滞止焓、出口焓和临界焓。其中临界焓为蒸汽定熵膨胀至临界压力 $p_{cr} = \beta_{cr}p^0$ 时的焓值（它们的值可利用图、表查取），如图 6-10 和图 6-11 所示。

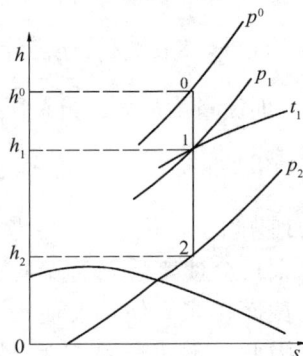

图 6-10 水蒸气在渐缩喷管中的膨胀过程　　图 6-11 水蒸气在缩放喷管中的膨胀过程

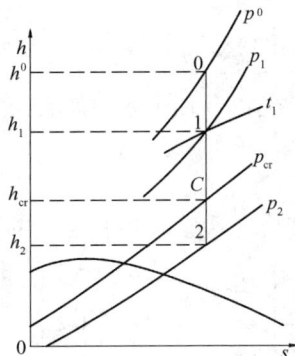

值得注意的是，焓-熵图查得的焓值单位为 kJ/kg，而算式中的 h 须用 J/kg，因此在计算中不要忘记给查取的数值乘上 1000 才能代入式子计算。

图 6-10 和图 6-11 中，1 点为进口状态点，0 点为滞止状态点，2 点为喷管出口状态点，C 点为临界状态点。1—0 为定熵滞止过程，1—2 为喷管内定熵膨胀过程。

在确定了蒸汽的临界压力和求得流速以后，流量和喷管的截面积可按连续性方程计算，即

$$q_m = \frac{Ac}{v}$$

蒸汽的定熵流动特性和气体的相同，有关的热力计算基本也相同。只是由于蒸汽和理想

气体的偏差，在流速、流量计算时不能用过程方程进行计算，只能借助于水蒸气图和表。但对水蒸气做定性分析时，也可借助这些计算式。在计算时，如果水蒸气状态发生了变化，其状态的确定只能以喷管进口状态为依据。

五、喷管的设计

在给定的条件（一般为工质的初参数 p_1、v_1、背压 p_b 和流量 q_m）下进行喷管的设计，首先要选定喷管的形状是渐缩形还是缩放形，其目的就是要满足工质定熵膨胀所需的形状；否则，选形不当会阻碍能量的充分转换。确定喷管形状以后，还必须进一步计算喷管的主要尺寸。

1. 外形选择

根据前面的讨论，喷管形状的选择应根据背压和临界压力而定。选择的原则是气流能在喷管内完全膨胀，如表 6-1 所示。

表 6-1　　　　　　　　　　　　　喷管的外形选择

背　压 p_b	应选用的喷管外形	出　口　速　度
$p_b > p_{cr} = \beta_{cr} p^0$	渐缩	$c_2 < c_{cr}$
$p_b = p_{cr} = \beta_{cr} p^0$	渐缩	$c_2 = c_{cr}$
$p_b < p_{cr} = \beta_{cr} p^0$	缩放	$c_2 > c_{cr}$

2. 尺寸计算

要满足工质在喷管中的流动要求，除了正确的选形外，对截面积也要有一定的要求。由于喷管入口截面积的大小只影响入口流速，而与管内的流动规律无关，所以喷管入口截面积一般不做计算，只要求保持大于出口截面积（渐缩喷管）或喉部截面积（缩放喷管），以保证应有的管形。对于出口截面积 A_2 可由式 $A_2 = q_m \dfrac{v_2}{c_2}$ 计算求得。此外，缩放喷管还需计算喉部截面积 A_{min}，由于在喉部工质处于临界状态，速度为临界速度，而流量为最大流量，所以有

$$A_{min} = q_{m,max} \frac{v_{cr}}{c_{cr}} \tag{6-29}$$

从能量转换来看，只要有合适的管形，就能起到增加速度的作用，是不用考虑喷管长度的。但实际上，管道太长会使工质与管壁间摩擦阻力增大，而管道过短，则截面扩张太快，会使工质与管壁分离，产生涡流损失。因此，不适当的长度会增加不可逆损失。根据经验，对于渐放部分，最有利的长度为

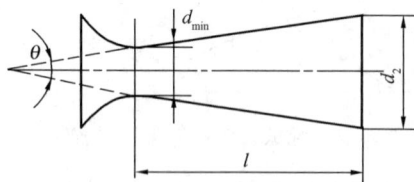

图 6-12　缩放喷管的顶锥角

$$l = \frac{d_2 - d_{min}}{2\tan\dfrac{\theta}{2}} \tag{6-30}$$

式中　θ——渐放部分的顶锥角，一般常取为 8°～12°，如图 6-12 所示。

【例 6-2】 燃气的压力为 0.8MPa，温度为 900℃，欲使其通过一喷管流入压力为 0.1MPa 的空间。已知燃气的气体常数 $R_g = 0.287$kJ/(kg·K)，等熵指数 $\kappa = 1.34$，试求下列情况下喷管的出口速度：（1）采用渐缩喷管；（2）采用缩放喷管；（3）如果渐缩喷管的出口截面面积和缩放喷管的最小截面面积都为 10cm²，求通过这两种喷管的燃气流量。设喷管入口速度

忽略不计。

解 因为喷管入口速度忽略不计，所以喷管进口燃气参数可视为滞止参数。计算中以进口参数代替滞止参数。

（1）采用渐缩喷管。渐缩喷管出口截面的最低压力为临界压力，即

$$p_2 = p_{cr} = p^0 \left(\frac{2}{\kappa+1}\right)^{\frac{\kappa}{\kappa-1}}$$

$$= 0.8 \times 10^6 \times \left(\frac{2}{1.34+1}\right)^{\frac{1.34}{0.34}}$$

$$= 0.431 \times 10^6$$

$$= 0.431 (\text{MPa})$$

可见，燃气在喷管出口截面的压力仍高于空间压力（0.1MPa），将继续无约束膨胀，造成一部分能量的损失。

渐缩喷管出口截面的流速等于临界流速

$$c_2 = c_{cr} = \sqrt{\frac{2\kappa}{\kappa-1} R_g T^0} = \sqrt{\frac{2 \times 1.34}{1.34+1} \times 287 \times 1173} = 621 (\text{m/s})$$

（2）采用缩放喷管。缩放喷管出口截面的压力可以降低到空间压力，出口流速为

$$c_2 = \sqrt{\frac{2\kappa}{\kappa+1} R_g T^0 \left[1 - \left(\frac{p_2}{p^0}\right)^{\frac{\kappa-1}{\kappa}}\right]}$$

$$= \sqrt{\frac{2 \times 1.34}{1.34-1} \times 287 \times 1173 \times \left[1 - \left(\frac{0.1 \times 10^6}{0.8 \times 10^6}\right)^{\frac{0.34}{1.34}}\right]}$$

$$= 1044 (\text{m/s})$$

（3）将燃气看作理想气体，根据理想气体状态方程式

$$v^0 = \frac{R_g T^0}{p^0} = \frac{287 \times 1173}{0.8 \times 10^6} = 0.421 (\text{m}^3/\text{kg})$$

渐缩喷管的背压与进口压力之比为

$$\frac{p_b}{p^0} = \frac{0.1 \times 10^6}{0.8 \times 10^6} = 0.125 < \beta_{cr} = 0.528$$

因此，出口截面上的压力与进口压力之比一定等于临界压力比，喷管的流量已达到最大值。根据式（6-27）可得

$$q_{m,\max} = A_{\min} \sqrt{\frac{2\kappa}{\kappa+1} \left(\frac{2}{\kappa+1}\right)^{\frac{2}{\kappa-1}} \frac{p^0}{v^0}}$$

$$= 10 \times 10^{-4} \times \sqrt{\frac{2 \times 1.34}{1.34+1} \times \left(\frac{2}{1.34+1}\right)^{\frac{2}{1.34-1}} \times \frac{0.8 \times 10^6}{0.421}}$$

$$= 0.93 (\text{kg/s})$$

因为缩放喷管的最小截面面积与渐缩喷管的相同，所以在进口参数与背压相同的情况下最大质量流量也相同，只是缩放喷管的出口速度要高于声速。

【例 6-3】 参数为 $p_1=2\text{MPa}$，$t_1=300℃$ 的水蒸气，经过缩放喷管流入压力为 0.1MPa 的空间，喷管的最小截面积 $A_{\min}=20\text{cm}^2$，求临界速度、质量流量、出口速度和出口截面积。设初始速度忽略不计。

解 因为喷管入口速度忽略不计，所以喷管进口参数即为其滞止参数。

水蒸气的临界压力 $p_{cr}=0.546\times2=1.09\text{MPa}$，根据已知参数从 $h\text{-}s$ 图上查得

$$h_1=3027\text{kJ/kg},\ h_{cr}=2888\text{kJ/kg},\ h_2=2453\text{kJ/kg}$$

$$v_{cr}=0.2\text{m}^3/\text{kg},\ v_2=1.55\text{m}^3/\text{kg}$$

$$c_{cr}=\sqrt{2(h^0-h_{cr})}=\sqrt{2(h_1-h_{cr})}$$

$$=\sqrt{2\times(3027-2888)\times10^3}=525.7(\text{m/s})$$

$$q_m=\frac{A_{\min}c_{cr}}{v_{cr}}=\frac{0.002\times525.7}{0.2}=5.26(\text{kg/s})$$

$$c_2=\sqrt{2(h^0-h_2)}=\sqrt{2\times(3027-2453)\times10^3}=1071(\text{m/s})$$

$$A_2=\frac{q_mv_2}{c_2}=\frac{5.26\times1.55}{1071}=76.13(\text{cm}^2)$$

【例 6-4】 空气以初速度 $c_1=80\text{m/s}$ 流入一渐缩喷管，并在喷管内定熵膨胀。已知喷管进口气体的压力 $p_1=5\times10^5\text{Pa}$，气体温度 $t_1=50℃$，背压 $p_b=3\times10^5\text{Pa}$。求该喷管出口气体的流速、声速及马赫数。已知空气的比定压热容为 $c_p=1.004\text{kJ/(kg·K)}$。

解 喷管进口气体的滞止参数为

$$T^0=T_1+\frac{c_1^2}{2c_p}=(273+50)+\frac{80^2}{2\times1.004\times10^3}=326.19(\text{K})$$

$$p^0=p_1\left(\frac{T^0}{T_1}\right)^{\frac{\kappa}{\kappa-1}}=5\times10^5\times\left(\frac{326.19}{323}\right)^{\frac{1.4}{1.4-1}}=5.175\times10^5(\text{Pa})$$

$$p_{cr}=p^0\beta_{cr}=5.175\times10^5\times0.528=2.732\times10^5(\text{Pa})$$

$$p_{cr}<p_b=3\times10^5\text{Pa}$$

由于 $p_b>p_{cr}$，说明喷管出口气体的流速小于当地声速，此时有 $p_2=p_b$。喷管出口流速为

$$c_2=\sqrt{\frac{2\kappa}{\kappa-1}R_gT^0\left[1-\left(\frac{p_2}{p^0}\right)^{\frac{\kappa-1}{\kappa}}\right]}$$

$$=\sqrt{\frac{2\times1.4}{1.4-1}\times\frac{8314.3}{28.97}\times326.19\times\left[1-\left(\frac{3}{5.175}\right)^{\frac{1.4-1}{1.4}}\right]}$$

$$=307.4(\text{m/s})$$

$$T_2=T^0\left(\frac{p_2}{p^0}\right)^{\frac{\kappa-1}{\kappa}}=326.19\times\left(\frac{3}{5.175}\right)^{\frac{0.4}{1.4}}=279.15(\text{K})$$

$$a_2=\sqrt{\kappa R_gT_2}=\sqrt{1.4\times\frac{8314.3}{28.97}\times279.15}=334.9(\text{m/s})$$

$$Ma_2=\frac{c_2}{a_2}=\frac{307.4}{334.9}=0.92$$

喷管出口流速也可由下式计算，即

$$c_2 = \sqrt{2c_p(T^0 - T_2)} = \sqrt{2 \times 1.004 \times 10^3 \times (326.19 - 279.15)}$$
$$= 307.3 (\text{m/s})$$

第五节　有摩擦阻力的绝热流动和绝热节流

一、有摩擦阻力的绝热流动

前述所讨论的情况均在流动中没有任何能量耗散。但实际上气体或蒸汽在管内流动时，总是伴随有或多或少由于克服摩擦和形成涡流而引起的动能损失。由于工质通过喷管的时间很短，因此在分析中可以忽略向外界的散热。那么，由于摩擦的作用，将使一部分动能转换为热并被工质吸收，引起熵增。而由于动能减少，工质的出口流速将变小。由稳定流动能量方程

$$h_1 + \frac{c_1^2}{2} = h_2 + \frac{c_2^2}{2} = 常数$$

可知出口动能的减小将引起出口焓的增大。

在流动中由于有摩擦流动是不可逆的，因此绝热流动时其熵总是不断增加的。

以水蒸气为例，如果流动过程是可逆绝热的，则该过程可在 h-s 图（见图 6-13）上以 1—2 表示。此时 $s_1 = s_2$。在具有摩擦的绝热流动中，由于工质熵的增加，从同一初态出发的实际过程线 1—$2'$ 总是位于可逆过程线 1—2 的右侧，即 $s_{2'} > s_2$。在压力降（$p_1 - p_2$）相同时，具有摩擦损耗的工质流动的终态焓值为 $h_{2'}$，温度为 $t_{2'}$。由图可知总有 $h_{2'} > h_2$；而对于温度，如为气体，则 $t_{2'} > t_2$，如为蒸汽，则 $t_{2'} \geq t_2$，取决于终态点所处状态。

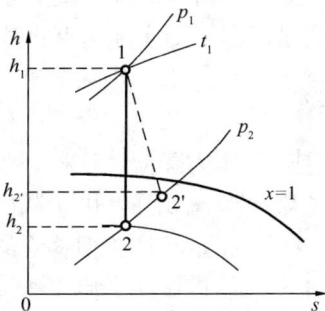

图 6-13　有摩擦阻力的绝热流动

1. 速度系数

由于有摩擦的流动过程中的焓降（$h_1 - h_{2'}$）小于可逆流动时的焓降（$h_1 - h_2$），所以有摩擦时工质在喷管出口处的速度 $c_{2'}$ 要小于可逆时的速度 c_2。为此在工程中引入速度系数 φ 以修正由于摩擦阻力而减小的速度。

$$\varphi = \frac{c_{2'}}{c_2} \tag{6-31}$$

根据实际经验，对于光滑而设计正常的喷管，φ 常在 0.92～0.98 之间。

有摩擦阻力时的流速公式可写成

$$c_{2'} = \varphi \sqrt{2(h^0 - h_2)} \tag{6-32}$$

2. 能量损失系数

当工质在喷管内的流动存在摩擦时，将使出口动能也有损失，这个损失在工程上用能量损失系数 ζ 表示，即

$$\zeta = \frac{c_2^2 - c_{2'}^2}{c_2^2} = 1 - \varphi^2 \tag{6-33}$$

计算有摩擦阻力的喷管时，先按定熵流动的方法求得理想焓降（$h^0 - h_2$），然后根据喷管的速度系数或能量损失系数求取不可逆膨胀到 p_2 时的实际焓值 $h_{2'}$ 为

$$h_{2'} = h_2 + \zeta(h^0 - h_2) \qquad (6\text{-}34)$$

3. 喷管效率

工程中也用喷管效率的概念来反映喷管中的动能损失。喷管效率是指实际过程气体出口动能与定熵过程气体出口动能的比值，用 η_n 表示：

$$\eta_n = \frac{\dfrac{c_{2'}^2}{2}}{\dfrac{c_2^2}{2}} = \varphi^2 \qquad (6\text{-}35)$$

此外，由于摩擦产生的热被工质吸收，工质的比体积将增大。由流量计算公式，如果保持流量不变，则实际的喷管截面积必然大于按可逆绝热流动计算的截面积。

二、绝热节流

工质在管道内稳定流动时，若通道截面突然缩小，由于局部阻力，会使工质压力降低，这种现象称为节流。工程上，常遇到工质流过阀门、小孔、多孔塞等节流元件，由于截面突然减小，且节流过程中与外界的热量交换可忽略不计，其能量转换类似喷管的情况，工质流速增加，压力则降低。在节流元件后，截面突然扩展，工质流速又降至接近原来的速度，此时工质压力会有所恢复。但由于截面的突缩突扩产生显著的局部阻力，使得压力虽有回升，但不能恢复到节流前的压力，即工质流过节流元件后，会产生显著的压力降（$p_1 - p_2$）。其值取决于节流元件的局部阻力，它与流体特性、状态以及截面突缩突扩的程度有关。节流过程中，因为有强烈的扰动，状态偏离平衡状态甚远，为不可逆过程，不能用平衡性质来描述其状态。但在距缩孔较远的上、下游的截面 1—1、2—2 处流动稳定，可用平衡状态进行讨论，如图 6-14 所示。一般工质流经缩孔时可看作是绝热节流过程。节流后，在截面 2—2 处，流速几乎等于原值，$c_2 \approx c_1$，故动能的变化可以忽略，由稳定流动能量方程

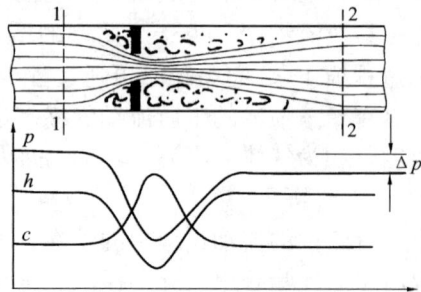

图 6-14　绝热节流

$$h_1 + \frac{c_1^2}{2} = h_2 + \frac{c_2^2}{2} = h + \frac{c^2}{2} = 常数$$

可得工质绝热节流前后焓值不变，$h_1 = h_2$。

综上所述，绝热节流的特征是 $p_2 < p_1$，$h_1 = h_2$。

但应当注意，绝热节流焓值不变的结论是依据节流前后的流速不变。而此条件仅在距离缩孔稍远的上、下游处才成立。而在工质流经缩孔时速度变化很大，节流过程也是不可逆的，焓值在截面 1—1 和 2—2 之间并不处处相等，因此不能错误地认为绝热节流是定焓过程。

1. 理想气体的绝热节流

理想气体的焓仅为温度的函数，焓值不变，温度也不变，节流后的其他状态参数可依据 p_2、T_2 求出。

微课 6-9　有摩擦阻力的绝热节流

动画 6-2/微课 6-10 绝热节流过程

2. 水蒸气的绝热节流

对于水蒸气，其焓不仅是温度的函数，而且与压力有关。对于一般的实际气体，在通常的压力与温度下节流，温度是降低的。如图 6-15 所示，根据节流前的状态（p_1，t_1）可确定初态点 1，从 1 点做水平线与节流后的压力 $p_{1'}$ 交于点 $1'$，点 $1'$ 为节流后的状态点（$h_1 = h_{1'}$）。节流后，其温度降低、熵增加，即 $t_1 > t_{1'}$，$s_1 < s_{1'}$。水蒸气经节流后，不仅压力、温度降低，而且由 h-s 图可知，如果水蒸

图 6-15　水蒸气绝热节流

气从未节流时的状态 1 经可逆绝热膨胀至某一压力 p_2，所做技术功为 $h_1 - h_2$，而从节流后的状态 $1'$ 同样膨胀到同一压力 p_2 所做的技术功为 $h_{1'} - h_{2'}$，有

$$h_1 - h_2 > h_{1'} - h_{2'}$$

可见，绝热节流过程是一个不可逆过程，必将引起熵增，导致㶲的损失，进一步说明了熵增与能量贬值原理。从能量有效利用的观点来看，应尽量避免。但由于通过绝热节流，可以很容易实现调节流体的压力，而且节流元件结构十分简单，因此工程上也常用绝热节流的方法来实现上述目的。例如，常用这种简单的节流方法来调节动力机械的功率。

气体节流过程的温度变化称为温度效应。节流后气体的温度可以降低，可以升高，也可以不变。气体节流后温度上升的称为热效应，气体节流后温度降低的称为冷效应，热能工程范围内应用的工质节流后温度都是降低的，理想气体节流前后温度不变，称为零效应。

3. 绝热节流的应用

在热力工程和日常生活中，常常利用绝热节流降压的特性为人们所利用。

（1）利用节流来降低工质的压力。高压气瓶的瓶口处常装有调节阀，改变调节阀门的开度，就可得到所需的气体。如在气焊时，氧气瓶的压力很高，那么在出口处装上一个调节阀，使用时调整调节阀的开度，就可得到所需的低压氧气。在生活中家用液化气瓶口的调节阀，通过节流降压使工质气化。

（2）利用节流测定蒸汽流量。蒸汽通过节流孔板时，在其前后产生压力差，当节流孔板的形式和截面尺寸一定时，蒸汽的体积流量与该压力差成正比。所以，只要测量孔板前后的压力差，就可间接测出流量。图 6-16 所示为孔板流量计示意。

（3）利用节流减少汽轮机汽封系统的蒸汽泄漏量。汽轮机高压端动、静结合处为避免摩擦留有缝隙，高压蒸汽容易由此向外泄漏，为此常采用梳齿型汽封以减少蒸汽泄漏量，如图 6-17 所示。蒸汽通过每一个汽封齿相当于一次节流。当汽封齿数增加时，在总压力差不变的情况下，每一汽封齿前后压力差减小。而漏汽量取决于每一汽封齿前后的压力差，压力差越小，漏汽量也越小，所以增加汽封齿数就能减小漏汽量。

（4）利用节流调节汽轮机的功率。由图 6-15 可知，阀门开度不同，工质输出的功量不同，故一些机组采用节流来调节汽轮机的功率。当主蒸汽参数不变时，利用改变调速汽门的开度来控制进入汽轮机的蒸汽量与参数，以满足电网用户负荷变化的需要。如当负荷减小时，通过关小调速汽门，即蒸汽通过调速汽门，蒸汽压力降低，流量减小，这样达到了降低负荷的目的；反之，当负荷增大时，通过开大调速汽门，蒸汽压力增大，流量增大，这样达到了增加负荷的目的。

【例 6-5】　压力为 2MPa、温度为 490℃的水蒸气流经渐缩喷管流入压力为 0.1MPa 的

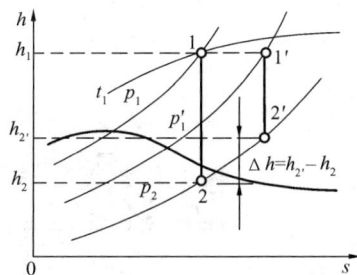

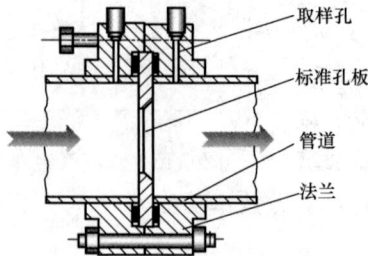

图 6-16　孔板流量计示意

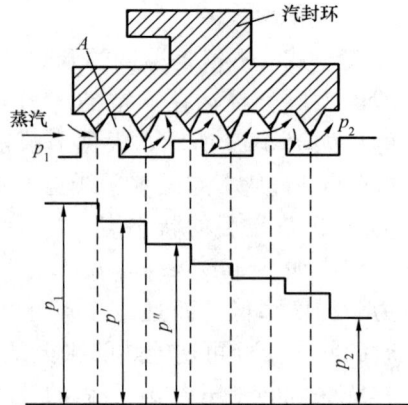

图 6-17　蒸汽通过汽封的节流过程

空间。若工质流动是有摩擦的，$\varphi=0.95$，求：（1）喷管出口蒸汽流速；（2）流动存在摩擦时喷管实际出口蒸汽流速；（3）摩擦造成的动能损失和㶲损失。初始速度忽略不计，环境温度 $T_0=300\text{K}$。

解　因为喷管入口速度忽略不计，所以喷管进口参数即为其滞止参数。

$$p_{\text{cr}}=p_1\times\beta_{\text{cr}}=2\times0.546=1.092(\text{MPa})$$

由于 $p_b<p_{\text{cr}}$，所以 $p_2=p_{\text{cr}}=1.092\text{MPa}$

由已知参数查水蒸气 h-s 图有

$$h_1=3445\text{kJ/kg}, h_2=3240\text{kJ/kg}, s_1=s_2=7.40\text{kJ/(kg·K)}$$

（1）喷管出口蒸汽流速

$$c_2=\sqrt{2(h_1-h_2)}=\sqrt{2\times(3445-3240)\times10^3}=640.3(\text{m/s})$$

（2）喷管实际出口状态的焓值

$$h_{2'}=h_2+\zeta(h_1-h_2)=h_2+(1-\varphi^2)(h_1-h_2)$$

$$=3240+(1-0.95^2)\times(3445-3240)$$

$$=3240+20=3260(\text{kJ/kg})$$

$$c_{2'}=\sqrt{2(h_1-h_{2'})}=\sqrt{2\times(3445-3260)\times10^3}=608.3(\text{m/s})$$

（3）摩擦造成的动能损失

由压力 $p_2=p_{\text{cr}}=1.029\text{MPa}$ 和实际出口焓 $h_{2'}=32600\text{kJ/kg}$，查 h-s 图可得 $s_{2'}=7.44\text{kJ/(kg·K)}$

$$\Delta e_{\text{k}}=\zeta(h_1-h_2)=20(\text{kJ/kg})$$

摩擦造成的㶲损失

$$e_{\text{L}}=T_0(s_{2'}-s_1)=300\times(7.44-7.40)=12(\text{kJ/kg})$$

从例 6-5 可以看出，损失的动能 Δe_{k} 与㶲损失 e_{L} 在数值上不相等，这是因为㶲损失是以环境为基准，凡是与环境温度相平衡的能量就完全丧失了做功的本领；而损失的动能中有部分温度高于环境温度的能量，理论上是可被利用的。损失的动能与㶲损失在性质上是不同的，当摩擦产生的热排出时温度与环境温度相同时，它们在数值上相等。

【**例 6-6**】　在例 6-5 中，若蒸汽流经渐缩喷管前先经过一阀门，由于阀门未全开，蒸汽被节流至 1.8MPa 后再进入喷管，然后绝热膨胀流入 0.1MPa 的空间。试求：（1）喷管出口流速；（2）由于节流引起的动能损失及㶲损失。

解　节流前后参数的确定。由 h-s 图可知

$$h_{1'} = h_1 = 3445 \text{kJ/kg}, \ p_{1'} = 1.8 \text{MPa}, \ t_{1'} = 489℃$$

$$s_{2'} = 7.486 \text{kJ/(kg·K)}, \ h_{2'} = 3274 \text{kJ/kg}$$

（1）喷管流速

$$c_{2'} = \sqrt{2(h_1 - h_{2'})} = \sqrt{2 \times (3445 - 3274) \times 10^3} = 584.8 (\text{m/s})$$

（2）动能损失

$$\Delta e_k = \frac{1}{2}(c_2^2 - c_{2'}^2) = \frac{1}{2}(640.3^2 - 584.8^2) = 34 (\text{kJ/kg})$$

节流损失的㶲损失

$$e_L = T_0(s_{2'} - s_1) = 300 \times (7.46 - 7.40) = 18 (\text{kJ/kg})$$

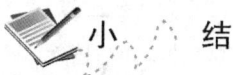

小　结

（1）工质在喷管或扩压管中的流动是绝热的稳定流动，其过程可以用稳定流动能量方程、连续性方程、绝热过程方程和气体的状态方程来描述。对其流动的研究重点在于气体的状态参数和流速间的关系规律、截面积变化和流速间的关系规律。

（2）喷管计算的主要内容是出口流速和流量。由于气体和蒸汽的性质不同，计算中采用的计算方法也就不同，这是在学习中应当注意区分的。此外，临界压力比在喷管研究中有非常重要的意义，如根据压力比合理选择喷管类型，定性分析不同条件下通过渐缩喷管和缩放喷管流速和流量的变化等。

（3）由于实际中气体通过喷管流动时总存在摩擦阻力，应当掌握如何在计算中考虑摩擦阻力的影响。绝热节流也是工程中常见的过程，如流过阀门、孔板等。绝热节流是一个不可逆过程，在绝热节流前后工质压力降低，比体积增加，熵增加，焓基本不变，而温度的变化则与工质有关，学习中应掌握气体或蒸汽节流后状态参数的确定方法。由于绝热节流所具有的特点，它常被用于调节动力机械功率、测量流速或流量等诸多方面。

本章主要计算公式小结如下。

名称	公　　式	适 用 条 件	作　　用
滞止参数	滞止焓 $h^0 = h + \dfrac{c^2}{2}$	任意工质	滞止参数是气体流动的重要状态参数之一，既是现实中的真实存在，又是具有理论意义的抽象假设。它是绝热流动中的最高参数，在定熵流动中保持不变。在热工参数测量中也有应用
	滞止温度 $T^0 = T + \dfrac{c^2}{2c_p}$	定值比热容理想气体	
	滞止压力 $p^0 = p\left(\dfrac{T^0}{T}\right)^{\frac{\kappa}{\kappa-1}}$	定值比热容理想气体	
	滞止比体积 $v^0 = v\left(\dfrac{T}{T^0}\right)^{\frac{1}{\kappa-1}}$	定值比热容理想气体	

续表

名称	公　　　式	适 用 条 件	作　　　用
临界压力比	$\dfrac{p_{cr}}{p^0}=\left(\dfrac{2}{\kappa+1}\right)^{\frac{\kappa}{\kappa-1}}$	定值比热容理想气体，定熵流动。κ 采用经验数据可用于水蒸气	临界压力比常用来判断流动是否达到或超过临界状态
流速	$c_2=\sqrt{2\,(h^0-h_2)}$	任意工质，绝热流动	计算任意工质在绝热流动中的流速
	$c_2=\sqrt{\dfrac{2\kappa p^0 v^0}{\kappa-1}\left[1-\left(\dfrac{p_2}{p^0}\right)^{\frac{\kappa-1}{\kappa}}\right]}$	定值比热容理想气体，定熵流动	计算定比热容理想气体在定熵流动中的流速
临界流速	$c_{cr}=\sqrt{h^0-h_{cr}}$	任意工质，绝热流动	计算任意工质的临界流速
	$c_{cr}=\sqrt{2\dfrac{\kappa}{\kappa+1}p^0 v^0}$	定值比热容理想气体，定熵流动	计算理想气体的临界流速
流量	$q_m=\dfrac{A_C}{v}$	任意工质，稳定流动	计算任意工质的流量
	$q_m=A_2\sqrt{\dfrac{2\kappa}{\kappa-1}\left(\dfrac{p^0}{v^0}\right)\left[\left(\dfrac{p_2}{p^0}\right)^{\frac{2}{\kappa}}-\left(\dfrac{p_2}{p^0}\right)^{\frac{\kappa+1}{\kappa}}\right]}$	定值比热容理想气体，定熵流动	计算定值比热容理想气体在定熵流动中的流量
最大流量	$q_{m,max}=A_{min}\sqrt{\left(\dfrac{2}{\kappa+1}\right)^{\frac{\kappa+1}{\kappa-1}}\dfrac{\kappa p^0}{v^0}}$	定值比热容理想气体，定熵流动，临界或超临界流动	计算在进口参数一定的条件下，流道的理想最大流量

思 考 题

6-1　简述喷管和扩压管的区别和联系。

6-2　促使流体增速的条件是什么？喷管的几何尺寸起到什么作用？

6-3　从入口速度和背压两种情况简述不同的喷管形式的选取原则。

6-4　什么是绝热节流？在工程上有何应用？

6-5　什么是喷管的临界状态？如何确定喷管的临界状态？

6-6　什么是喷管的临界压力比？临界压力比与哪些因素有关？

6-7　在渐缩喷管内的流动情况中，什么条件下流动不受背压变化的影响？

6-8　为什么在渐缩喷管中气体的流速不可能超过当地的声速？

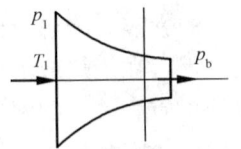

图 6-18　思考题 6-9 图

6-9　图 6-18 所示为一渐缩喷管，在其背压小于临界压力时，在出口截面附近将喷管切去一段。若 p_1、T_1、p_b 不变，问出口截面的压力，流速和流量与原截面比较，将发生什么变化？

6-10　当压力降相同时，喷管若有摩阻，则其出口速度、焓、比体积、温度和熵如何变化。

6-11　绝热节流过程是否为定焓过程，为什么？

6-12　试分析水蒸气经过绝热节流前后温度、压力、比体积、焓、熵以及工质流动速度如何变化？

习　题

6-1　压力、温度为 0.1MPa、20℃的空气，流速分别为 100、200、300m/s 进行流动。求空气的滞止参数。

6-2　进入出口截面面积 $A_2=10\text{cm}^2$ 的渐缩喷管的空气初参数为 $p_1=2\times10^6\text{Pa}$、$t_1=27℃$，初速度很小，可以忽略不计。求空气经喷管射出时的速度、流量以及出口截面处空气的状态参数 v_2、T_2。设喷管背压力分别为 1.5、1MPa，空气的比热容为 $c_p=1.004\text{kJ}/(\text{kg}\cdot\text{K})$，$\kappa=1.4$。

6-3　空气等熵流经一缩放喷管，进口截面上的压力和温度分别为 0.58MPa、440K，出口截面上的压力 $p_2=0.14$MPa。已知空气的质量流量为 1.5kg/s。试求喷管喉部及出口截面的面积和出口流速。空气的比热容 $c_p=1.004\text{kJ}/(\text{kg}\cdot\text{K})$，$\kappa=1.4$，初速度忽略不计。

6-4　空气流经喷管做定熵流动，已知进口截面空气参数为 $p_1=0.7$MPa、$t_1=947℃$，环境压力分别为 0.5、0.12MPa，质量流量为 0.5kg/s，为使空气完全膨胀，应如何选择喷管形状？求此时出口截面积及流速。初速度忽略不计。

6-5　水蒸气的初参数为：$p_1=2.5$MPa、$t_1=340℃$，背压为 0.1MPa。若蒸汽的流量 $q_m=5$kg/s，初速可忽略不计。欲使蒸汽能充分加速，试确定喷管的形式及出口截面尺寸。

6-6　水蒸气由初参数 15.7×10^5Pa、400℃经渐缩喷管喷射。喷管的出口截面积为 200mm²。若流动是定熵的，且不计初速，求：（1）外界压力为 12×10^5Pa 时，蒸汽的出口速度及流量；（2）外界压力降低为 0.95×10^5Pa 时，蒸汽的出口速度及流量；

6-7　空气进入喷管的压力为 5MPa、温度为 30℃，欲使其通过一喷管流入压力为 0.1MPa 的空间。试求下列情况下喷管的出口速度及质量流量：（1）采用渐缩喷管，出口截面积为 100mm²；（2）采用缩放喷管，且最小截面面积为 100mm²。假设喷管入口速度 $c_1=0$。

6-8　水蒸气在渐缩喷管内定熵流动，进口压力、温度及流速分别为 2MPa、400℃、80m/s。求：（1）背压为 0.2MPa 时喷管出口流速；（2）若改为缩放喷管，出口流速又为多少？

6-9　水蒸气由初参数 10MPa、380℃经绝热节流后压力降为 3MPa，求蒸汽的终态各参数及温度的变化。

6-10　3.5MPa、435℃的新蒸汽进入汽轮机做定熵膨胀，排出时压力为 6kPa。求每千克蒸汽输出功量。若使汽轮机输出功量减为上述功量的 75%，则新蒸汽进入汽轮机时必须节流至什么压力？

6-11　压力为 1.8MPa、温度为 480℃的蒸汽流经渐缩喷管流入压力为 0.1MPa 的空间。若初速不计，（1）求该喷管出口截面上的压力和流速；（2）若蒸汽流经渐缩喷管前先经过一阀门，蒸汽被节流到 1.6MPa 后再进入喷管，求喷管出口速度，并求由于节流损失的动能。

6-12　工程上常通过绝热节流来测量湿蒸汽的干度，已知某湿蒸汽状态下压力为 0.2MPa，经节流后变为过热蒸汽，并测得节流后压力为 0.05MPa，温度为 90℃。求蒸汽的干度。

*第七章

压气机的压气过程

压气机的用途极为广泛，大、中型内燃机的启动需要高压空气；使用较小的管径输送较多的气体，管道输送时要用压气机压缩气体；在各种风动工具中，压缩气体作为传递能的介质；在化学工业中常将待合成的气体压缩至高压，以利于合成反应；在制冷工程中，气体经压缩、冷却和膨胀，实现液化。总之，压缩气体的使用遍及工农业、交通运输、国防以及生活的各个领域。

压气机是一种用于压缩气体借以提高气体压力的机械。它不是动力机，而是用消耗机械能来得到压缩气体的一种工作机。按其动作原理及构造压气机分为活塞式压气机、叶轮式压气机以及特殊的引射式压缩器；依其产生压缩气体的压力范围，分为通风机（0.01MPa 表压以下）、鼓风机（0.1～0.3MPa 表压）和压气机（0.3MPa 表压以上）；按达到终压所需的级数分为单级压气机、两级压气机和多级压气机；按冷却方式分为气（风）冷式压气机和水冷式压气机。除此之外，排气量的范围也是压气机分类的一个重要工程指标。

活塞式压气机和叶轮式压气机的结构和工作原理虽然不同，但从热力学观点来看，气体的状态变化过程却是一样的，都是接受外功而压缩气体，使气体压力升高的过程。本章以活塞式压气机为重点，分析压气机级的工作原理和级的实际工作过程。

第一节 压气机的压缩过程

一、单级活塞式压气机级的工作原理

图 7-1 为单级活塞式压气机示意图和示功图，$f—1$ 为进气过程；$1—2$ 为气体压缩过程；$2—g$ 为排气过程。其中 $f—1$ 和 $2—g$ 不是热力过程，只是气体的移动过程，$1—2$ 是热力过程，气体的参数发生变化。压缩过程的耗功可由图中过程线 $1—2$ 与 v 轴所包围的面积表示，如图 7-1 所示。

压缩过程有两种极限情况，一为过程进行极快，气缸散热较差，气体与外界的换热可以忽略不计，过程可视作绝热过程，如图 7-2 中的过程线 $1—2_s$ 所示；另一为过程进行得十分

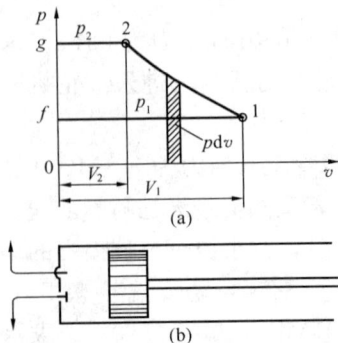

图 7-1 活塞式压气机示功图
(a) p-v 图；(b) 设备简图

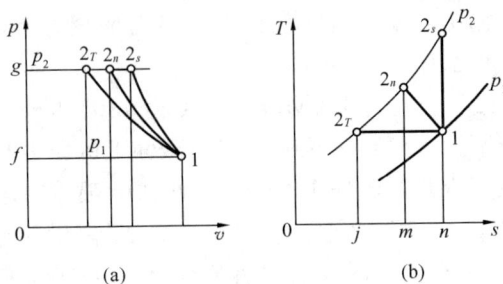

图 7-2 压缩过程
(a) p-v 图；(b) T-s 图

缓慢，且气缸散热条件良好，可视为定温压缩过程，如图 7-2 中过程线 1—2$_T$ 所示。压气机中进行的实际压缩过程通常在上述两者之间，即为多变过程。多变指数 n 介于 1 与 κ 之间，如图 7-2 中过程线 1—2$_n$ 所示，压缩过程有热量传出，气体温度也有所升高。

二、单级活塞式压气机级的理论耗功

压气机级的理论耗功由三部分组成，进气过程中，压力 p_1 推动活塞所做的功为 p_1V_1；压缩过程中，活塞压缩气体所做的功为 $-\int_{V_1}^{V_2}p\mathrm{d}V$；排气过程中，活塞推气体排出压气机，所做的功为 p_2V_2。设活塞对气体所做的功为正，气体对活塞所做的功为负，则三部分之和为

$$W_c=-W_t=\int_{p_1}^{p_2}V\mathrm{d}p$$

式中　W_c——压气机的耗功；

$\quad\quad W_t$——压缩气体所获得的技术功。

对于 1kg 工质，表示为

$$w_c=-w_t=\int_{p_1}^{p_2}v\mathrm{d}p$$

因此，压气机所需功的多少因压缩过程不同而异，对定值比热容理想气体，三种不同过程的级理论耗功为：

可逆绝热压缩

$$w_{c,s}=-w_{t,s}=\frac{\kappa}{\kappa-1}(p_2v_2-p_1v_1)=\frac{\kappa}{\kappa-1}R_gT_1\left[\left(\frac{p_2}{p_1}\right)^{\frac{\kappa-1}{\kappa}}-1\right] \tag{7-1}$$

可逆多变压缩

$$w_{c,n}=-w_{t,n}=\frac{n}{n-1}(p_2v_2-p_1v_1)=\frac{n}{n-1}R_gT_1\left[\left(\frac{p_2}{p_1}\right)^{\frac{n-1}{n}}-1\right] \tag{7-2}$$

可逆定温压缩

$$w_{c,T}=-w_{t,T}=-R_gT_1\ln\frac{v_2}{v_1}=R_gT_1\ln\frac{p_2}{p_1} \tag{7-3}$$

式（7-1）～式（7-3）中，$\frac{p_2}{p_1}$ 是压缩过程中气体终压和初压之比，称为增压比，用 π 表示。

从图 7-2（a）很容易看出：$w_{c,s}>w_{c,n}>w_{c,T}$，$v_{2,s}>v_{2,n}>v_{2,T}$。从图 7-2（b）也容易看出 $T_{2,s}>T_{2,n}>T_{2,T}$。由此可以得出如下结论，把一定量的气体从相同的初压压缩到相同的终压，绝热压缩耗功最多，定温压缩耗功最少，多变压缩耗功介于两者之间，并随 n 的减少而减少。绝热压缩过程气体终温最高，定温压缩过程气体终温最低，多变压缩过程气体终温介于绝热与定温二者之间。压缩气体终温过高将会影响汽缸内润滑油的品质，这对机器安全运行是不利的。此外，绝热压缩气体的比体积较大，储气所需的体积较大也是不利的。所以从减少压气机耗功和降低压缩气体终温考虑，定温压缩过程是最理想的过程。但实际工程实现完全定温压缩几乎是不可能的，往往采用在气缸外加水套来冷却被压缩气体，但也只能做到多变指数接近于 1。目前，单级活塞式压气机的多变指数为 1.2～1.3。

第二节　压气机级的实际循环

前一节研究级的理论循环和理论耗功时，是假定气缸没有余隙容积，被压缩气体能全部

排出气缸，而压气机级的实际循环与理论循环有很大差别。其中最重要的差别是级的实际循环必须考虑余隙容积的影响。

什么是余隙容积呢？为什么要留有余隙容积呢？在实际的活塞式压气机中，活塞相对机身最外边的位置，称外止点；最里边的位置，称内止点，活塞自外止点到内止点所走过的距离称为行程。活塞左行的极限位置（内止点）应与气缸盖之间留有一定的间隙，以防止进、排气阀开启时与活塞相碰，气缸内与该间隙相应的容积称为余隙容积。图 7-3 为考虑到余隙容积的压气机工作的 p-v 图，图中 V_c 表示余隙容积，$V_h = V_1 - V_3$ 是活塞从外止点运动到内止点时活塞扫过的容积，称为气缸的排量。

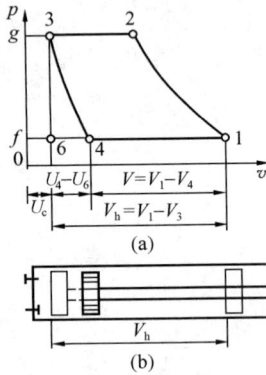

压气机实际级的循环是：1—2 为压缩过程；2—3 为排气过程；3—4 为余隙容积中剩余气体的膨胀过程，4—1 表示有效进气过程。

为什么称余隙容积为有害容积呢？余隙容积的存在在排气行程终了时仍残留有高压气体，当活塞进入下一个进气行程前，气缸中残留的高压气体先要膨胀，在进气阀打开开始进气之前这部分剩余气体已膨胀并占据了一部分气缸体积，使实际吸进气体容积减小，且随着增压比的增大，余隙容积的不利影响增大，因此余隙容积称为有害容积。下面分析余隙容积的存在对压气机级的循环的影响。

1. 余隙容积对压气机产气量的影响

由图 7-3 可以看出，由于余隙容积 V_c 的影响，使活塞在右行之初，因余隙容积内所剩的气体压力大于压气机进气口外气体压力而不能进气，直到气缸内气体体积从 V_3 膨胀到 V_4 才开始进气。气缸实际进气容积 V（$V = V_1 - V_4$）称为有效吸气容积。可见，由于余隙容积的存在，不但余隙容积 V_c 本身不起压气作用，而且使另一部分气缸容积（$V_4 - V_6$）也不起压缩作用。

因此，有效吸气容积 V 小于气缸排量 V_h，两者之比称为容积效率，用 η_V 表示，即

$$\eta_V = \frac{\text{有效吸气容积}}{\text{气缸排量}} = \frac{V}{V_h}$$

如图 7-4 所示，在相同的余隙容积下，如增压比增大，则有效吸气容积减少，容积效率降低，达到某一极限（$2''$）时将完全不能进气。下面导出容积效率与增压比 π 的关系。

$$\begin{aligned}
\eta_V &= \frac{V}{V_h} = \frac{V_1 - V_4}{V_1 - V_3} \\
&= \frac{(V_1 - V_3) - (V_4 - V_3)}{V_1 - V_3} = 1 - \frac{V_4 - V_3}{V_1 - V_3} \\
&= 1 - \frac{V_3}{V_1 - V_3}\left(\frac{V_4}{V_3} - 1\right)
\end{aligned}$$

式中，$\dfrac{V_3}{V_1 - V_3} = \dfrac{V_c}{V_h}$ 称为余隙容积比，用 C 表示。假设压缩过程 1—2 和余隙容积中剩余气体的膨胀过程 3—4 都是多变过程，且多变指数相等，均为 n，则

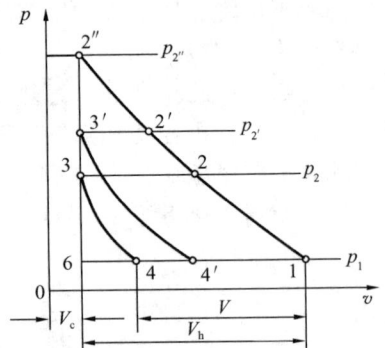

图 7-3　余隙容积
(a) p-v 图；(b) 设备简图

图 7-4　余隙容积对产气量的影响

$$\left(\frac{V_4}{V_3}\right)=\left(\frac{p_3}{p_4}\right)^{\frac{1}{n}}=\left(\frac{p_2}{p_1}\right)^{\frac{1}{n}}$$

故

$$\eta_V=1-\frac{V_c}{V_h}\left[\left(\frac{p_2}{p_1}\right)^{\frac{1}{n}}-1\right]=1-C\left[\pi^{\frac{1}{n}}-1\right]=1+C-C\pi^{\frac{1}{n}} \tag{7-4}$$

由此可见，余隙容积比 C 和多变指数 n 一定时，增压比 π 越大，则容积效率越低，且当 π 增加到某一值时，容积效率为零；当增压比 π 一定时，余隙容积比 C 越大，容积效率越低。

活塞式压气机由于结构的原因，余隙容积总是存在的。余隙容积的存在使压气机产气量减少，容积效率不可能等于 1，为了压缩相同质量气体，必然要求实际气缸的尺寸大于理想的无余隙容积时的气缸尺寸，从而增加了压气机制造和运行成本。并且随着增压比的增大，这种不利的影响越严重。因此在设计生产活塞式压气机时，都尽可能减少余隙容积，余隙容积比一般为 $2\%\sim6\%$，较好的能够小于 1%。

2. 余隙容积对压气机耗功的影响

如果图 7-3 中的 1—2 与 3—4 过程的多变指数 n 相等，则余隙容积存在时压气机消耗的功为

$$W_c=面积\ 12gf1-面积\ 43gf4=\frac{n}{n-1}p_1V_1\left[\left(\frac{p_2}{p_1}\right)^{\frac{n-1}{n}}-1\right]-\frac{n}{n-1}p_4V_4\left[\left(\frac{p_3}{p_4}\right)^{\frac{n-1}{n}}-1\right]$$

由于 $p_1=p_4$，$p_3=p_2$ 所以

$$W_c=\frac{n}{n-1}p_1(V_1-V_4)\left[\left(\frac{p_2}{p_1}\right)^{\frac{n-1}{n}}-1\right]=\frac{n}{n-1}p_1V\left[\left(\frac{p_2}{p_1}\right)^{\frac{n-1}{n}}-1\right]$$

$$=\frac{n}{n-1}mR_gT_1(\pi^{\frac{n-1}{n}}-1) \tag{7-5}$$

式中，V 是有效吸气容积；π 是增压比；m 是压气机生产的压缩气体的质量。如生产 1kg 压缩气体，式（7-5）可写为

$$w_c=\frac{n}{n-1}R_gT_1(\pi^{\frac{n-1}{n}}-1) \tag{7-5a}$$

式（7-5a）与式（7-2）比较，可见有余隙容积后，如生产增压比相同、质量相同的同种压缩气体，理论上所消耗的功与无余隙容积时相同。

综上所述，活塞式压气机余隙容积的存在，虽对压缩定量气体的理论耗功并无影响，但使容积效率降低。因此在理论上若需压缩同样数量的气体，必须使用有较大气缸的机器，这显然是不利的，而且这一有害影响将随着增压比的增大而扩大，一般取压力比 π 为 $3\sim4$。

第三节 多级压缩和级间冷却

多级压缩是将气体的压缩过程分在若干级中进行，并在每级压缩之后将气体导入中间冷却器进行冷却。

一、实行多级压缩的理由

从前节的分析已得出气体压缩以定温压缩最有利，因此应设法使压气机内气体压缩过程

的多变指数 n 减小。采用水套冷却是改进压缩过程的有效方法，但在转速高、气缸尺寸大的情况下，其作用也较小。同时，为避免单级压缩因增压比太高影响容积效率，常采用多级压缩、级间冷却的方法，以节省压缩气体的耗功，降低排气温度，提高容积效率，降低活塞上所受的气体作用力，从而使运动机构重量减轻，机械效率得以提高。但是，多级压缩不仅使压气机结构复杂，零件增多，重量增加，而且引起级间通道损失，所以级数的选择要适当。

二、两级压缩、中间冷却的压气机示例

图 7-5 表示出了两级压缩、中间冷却的系统及其工作过程。图中 e—1 为低压缸吸入气体；1—2 为低压缸气体的压缩过程；2—f 为气体排出低压缸；f—2 为压缩气体进入中间冷却器；2—$2'$ 为气体在冷却器中的定压放热过程，$T_{2'}=T_1$；$2'$—f 为冷却后气体排出冷却器；f—$2'$ 为冷却后的气体进入高压缸；$2'$—3 为高压缸中的气体的压缩过程；3—g 为压缩气体排出高压缸，输入储气筒。从图 7-5（b）可以看出，分级压缩后所消耗的功等于两个气缸所需功的总和，即等于面积 $e12fe$ 加上面积 $f2'3gf$。与不分级压缩时所需之功，即面积 $e13''ge$ 相比，采取分级压缩、级间冷却可节省图 7-5（b）中阴影部分所示的那一块面积。显然，分级越多，逐级采取中间冷却理论上可节省更多的功。

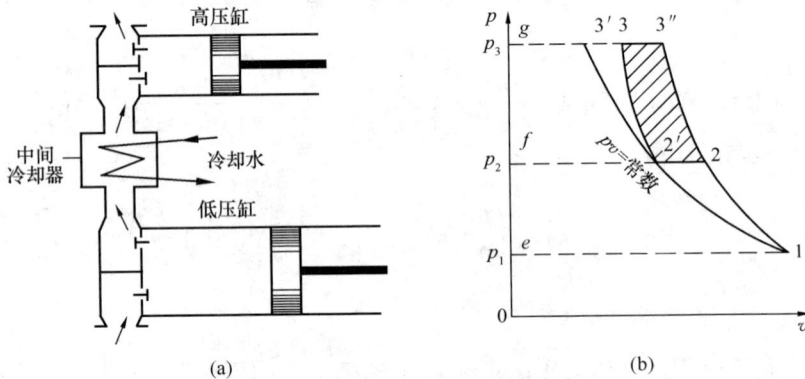

图 7-5 两级压缩、中间冷却压气机
(a) 设备简图；(b) T-s 图

采用两级压缩、级间冷却，最重要的是中间压力的选择。最有利的中间压力是使两个气缸中所消耗的功的总和为最小，中间冷却器能使气体得到最有效的冷却，即 $T_{2'}=T_1$，称为完全冷却。若设两级压缩多变指数 n 相同，则

$$w_c = w_{c,L} + w_{c,H} = \frac{n}{n-1}R_g T_1\left[\left(\frac{p_2}{p_1}\right)^{\frac{n-1}{n}}-1\right] + \frac{n}{n-1}R_g T_{2'}\left[\left(\frac{p_3}{p_2}\right)^{\frac{n-1}{n}}-1\right]$$

$$= \frac{n}{n-1}R_g T_1\left[\left(\frac{p_2}{p_1}\right)^{\frac{n-1}{n}}+\left(\frac{p_3}{p_2}\right)^{\frac{n-1}{n}}-2\right] \tag{7-6}$$

式中　$w_{c,L}$——低压缸耗功；

　　　$w_{c,H}$——高压缸耗功。

w_c 对 p_2 求导并使之等于零，可得到最有利的中间压力为

$$p_2 = \sqrt{p_1 p_3} \text{ 或} \frac{p_2}{p_1} = \frac{p_3}{p_2} \tag{7-7}$$

压气机所耗的总功为

$$w_c = \frac{2n}{n-1} R_g T_1 \left[\left(\frac{p_2}{p_1} \right)^{\frac{n-1}{n}} - 1 \right] \tag{7-8}$$

三、多级压缩和级间冷却

如果采用 m 级压缩，各级压力分别为 p_1、p_2、$\cdots$、p_m、p_{m+1}，每级中间冷却器都将气体冷却到初始温度，则使压气机消耗的总功最小的各中间压力满足

$$\frac{p_2}{p_1} = \frac{p_3}{p_2} = \cdots = \frac{p_m}{p_{m-1}} = \frac{p_{m+1}}{p_m}$$

这时，各级的增压比 π_i 相同，压气机各级耗功相同，且

$$\pi = \pi_i = \sqrt[m]{\frac{p_{m+1}}{p}}, \quad i = 1, 2, \cdots, m \tag{7-9}$$

$$w_{c,1} = w_{c,2} = \cdots = w_{c,m} = \frac{n}{n-1} R_g T_1 (\pi^{\frac{n-1}{n}} - 1) \tag{7-10}$$

压气机消耗的总功为

$$w_c = \sum_{i=1}^{m} w_{c,i} = m \frac{n}{n-1} R_g T_1 (\pi^{\frac{n-1}{n}} - 1) \tag{7-11}$$

按此原则选择中间压力有如下好处：

(1) 每级压气机所需的功相等，这样有利于压气机曲轴的平衡。

(2) 每个气缸中气体压缩后所达到的最高温度相同，这样每个气缸的温度条件相同。

(3) 每级向外放出的热量相等，而且每一级的中间冷却器向外排出的热量也相等。

分级压缩对容积效率的提高也有利，理由是：分级后，在每一级压气机中的增压比减小，使同样大的余隙容积对容积效率的有害影响大大缩小，即容积效率比不分级时要大，同时采用了中间冷却器还可以省功。

第四节　压气机的热力性能

活塞式压气机的热力性能是指排气压力、排气量、排气温度、功和效率。

1. 排气压力

压气机的排气压力通常是指最终排出压气机的气体压力。排气压力应在压气机末级排气接管处测量。多级压气机末级以前各级的排出压力称为级间压力或称为该级的排气压力。

2. 排气量

压气机的排气量，通常是指单位时间内压气机最后一级排出的气体，换算到第一级进口状态的压力和温度时的气体容积值。排气量常用的单位为 m^3/min。

3. 排气温度

压气机的排气温度是指每一级排出气体的温度，通常它在各级排气管处或阀室内测得。应该区别排气温度和压缩终了温度。排气过程中由于节流和热传导的关系，排气温度要比压缩终了温度低。一般排气温度 T_d 表示为

$$T_d = T_s \pi^{\frac{n-1}{n}} \tag{7-12}$$

式中　T_s——进气温度，K。

4. 功

压气机消耗的功，一部分是直接用于压缩气体，另一部分是用于克服机械阻力，前者称为理论耗功 w_i，后者称为摩擦耗功 w_f，需要的总功 w_z 为两者之和，称为轴功，即

$$w_z = w_i + w_f \tag{7-13}$$
$$w_i = q_m w_c$$

式中　q_m——压气机的产气量，kg/h。

5. 效率

压气机理论耗功与轴功之比为机械效率，以 η_m 表示：

$$\eta_m = \frac{w_i}{w_z} \tag{7-14}$$

根据实际压气过程是多变过程，还是接近绝热过程和定温过程，活塞式压气机的效率也相应地有绝热效率、多变效率和定温效率之分。它们分别是在相同的进气状态及出口压力条件下，可逆绝热压缩、可逆多变压缩和可逆定温压缩时消耗的功（技术功）与压气机实际消耗功之比：

绝热效率　　　　　$$\eta_{m,s} = \frac{w_{c,s}（理论）}{w_c（实际）} \tag{7-15}$$

多变效率　　　　　$$\eta_{m,n} = \frac{w_{c,n}（理论）}{w_c（实际）} \tag{7-16}$$

定温效率　　　　　$$\eta_{m,T} = \frac{w_{c,T}（理论）}{w_c（实际）} \tag{7-17}$$

叶轮式压气机常采用绝热效率来衡量其工作的优劣。根据绝热效率的定义通常是把从同一状态点 1 开始，压缩气体到相同的气体压力 p_2，可逆绝热压缩到 2 点压气机所需的功 $w_{c,s}$ 与不可逆绝热压缩到 $2'$ 所需的功 w'_c 之比称为压气机的绝热效率。如图 7-6 所示，图中 $1—2_s$ 过程为可逆绝热压缩过程，$1—2'$ 过程为不可逆绝热压缩过程。根据绝热过程的特征，叶轮式压气机的绝热效率 $\eta_{m,s}$ 具体计算式为

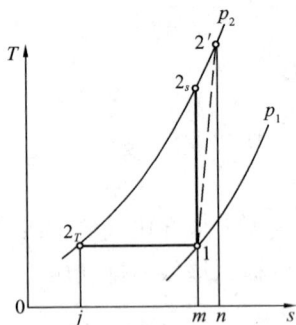

图 7-6　叶轮式压气机的压缩过程

$$\eta_{m,s} = \frac{w_{c,s}}{w'_c} = \frac{h_{2s} - h_1}{h_{2'} - h_1} \tag{7-18}$$

若为理想气体且比热容为定值，则

$$\eta_{m,s} = \frac{T_{2s} - T_1}{T_{2'} - T_1} \tag{7-19}$$

【例 7-1】　$1 m^3$ 空气由 $10^5 Pa$ 经两级压缩至 $9 \times 10^5 Pa$，中间冷却。求：（1）等压比分配时的绝热功；（2）一级压力比 $\pi_1 = 2.5$，二级压力比 $\pi_2 = 3.6$ 时的绝热功。

　　解　（1）$\pi_1 = \pi_2 = 3$

$$w_s = 2 p_1 V_1 \frac{\kappa}{\kappa - 1} [\pi^{\frac{\kappa-1}{\kappa}} - 1]$$

$$=2\times10^5\times1\times\frac{1.4}{1.4-1}(3^{0.286}-1)\times10^3=2.59\times10^2\text{（kJ）}$$

（2）$\pi_1=2.5$，$\pi_2=3.6$

$$w_s=10^5\times1\times3.5\times[(2.5^{0.286}-1)+(3.6^{0.286}-1)]\times10^3=2.60\times10^2\text{（kJ）}$$

讨论：两者相差1000J。由此可以看出各级的增压比π_i相同，耗功最少。

【例7-2】 一台两级活塞式压气机设备简图和$p\text{-}v$示功图如图7-5所示。若压气机从大气中吸入气体，进气温度为$t_1=17℃$，压力为$p_1=0.1\text{MPa}$，压气机将空气压缩到$p_3=2.5\text{MPa}$，两级压缩过程的多变指数均为$n=1.25$。试求压气机的最佳中间压力p_2、最小耗功和各级排气温度。如果采用单级压缩，则压气机的耗功和排气温度又是多少？

解 （1）两级压缩时

最佳中间压力　$p_2=\sqrt{p_1p_3}=\sqrt{0.1\times2.5}=0.5\text{（MPa）}$

低压缸增压比　$\pi_1=\dfrac{p_2}{p_1}=\dfrac{0.5}{0.1}=5$

高压缸增压比　$\pi_2=\dfrac{p_3}{p_2}=\dfrac{2.5}{0.5}=5$

压气机最小耗功　$w_c=\dfrac{2n}{n-1}R_gT_1\left[\left(\dfrac{p_2}{p_1}\right)^{\frac{n-1}{n}}-1\right]$

$$w_c=\frac{2\times1.25}{1.25-1}\times0.287\times(273+17)\times\left(5^{\frac{1.25-1}{1.25}}-1\right)=3.16\times10^2\text{（kJ/kg）}$$

低压缸排气温度　$T_2=T_1\left(\dfrac{p_2}{p_1}\right)^{\frac{n-1}{n}}=(273+17)\times5^{\frac{1.25-1}{1.25}}=400\text{（K）}=127℃$

高压缸排气温度　$T_3=T_2'\left(\dfrac{p_3}{p_2}\right)^{\frac{n-1}{n}}=(273+17)\times5^{\frac{1.25-1}{1.25}}=400\text{（K）}=127℃$

（2）单级压缩时，压气机耗功

$$w_c=\frac{n}{n-1}R_gT_1\left[\left(\frac{p_3}{p_1}\right)^{\frac{n-1}{n}}-1\right]=\frac{1.25}{1.25-1}\times0.287\times(273+17)\times\left[\left(\frac{2.5}{0.1}\right)^{\frac{1.25-1}{1.25}}-1\right]$$

$$=3.76\times10^2\text{（kJ/kg）}$$

排气温度

$$T_3'=T_1\left(\frac{p_3}{p_1}\right)^{\frac{n-1}{n}}=(273+17)\times\left(\frac{2.5}{0.1}\right)^{\frac{1.25-1}{1.25}}=552\text{（K）}=279℃$$

结论：活塞式压气机若采用分级压缩、级间冷却技术，将使得压气机消耗的功减少，如题中压气机消耗的功由单级压缩$3.76\times10^5\text{J/kg}$减小为两级压缩的$3.16\times10^5\text{J/kg}$，同时使压气机的排气温度由279℃降至127℃，显然大大地改善了设备的工作条件。

小　结

（1）压气机是使气体从较低的压力提高到较高的压力的工作机。压气机的种类有很多，结构和原理也不尽相同，但从热力学的角度看，它们都是相同的，有相同的热力学本质。因此以最能表现这一过程的活塞式压气机压缩过程为例，对气体的压缩过程进行分析，适用于各种压气机的压缩过程。

（2）从理论上分析，活塞式压气机压缩气体的过程可以有绝热过程、多变过程和定温过程。压气机压缩气体所消耗的功是过程的技术功，其中定温过程消耗的功最少，压缩后工质的温度最低，而绝热过程消耗功最大。然而定温过程在工程上几乎不能实现，工程上采用多变压缩过程，实施中努力使多变指数接近 1。

（3）实际工作的压气机必须在气缸中留有余隙容积，余隙容积的存在并不影响压气机的耗功，但使压气机的产气量减少，容积效率降低。

（4）为改善压气机的压缩过程，达到减少耗功、控制终温，尤其在增压比较大时减少滞胀容积，提高容积效率，通常采用分级压缩和中间冷却技术。

思　考　题

7-1　压气机级的理论循环和实际循环有何区别？

7-2　压气机为什么要留有余隙容积？

7-3　余隙容积对活塞式压气机工作有何影响？

7-4　在增压比 π 较大的情况下，实际活塞式压气机采用气缸夹层水套冷却，若缸内气体已能按定温过程压缩，这时是否还需要分级压缩？为什么？

7-5　采用哪种压缩过程可以使压气机所消耗的功最少？为达到省功的目的应采用哪些措施？

7-6　试推导在多变压缩时活塞式压气机的容积效率 η_V 与余隙容积比 C、增压比 π 之间的关系为 $\eta_V = 1 + C - C\pi^{\frac{1}{n}}$。式中 n 为多变指数。

习　题

7-1　某单级活塞式压气机每小时压缩空气量为 $V_1 = 140\,\text{m}^3/\text{h}$。压气机的空气进口状态参数 $p_1 = 0.1\text{MPa}$、$T_1 = 300\text{K}$，压缩后的空气压力为 $p_2 = 0.5\text{MPa}$。试分别按定温压缩、绝热压缩和多变压缩（$n = 1.2$）三种情况计算压气机所需要的功率。

7-2　某轴流式压气机每秒钟生产 20kg 压力为 0.8MPa 的压缩空气。设压气机的进口空气状态为 $p_1 = 0.1\text{MPa}$，$T_1 = 300\text{K}$，压气机的绝热效率为 $\eta_s = 0.85$，求压气机出口处压缩空气的温度，以及驱动压气机所需用的功率（压气机外部机械摩擦损失不计）。

7-3　某单级活塞式压气机，其增压比为 6，活塞排量为 0.008m^3，余隙比为 0.05，转速为 750r/min，压缩过程的多变指数为 1.3。试求其容积效率、产气量（kg/h）、消耗的理论功率（kW），气体压缩终了时的温度和压缩过程中放出的热量。已知吸入空气的温度为30℃，压力为 0.1MPa（按定值比热容计算）。

7-4　空气初态为 $p_1 = 0.1$MPa、$t_1 = 20$℃。经过三级活塞式压气机后，压力提高到12.5MPa。假定各级增压比相同，压缩过程的多变指数均为 $n = 1.3$。试求生产 1kg 压缩气体理论上应消耗的功，并求各级气缸出口温度。如果不用中间冷却器，那么压气机消耗的功和空气出口温度又是多少（按定值比热容计算）？

第八章

蒸 汽 动 力 循 环

在热机中，热能连续地转化为机械能是通过工质的热力循环实现的。热机的工作循环称为动力循环。根据工质的不同，动力循环可以分为蒸汽动力循环（如蒸汽机、蒸汽轮机的工作循环）和气体动力循环（如内燃机、燃气轮机的工作循环）两大类。利用固体、液体或气体燃料燃烧放热产生动力发电的工厂称为热力发电厂（或称为火力发电厂）。火力发电厂主要是采用水蒸气作为介质实现热能向机械能的转换。

本章主要讨论以水蒸气为工质的蒸汽动力装置循环，目的是在热力学基本定律分析的基础上研究影响循环效率的因素，探讨提高循环效率的途径。所有实际动力循环都是不可逆的，因此在分析讨论时先将实际的不可逆循环假想为理想的可逆循环，然后根据假想的可逆循环中的不可逆因素加以修正，得到实际循环的效率。

本章以提高蒸汽动力循环的热效率为主线，分析各种常用的蒸汽动力循环。在讨论蒸汽动力循环的基本形式——朗肯循环的基础上，再讨论具有中间再热的朗肯循环、给水回热加热循环、热电联产循环，最后是燃气-蒸汽联合循环。

第一节 朗 肯 循 环

从热力学第二定律可知，在相同的温度范围内以卡诺循环的热效率为最高，因此以水蒸气做工质的蒸汽动力装置当然希望循环完成卡诺循环。

一、水蒸气的卡诺循环

卡诺循环是由定温吸热、绝热膨胀、定温放热、绝热压缩四个可逆过程组成的。理论上讲，这四个过程在饱和蒸汽区域内能够实现，如图 8-1 所示的饱和蒸汽的卡诺循环（1—2—3—4—1）。

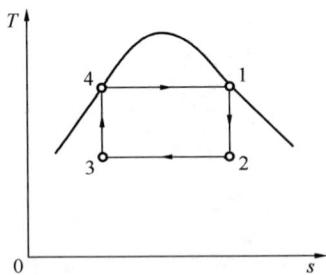

图 8-1 饱和蒸汽卡诺循环

如图 8-1 所示，4—1 是水在锅炉内定温定压吸热汽化过程；1—2 过程是蒸汽在汽轮机中绝热膨胀，对外做功过程；2—3 过程是在冷凝器中定温定压放热凝结过程；3—4 过程是湿饱和蒸汽的绝热压缩过程。这四个过程组成一个卡诺循环。

在实际工程中是不采用饱和蒸汽卡诺循环的。这是因为：①湿饱和蒸汽的绝热压缩过程（3—4 过程）中，压缩耗功很大，而且压缩汽水混合物时压缩设备的工作极不稳定；②饱和蒸汽在汽轮机中绝热膨胀时，膨胀终了时蒸汽的干度很小，对汽轮机最后几级的叶片侵蚀严重，影响汽轮机工作的安全性，汽轮机一般要求做功后的蒸汽干度不小于 $0.85 \sim 0.88$；③饱和蒸汽区内的卡诺循环即使能够实现，其热效率也不高，这是因为吸热温度 T_1 受临界温度（273.95℃）的限制，放热温度 T_2 又受到大气环境温度的限制的缘故。

微课 8-1 朗肯循环

通过饱和蒸汽的卡诺循环分析可知，这个循环在实际中很难实现，且循环热效率不高。朗肯对它进行改进形成朗肯循环。

二、朗肯循环及其热效率

朗肯循环是由苏格兰工程师及物理学家朗肯设计的。他针对饱和蒸汽的卡诺循环中吸热温度不高和做功后蒸汽干度过小等问题，采用过热蒸汽代替饱和蒸汽；而针对压缩湿蒸汽时压缩机存在的困难，使放热过程一直延伸至蒸汽全部凝结成饱和水为止。由于此时绝热压缩的只是单相水，只需结构小、耗功少的水泵，这样就构成了一个切实可行的朗肯循环。

1. 朗肯循环的组成及 $T\text{-}s$ 图

如图 8-2 （a）、（b）所示，采用朗肯循环的蒸汽动力装置主要由锅炉、汽轮机、冷凝器和给水泵组成。工质周而复始地稳定流过这四个设备，经历四个热力过程完成循环，将工质从高温热源吸取热量的一部分转变为有用功输出。

4—1 过程：未饱和水在锅炉中的定压加热过程。未饱和水在压力 p_1 下吸热变成过热蒸汽，过程中工质与外界无技术功交换，其吸热量为

$$q_1 = h_1 - h_4$$

1—2 过程：过热蒸汽在汽轮机中的绝热膨胀过程，压力由 p_1 降为 p_2，工质对外做功

$$w_t = h_1 - h_2$$

2—3 过程：排汽在冷凝器中定压定温放热，凝结成 p_2 压力下的饱和水，其放热量为

$$q_2 = h_2 - h_3$$

3—4 过程：凝结水在给水泵中的绝热升压过程，压力由 p_2 升至 p_1，给水泵耗功

$$w_P = h_4 - h_3$$

由于水的压缩性很小，压缩过程中比体积基本不变，由 $w_P = -v\int dp = v(p_1 - p_2)$，给水泵耗功相对于汽轮机输出功极小，在热力计算中一般可忽略不计。这样朗肯循环的 $T\text{-}s$ 图可以简化为图 8-3 所示。

动画 8-1 朗肯循环过程示意

动画 8-2 蒸汽动力循环

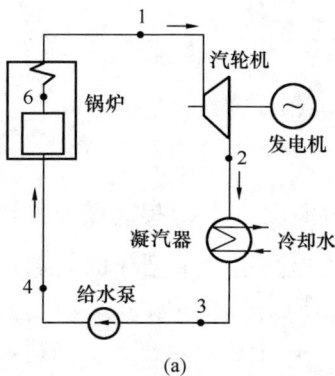

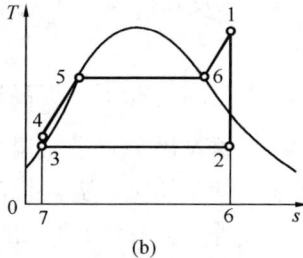

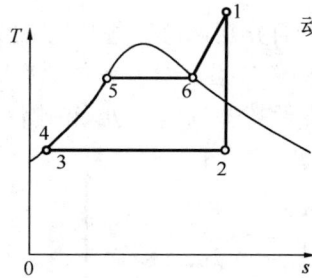

图 8-2 朗肯循环的装置

（a）系统图；（b）$T\text{-}s$ 图

图 8-3 简化后的朗肯循环

2. 朗肯循环的分析计算

朗肯循环热效率

$$\eta_{t朗肯} = \frac{w_{net}}{q_1} = \frac{w_t - w_p}{q_1} = \frac{q_1 - q_2}{q_1}$$

$$=\frac{(h_1-h_4)-(h_2-h_3)}{h_1-h_4}$$

$$=\frac{(h_1-h_2)-(h_4-h_3)}{h_1-h_4} \tag{8-1}$$

若忽略给水泵耗功，$h_3=h_4$，则循环热效率可表示为

$$\eta_{t朗肯}=\frac{h_1-h_2}{h_1-h_3} \tag{8-2}$$

除热效率外，汽耗率和热耗率也是衡量蒸汽动力装置工作好坏的重要经济指标。

汽耗率是指每做 1kWh（即 1 度电＝3600kJ）功所需的新蒸汽量，通常用 d 表示，单位为 kg/kWh。朗肯循环汽耗率为

$$d_{朗肯}=\frac{3600}{w_{net}}=\frac{3600}{h_1-h_2} \tag{8-3}$$

热耗率则是指每做 1kWh 的功所消耗的热量，通常用 q 表示，单位为 kJ/kWh，即朗肯循环热耗率为

$$q_{朗肯}=d_{朗肯}\,q_1=d(h_1-h_3) \tag{8-4}$$

综上所述，朗肯循环与卡诺循环的区别在于吸热过程全部在定压下进行，这使得朗肯循环平均吸热温度低于同温限范围内卡诺循环的吸热温度，虽然放热温度相同，朗肯循环的热效率低于同温度界限间卡诺循环的热效率。然而由于前述的诸多优点，使朗肯循环成为现代蒸汽动力装置的基本循环。

三、蒸汽参数对朗肯循环热效率的影响

由式（8-2）知，新蒸汽焓 h_1、排汽焓 h_2 和凝结水焓 h_3 的数值影响热效率 η_t 的大小，而这些焓值又是由蒸汽的初温（汽轮机进汽温度）、初压（汽轮机进汽压力）和背压（又称为终压或排汽压力）所决定的。因此有

$$\eta_{t朗肯}=\frac{h_1-h_2}{h_1-h_3}=f(p_1,T_1,p_2)$$

下面分别讨论这些蒸汽参数的变化对循环热效率的影响。

1. 进汽温度对循环热效率的影响

在保持进汽压力 p_1 和排汽压力 p_2 不变的情况下，提高进汽温度 t_1 可以提高循环的热效率。这是因为，进汽温度的提高增加了循环的高温加热段，使平均吸热温度提高，所以热效率提高。

此外，从图 8-4 所示的 $T\text{-}s$ 图上还可看出，提高进汽温度后的循环排汽状态点 2_a 的干度 x_{2a} 大于未提高进汽温度的循环排汽状态点 2 的干度 x_2，即 $x_{2a}>x_2$。这对提高汽轮机相对内效率和延长汽轮机的使用寿命都有利。

综上所述，提高进汽温度既可提高循环的热效率，又可提高排汽的干度。但是，进汽温度的提高受到材料耐热性能的限制。如过热器外面是高温烟气，里面是蒸

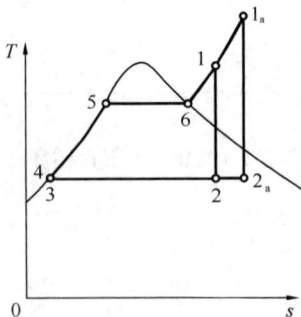

图 8-4　进汽温度对朗肯循环的影响

汽，所以过热器壁面的温度必定高于蒸汽温度，这点与燃气轮机装置和内燃机均不同。内燃机的气缸壁因为有冷却水和进入气缸的空气冷却，燃气轮机的燃烧室和叶片也都可以冷却，其材料就可以承受较高的燃气温度，如内燃机中燃气温度可高达 2000℃。与此相比，蒸汽循环由于受金属材料耐高温性能的限制，目前的材料水平下，蒸汽温度不能超过 650℃，否则必须研制和采用新材料，陶瓷就是可以用于蒸汽锅炉和蒸汽轮机的很有前途的材料之一。

2. 进汽压力对循环热效率的影响

在保持进汽温度 t_1、排汽压力 p_2 不变的情况下，提高进汽压力 p_1 可以提高循环的热效率。由图 8-5 可见，当进汽压力提高时，由于饱和温度也随着提高，使平均吸热温度提高，所以循环的热效率提高。且在原来初压较低的情况下，提高压力对循环热效率提高的影响更加明显。初始压力已经从 1922 年的 2.7MPa 发展到现在的 30MPa 以上，极大地提高了朗肯循环热效率。

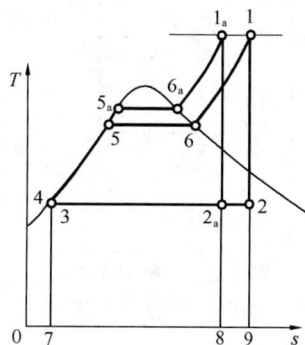

图 8-5 进汽压力对朗肯循环的影响

但随初压的提高，会使排汽干度减小，排汽中所含的水分增加，这将引起汽轮机内部效率降低。此外，水分增加将加重汽轮机最后几级叶片的侵蚀，缩短汽轮机的使用寿命，并能引起汽轮机的危险振动，故排汽干度不宜太低，一般不宜低于 0.85。在工程上常采用在提高初压的同时，也提高初温，起到既提高循环的热效率，又使排汽干度增加，满足工程需要，达到较为理想的效果。

压力和温度从来都是相关的，高温配高压、低温配低压才能获得良好的经济效益。实际上，提高压力遇到的材料机械强度问题，归根结底也是材料的耐温问题，任何材料的机械强度都是在一定温度下的机械强度，温度越高，机械强度越低。因此压力最终还是要受到温度的制约，循环最终也会受到温度的制约。

3. 排汽压力对循环热效率的影响

在保持进汽压力 p_1 和进汽温度 t_1 不变的情况下，降低排汽压力 p_2 可以提高循环的热效率。

如图 8-6 所示，保持蒸汽的初参数 p_1、t_1 不变，排汽压力 p_2 降低，平均放热温度显著降低，虽然与此同时凝结后的饱和水温度下降导致吸热时的平均温度也稍有降低，但放热温度的降低大于吸热温度的降低，因此热效率总是随排汽压力的降低而提高。但决定排汽压力的凝汽器真空压力要受到冷却水温的制约，排汽压力下的排汽温度（即该压力对应的饱和温度）必须高于大气环境温度，因而排汽温度受到大气环境温度的限制，也就是排汽压力的降低受到大气环境的限制。现代蒸汽动力装置循环的排汽压力 p_2 设计值为 0.004～0.005MPa。另外，降低排汽压力 p_2 也将使排汽干度降低，对汽轮机末级叶片工作有不利影响。

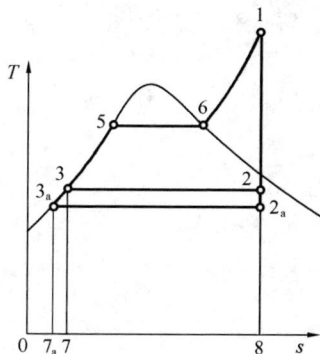

图 8-6 排汽压力对朗肯循环的影响

通过以上的分析得出结论，为了提高蒸汽动力循环的热效率，应尽可能提高蒸汽的初温和初压，并降低排汽压力。中小型火力发电厂由于蒸汽参数较低，所以热效率低。大型火力发电厂为提高热效率，正朝着大功率、超高参数方向发展。

　　总之，提高蒸汽初参数（温度和压力）是提高朗肯循环热效率的根本措施，但蒸汽参数的提高会导致设备成本的提高，从经济性的角度讲，只有同时增加设备的容量，才能降低单

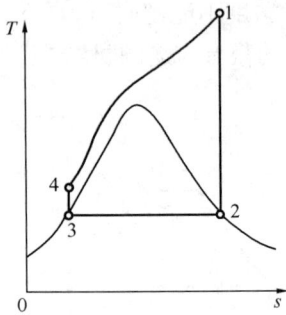

图 8-7　超临界参数
朗肯循环的 $T\text{-}s$ 图

位容量的成本。具体来说，就是增加蒸汽锅炉和蒸汽轮机单炉、单机的容量，因此发展更高参数、更大容量的蒸汽锅炉和蒸汽轮机是必然趋势。

　　如果蒸汽初参数（温度和压力）提高超过水的临界压力（22.064MPa），则在锅炉内的定压加热过程将不经过汽液相变过程，该种循环称为超临界参数朗肯循环，简称超临界循环（见图 8-7）。

　　【例 8-1】　有一蒸汽动力装置采用朗肯循环，见图 8-3。已知汽轮机进汽压力为 $p_1=4\text{MPa}$，进汽温度为 $t_1=400\text{℃}$，排汽压力 $p_2=0.01\text{MPa}$，（1）试求该循环的吸热量、做功、放热量和循环热效率。（2）若将循环的进汽温度改为 $t_1=550\text{℃}$，其他参数不改变，试求进汽温度提高后的循环吸热量、做功、放热量和循环热效率。（3）求由于进汽温度的提高使排汽干度提高了多少（不计泵功）？

　　解　（1）根据已知参数查水蒸气热力性质图和表得

　　　　$h_1=3214.5\text{kJ/kg}$，$h_2=2144\text{ kJ/kg}$，$h_3=191.8\text{kJ/kg}$，$x_2=0.8165$

　　锅炉中定压吸热量为

$$q_1=h_1-h_3=3214.5-191.8=3022.7(\text{kJ/kg})$$

　　汽轮机中定熵膨胀做的功为

$$w_t=h_1-h_2=3214.5-2144.2=1070.3(\text{kJ/kg})$$

　　冷凝器中定压凝结放热量为

$$q_2=h_2-h_3=2144.2-191.8=1952.4(\text{kJ/kg})$$

　　循环热效率为（不计泵功）

$$\eta_{t朗肯}=\frac{w_{net}}{q_1}=\frac{1070.3}{3022.7}=35.4\%$$

　　（2）提高进汽温度后，根据已知参数查水蒸气热力性质图和表得

　　　　$h_1=3559.2\text{kJ/kg}$，$h_2=2292.5\text{ kJ/kg}$，$h_3=191.8\text{kJ/kg}$，$x_2=0.8785$

　　锅炉中工质的吸热量为

$$q_1=h_1-h_3=3559.2-191.8=3367.4(\text{kJ/kg})$$

　　汽轮机中定熵膨胀的做功为

$$w_t=h_1-h_2=3559.2-2292.5=1266.7(\text{kJ/kg})$$

　　冷凝器中工质的放热量为

$$q_2=h_2-h_3=2292.5-191.8=2100.7(\text{kJ/kg})$$

　　循环热效率为（不计泵功）

$$\eta_{t朗肯}=\frac{w_{net}}{q_1}=\frac{1266.7}{3367.4}=0.376=37.6\%$$

　　（3）由于进汽温度的提高使排汽干度提高 Δx：

$$\Delta x = 0.8785 - 0.8165 = 0.062$$

从以上所得结果可以看出，提高进汽温度可使循环热效率提高，同时也使汽轮机排汽干度增加。

四、有摩擦阻力的实际循环

以上讨论的是理想的可逆循环。实际上，水和蒸汽在动力装置中的全部过程都是不可逆的，实际循环中常见的不可逆性有：锅炉内高温燃气与水、蒸汽间的温差换热，汽轮机、水泵、旋转机械的摩擦、机械传动等损失，冷凝器内饱和蒸汽与冷却水间的温差换热，工质输送中的降压和散热损失，管路、阀门、控制调节阀等损失。具体循环装置出现的不可逆性会有不同的表现形式，但是，从热力学角度分析，它们可以归纳为热力学三种典型的不可逆过程，即温差传热的不可逆过程、具有摩擦的不可逆过程和节流的不可逆过程。

在上面的三种不可逆中，蒸汽经过汽轮机的绝热膨胀与理想可逆过程的差别较为显著。以朗肯循环为例，下面讨论仅考虑汽轮机中有摩擦阻力损耗的实际循环。

如果考虑汽轮机中的不可逆损失，则理想循环中的可逆绝热过程 1—2 将变为不可逆过程 $1—2_{act}$，如图 8-8 (a)、(b) 所示。这样蒸汽经过汽轮机时实际所做的技术功为

$$w_{t,act} = h_1 - h_{2,act} = (h_1 - h_2) - (h_{2,act} - h_2) \tag{8-5}$$

汽轮机内蒸汽实际做功 $w_{t,act}$ 与理论做功 w_t 的比值称为汽轮机的相对内效率，以 η_{ri} 表示，则

$$\eta_{ri} = \frac{w_{t,act}}{w_t} = \frac{h_1 - h_{2,act}}{h_1 - h_2} \tag{8-6}$$

$$h_{2,act} = h_2 + (1 - \eta_{ri})(h_1 - h_2) = h_2 + (1 - \eta_{ri})\Delta h_0$$

式中，$\Delta h_0 = h_1 - h_2$，称为理想绝热焓降。

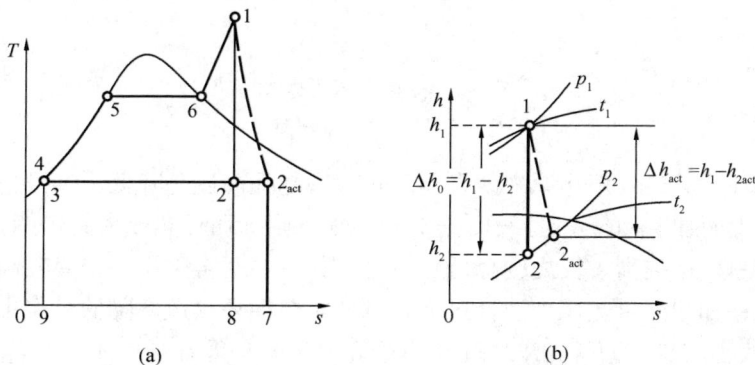

图 8-8 汽轮机中的不可逆过程
(a) T-s 图；(b) h-s 图

近代大功率汽轮机的相对内效率在 0.85～0.92 之间。

比较以蒸汽为工质的卡诺循环和朗肯循环可知，同温度界限间朗肯循环热效率低于卡诺循环热效率。这主要是因为朗肯循环的吸热过程是由液体加热段、汽化段和过热段组成，而且吸热量的分配较多地集中在前两个吸热温度低的加热段上，从而就对朗肯循环的平均吸热温度的提高造成了困难。在难以根本解决液体加热段温度低这个缺陷的情况下，要更大幅度

地提高蒸汽动力循环热效率，必须进一步寻找改进朗肯循环的途径。

第二节 再 热 循 环

如上节所述，提高蒸汽的初压力，可以提高循环的热效率，但与此同时，除非蒸汽的初温也一起升高，否则蒸汽在汽轮机内膨胀终了的干度将大为降低，汽轮机最后几级叶片会受到夹带大量水滴的蒸汽的冲击而引起侵蚀。但初温的提高又常常受到金属耐温性能的限制，不能过高。为了在提高蒸汽初压时排汽干度不致过低，可以采用蒸汽中间再热循环。

一、再热循环组成

再热循环是在朗肯循环的基础上进行改进的。新蒸汽在汽轮机中膨胀做功到某一中间压力后被引出汽轮机，然后被引入到锅炉的再热器使之再吸热，其温度提高后再被引入汽轮机继续膨胀到背压。

图 8-9（a）、（b）为中间再热循环的装置系统图和 T-s 图。与朗肯循环相比，再热循环中工质的吸热过程在原有 4—5—6—1 上增加了 7—$1'$ 吸热过程，而膨胀过程也变为 1—7 和 $1'$—$2'$ 两个过程，排汽干度由 x_2 变为 $x_{2'}$。

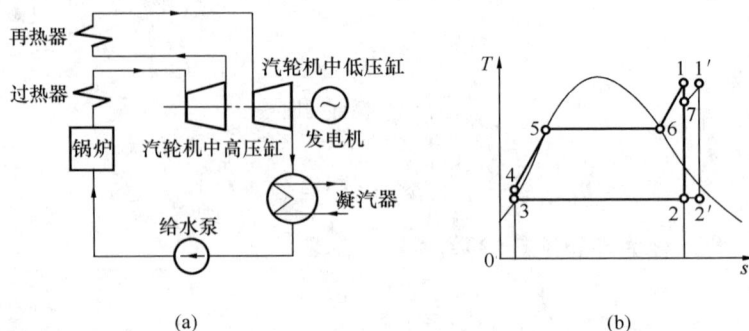

微课 8-3/动画 8-3
再热循环

图 8-9 再热循环的装置
（a）系统图；（b）T-s 图

采用再热循环后其热效率比原来朗肯循环热效率是提高还是降低了？可把再热循环看成原朗肯循环基础上附加了循环 7—$1'$—$2'$—2—7。如果附加循环热效率高于朗肯循环热效率，则能够使循环的总效率提高，反之则降低。可见，如果中间再热压力选择较高，则能使再热循环热效率提高；如中间再热压力选择过低，则使再热循环热效率降低。但中间再热压力选得高时对 x_2 的改善较少，而且如果中间压力过高时，附加循环与基本循环相比所占比例甚小，这样即使其热效率很高但对整个循环热效率提高也不大。因此中间再热压力的选择要遵循排汽干度在规定允许的范围内，以及热效率最高的原则。目前我国采用再热循环的火力发电厂，其中间再热压力一般为进汽压力的 20%～30%。

二、再热循环的分析计算

再热循环中，工质从锅炉的省煤器、蒸发受热面、过热器中吸收的热量为 $q'_1 = h_1 - h_4$，从锅炉再热器中吸收的热量为 $q''_1 = h_{1'} - h_7$，因此循环中工质的总吸热量为

$$q_1 = q'_1 + q''_1 = h_1 - h_4 + h_{1'} - h_7 \tag{8-7}$$

在定熵膨胀过程 1—7 中，工质在汽轮机高压缸中所做轴功为 $w_{ht} = h_1 - h_7$，定熵膨胀过程

$1'$—$2'$中，工质在汽轮机低压缸中所做轴功为 $w_{lt}=h_{1'}-h_{2'}$，因此工质在汽轮机中做的总功为

$$w_t=w_{ht}+w_{lt}=h_1-h_7+h_{1'}-h_{2'} \tag{8-8}$$

再热循环的热效率（不计泵功）为

$$\eta_{t再热}=\frac{w_{net}}{q_1}=\frac{w_t}{q_1}$$

$$\eta_{t再热}=\frac{(h_1-h_7)+(h_{1'}-h_{2'})}{(h_1-h_4)+(h_{1'}-h_7)} \tag{8-9}$$

从热力学观点来说，若用很多级再热，就趋近于定温吸热，但由于再热器及往返管道中蒸汽的节流使单位工质做功能力降低，且管路复杂使运行不便。因此蒸汽动力循环一般只采用一级再热，只有在初参数高，且采用二级再热经济性合理时才考虑增加再热级数。表 8-1 列出了国产再热机组参数。

表 8-1   **国产再热机组参数**

单机容量/MW	125	200	300	600	1000
蒸汽初压/MPa 和蒸汽初温/℃	13.5/550	13.0/535	16.7/538	16.5/535	26.25/605
再热压力/MPa 和再热温度/℃	2.6/550	2.5/535	3.5/538	3.6/535	4.79/603

【例 8-2】 有一蒸汽再热循环如图 8-9 所示。已知参数 $p_1=13.5\text{MPa}$，$t_1=550℃$，背压为 5kPa。蒸汽在汽轮机内膨胀到 2.5MPa 时被引入到锅炉再热器中再热到 550℃，然后回到汽轮机中继续膨胀到背压。求：（1）由于再热使排汽干度增加了多少？（2）再热后循环热效率提高了多少？（3）循环的汽耗率和热耗率。

解 根据已知参数在 h-s 图上及水蒸气表上查得

$h_1=3458\text{kJ/kg}$，$h_2=2007\text{kJ/kg}$，$h_4=h_3=137.77\text{kJ/kg}$，$x_2=0.77$

$h_7=2972\text{kJ/kg}$，$h_{1'}=3564\text{kJ/kg}$，$h_{2'}=2284\text{kJ/kg}$，$x_{2'}=0.884$

（1）再热后干度提高

$$\Delta x=x_{2'}-x_2=0.114$$

（2）再热循环热效率为

$$\eta_{t再热}=\frac{(h_1-h_7)+(h_{1'}-h_{2'})}{(h_1-h_3)+(h_{1'}-h_7)}$$

$$=\frac{(3458-2972)+(3564-2284)}{(3458-137.77)+(3564-2972)}=0.4514=45.14\%$$

同参数朗肯循环热效率为

$$\eta_{t朗肯}=\frac{h_1-h_2}{h_1-h_3}=\frac{3458-2007}{3458-137.77}=43.7\%$$

采用再热使循环热效率相对提高，即

$$\frac{\eta_{t再热}-\eta_{t朗肯}}{\eta_{t朗肯}}=3.3\%$$

（3）再热循环汽耗率为

$$d_{再热} = \frac{3600}{w_t} = \frac{3600}{(h_1 - h_7) + (h_{1'} - h_{2'})}$$

$$= \frac{3600}{(3458 - 2972) + (3564 - 2284)} = 2.039 (kg/kWh)$$

热耗率为

$$q_{再热} = d_{再热} \left[(h_1 - h_3) + (h_{1'} - h_7) \right]$$

$$= 2.039 \times \left[(3458 - 137.77) + (3564 - 2972) \right]$$

$$= 7977.04 (kJ/kWh)$$

第三节　回　热　循　环

微课 8-4　回热
循环

回热循环利用蒸汽回热对水进行加热，消除朗肯循环中水在较低温度下从外热源吸热的不利影响，以提高循环热效率。

一、抽汽回热循环的组成

工程上采用的回热方式是从汽轮机的适当部位抽出尚未完全膨胀的压力、温度相对较高的少量蒸汽去加热低温凝结水。这部分抽汽没有经过冷凝器，因而没有向冷源放热，但是加热了凝结水，达到了回热的目的，这种循环称为抽汽回热循环。

实际蒸汽动力循环采用从汽轮机各段中抽出若干股在汽轮机中做过部分功的蒸汽，逐级加热锅炉给水，这种循环方式称为分级抽汽回热循环。循环中从进入汽轮机的 1kg 新蒸汽中抽出的蒸汽份额称为抽汽率，用 α 表示。现代大中型蒸汽动力装置毫无例外地均采用回热循环，抽汽的级数从 2、3 级到 7、8 级，参数越高、容量越大的机组，回热级数越多。

为了分析上的方便，以一级抽汽回热循环为例进行讨论。且将抽出的蒸汽直接和给水混合，并将给水加热到与抽气压力相对应的饱和温度。其计算原则同样适用于多级抽汽回热循环。

如图 8-10 所示，每千克状态为 1 的新蒸汽进入汽轮机，绝热膨胀到状态 01（p_{01}，t_{01}）

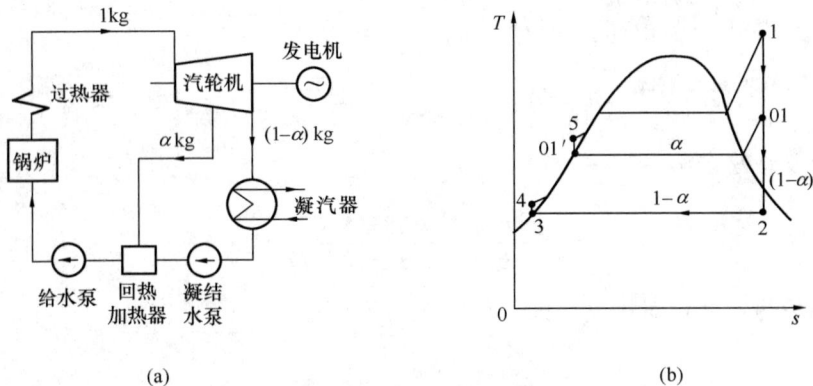

图 8-10　抽汽回热循环的装置

(a) 系统图；(b) T-s 图

后，即从汽轮机中抽出 αkg，将之引至回热加热器。剩下的 $(1-\alpha)$ kg 蒸汽在汽轮机内继续膨胀到状态 2，然后进入冷凝器，被冷却凝结成水 3，再经凝结水泵升压后进入回热加热器。在其中被 αkg 的抽汽加热成饱和水，并与 αkg 蒸汽凝结的水汇成 1kg 状态为 $01'$ 的饱和水，然后被给水泵加压后进入锅炉，汽化、过热成新的蒸汽，完成循环。

从上面的描述可知，回热循环中，工质经历不同过程时有质量的变化，因此 T-s 图上的面积不能直接代表 1kg 工质的过程热量。尽管如此，T-s 图对分析回热循环仍是十分有用的工具。

二、回热循环的分析计算

回热循环的计算，首先要确定抽汽率 α，它可以从回热加热器的热平衡方程式及质量守恒式确定。图 8-11 是混合式回热加热器，其热量平衡方程为

$$(1-\alpha)(h_{01'}-h_4)=\alpha(h_{01}-h_{01'})$$

若不计泵功，则 $h_4=h_3$，可得

$$\alpha=\frac{h_{01'}-h_3}{h_{01}-h_3} \tag{8-10}$$

循环净功为

$$w_{\text{net}}=(h_1-h_{01})+(1-\alpha)(h_{01}-h_2)$$
$$=(1-\alpha)(h_1-h_2)+\alpha(h_1-h_{01})$$

从热源吸入的热量为

$$q_1=h_1-h_{01'}$$

循环热效率为

$$\eta_{\text{t回热}}=\frac{w_{\text{net}}}{q_1}=\frac{(h_1-h_{01})+(1-\alpha)(h_{01}-h_2)}{h_1-h_{01'}} \tag{8-11}$$

一级抽汽回热循环与同参数朗肯循环的不同之处在于水在锅炉里的起始加热温度提高了，而且 αkg 的蒸汽在做了一部分功后不再向外热源放热，向外热源放热的只有 $(1-\alpha)$ kg 蒸汽。因此，循环中工质自热源吸热量、向冷源放热量及循环净功都比朗肯循环的对应量小。但由于工质平均吸热温度提高，平均放热温度不变，故循环热效率提高。

应该特别指出，式中抽汽率的大小不是可以任意选取的，而是由回热器的热平衡所规定的。即抽出 αkg 蒸汽恰好将状态 3 的 $(1-\alpha)$ kg 的水加热到状态 $01'$ 的饱和水，且抽汽也全部凝结为相应状态的饱和水。如果抽汽率大，则在回热器中有一部分蒸汽不能凝结；如果抽汽率小，则回热器内的未饱和水不可能被加热到饱和水，这样都将会使循环热效率下降。

采用抽汽回热，能显著提高循环热效率，但由于增加了回热加热器、管道、阀门及水泵等设备，使系统更加复杂，而且增加了投资。但这方面的耗费可由下列优点而得到部分补偿。

（1）由于工质吸热量减少，锅炉热负荷降低，因而可减少受热面，节省金属材料。

（2）由于汽耗率增大，使汽轮机高压端的蒸汽流量增大，而低压端因抽汽使流量减小，这样有利于汽轮机设计中解决第一级叶片太短和最末级叶片太长的矛盾，提高单机效率。

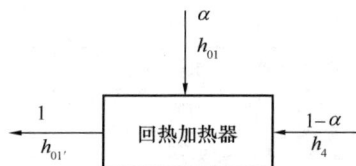

图 8-11　混合式回热加热器

（3）由于进入冷凝器的乏汽量减小，可减少冷凝器的换热面积，节省金属材料。

综上所述，采用回热循环利大于弊，故现代大中型蒸汽动力装置都采用回热循环。当然抽汽级数越多，循环热效率就越高。但抽汽级数过多会使系统过于复杂，维护困难，成本增加。所以，回热级数的选择应从经济、技术角度综合加以考虑。现代蒸汽动力装置实际多采用 3~8 级，最佳给水温度为锅炉压力下饱和温度的 0.65~0.75。国产机组采用的回热参数如表 8-2 所示。在采用大型机组的现代蒸汽轮机电厂中，广泛采用一次再热与多级抽汽回热的循环。

表 8-2   国产机组采用的回热参数

循环初参数 $(p/\text{MPa})/(t/℃)$	3.5/435	9.0/535	13.5/550/550	16.5/550/550
给水温度/℃	150~170	220~230	230~250	250~270
回热级数/级	3~5	5~7	6~8	7~8

【例 8-3】 有一蒸汽回热循环如图 8-10 所示。汽轮机进口蒸汽参数为 $p_1=2.6\text{MPa}$，$t_1=420℃$，背压为 $p_2=0.004\text{MPa}$。已知抽汽压力 $p_{01}=0.12\text{MPa}$，求循环的抽汽率、热效率、汽耗率和热耗率，并与同参数朗肯循环加以比较（忽略水泵消耗功）。

解 由已知参数查 h-s 图和水蒸气表得

$$h_1=3283\text{kJ/kg}, \ h_{01}=2604\text{kJ/kg}, \ h_{01'}=439.36\text{kJ/kg}$$
$$h_2=2144\text{kJ/kg}, \ h_3=121.41\text{kJ/kg}$$

由热平衡方程式得抽汽率

$$\alpha=\frac{h_{01'}-h_3}{h_{01}-h_3}=\frac{439.36-121.41}{2604-121.41}=0.128$$

回热循环热效率为

$$\eta_{t回热}=\frac{\alpha(h_1-h_{01})+(1-\alpha)(h_1-h_2)}{h_1-h_{01'}}$$
$$=\frac{0.128\times(3282-2604)+(1-0.128)\times(3283-2144)}{3283-439.36}$$
$$=38\%$$

回热循环汽耗率

$$d_{回热}=\frac{3600}{\alpha(h_1-h_{01})+(1-\alpha)(h_1-h_2)}$$
$$=\frac{3600}{0.128\times(3283-2604)+(1-0.128)\times(3283-2144)}$$
$$=3.3(\text{kg/kWh})$$

回热循环热耗率

$$q_{回热}=d_{回热}(h_1-h_{01'})$$
$$=3.3\times(3283-439.36)=9384.01(\text{kJ/kWh})$$

同参数朗肯循环热效率、汽耗率、热耗率分别为

$$\eta_{t朗肯}=\frac{h_1-h_2}{h_1-h_3}=\frac{3283-2144}{3283-121.41}\times100\%=36\%$$

$$d_{朗肯}=\frac{3600}{h_1-h_2}=\frac{3600}{3283-2144}=3.16(\text{kg/kWh})$$

$$q_{朗青} = d_{朗青}(h_1 - h_3)$$
$$= 3.16 \times (3283 - 121.41) = 9990.62 (\text{kJ/kWh})$$

由上例可知，采用回热以后，循环的热效率提高，汽耗率增加，热耗率降低。

多级回热循环的规律在应用中有实用价值。采用多级回热器时，其计算方法步骤与单级是一样的，细节上有些差别，下面通过例题讨论说明。

【例 8-4】 有一个两级抽汽回热循环如图 8-12 所示。新蒸汽参数 $p_1 = 4\text{MPa}$，$t_1 = 400℃$。第一级抽汽压力 $p_{01} = 0.8\text{MPa}$，第二级抽汽压力 $p_{02} = 0.1\text{MPa}$，汽轮机排汽压力为 0.005MPa，忽略水泵耗功。试求两级抽汽率 α_1、α_2、吸热量、热效率、汽耗率、热耗率。

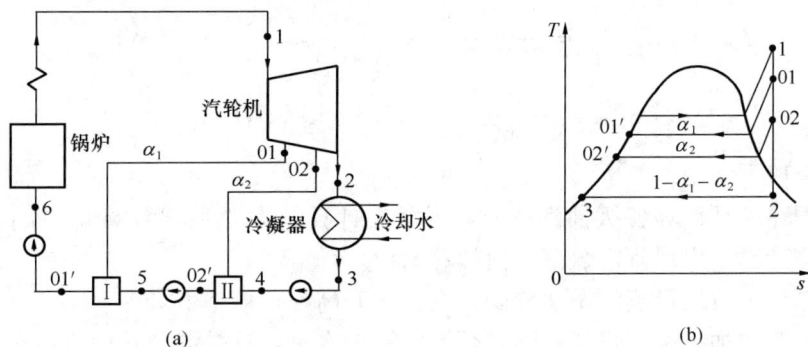

图 8-12　两级抽汽回热循环的装置

（a）系统图；（b）$T\text{-}s$ 图

解　由已知参数查 $h\text{-}s$ 图和水蒸气表得

$h_1 = 3217\text{kJ/kg}$，$h_{01} = 2820\text{kJ/kg}$，$h_{01'} = 721.93\text{kJ/kg}$，$h_{02} = 2458\text{kJ/kg}$，

$h_{02'} = 417.5\text{kJ/kg}$，$h_2 = 2065\text{kJ/kg}$，$h_3 = 137.77\text{kJ/kg}$

（1）抽汽率计算。

第 I 级抽汽率计算示意如图 8-13 所示。

$$\alpha_1 h_{01} + (1 - \alpha_1)h_{02'} = 1 \times h_{01'}$$

$$\alpha_1 = \frac{h_{01'} - h_{02'}}{h_{01} - h_{02'}} = \frac{721.93 - 417.5}{2820 - 417.5} = 0.1267$$

第 II 级抽汽率计算示意如图 8-14 所示。

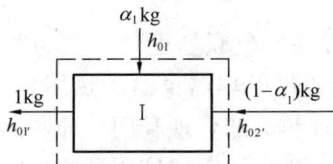

图 8-13　第 I 级抽汽率计算示意

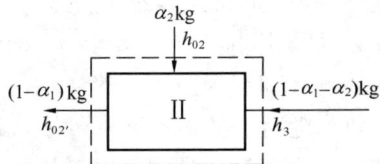

图 8-14　第 II 级抽汽率计算示意

$$\alpha_2 h_{02} + (1 - \alpha_1 - \alpha_2)h_3 = (1 - \alpha_1)h_{02'}$$

$$\alpha_2 = \frac{(1 - \alpha_1)(h_{02'} - h_3)}{h_{02} - h_3} = \frac{(1 - 0.1267) \times (417.5 - 137.77)}{2458 - 137.77} = 0.1053$$

（2）循环吸热量、放热量及热效率分别为

$$q_1 = h_1 - h_{01'} = 3217 - 721.93 = 2495.07 \text{ (kJ/kg)}$$

$$q_2 = (1 - \alpha_1 - \alpha_2)(h_2 - h_3)$$

$$= (1 - 0.1267 - 0.1053) \times (2065 - 137.77) = 1480.10 \text{ (kJ/kg)}$$

$$\eta_{t回热} = 1 - \frac{q_2}{q_1} = 1 - \frac{1480.10}{2495.07} = 0.4068 = 40.68\%$$

（3）汽耗率、热耗率分别为

$$d_{回热} = \frac{3600}{q_1 - q_2} = \frac{3600}{2495.07 - 1480.10} = 3.55 (\text{kg/kWh})$$

$$q_{回热} = \frac{3600}{0.4068} = 8849.56 (\text{kJ/kWh})$$

通过上例有以下结论：

（1）多级回热循环计算各级抽汽率时，通常先计算 α_1，然后再计算 α_2、α_3、…，这样可以避免抽汽率计算中出现待定数值，使计算简便。

（2）回热循环单位质量蒸汽做功减少，汽耗率升高，热耗率下降。

（3）系统中若增加一级加热器，则必须增加一台水泵，这是混合式加热器在系统中连接维持正常工作所要求的。

第四节　热电联产循环

微课 8-5　热电联产循环

在蒸汽动力循环中提高初参数，降低终参数，采用再热、回热等措施，可一定程度上提高热效率。但现代蒸汽动力装置的循环热效率通常低于 40%，也即燃料所释放的热量有一半多没有得到利用。其中最主要的是由于排汽在冷凝器内凝结时释放给冷却水大量的热量，当然，其中与环境温度相平衡的那部分热量的损失是热功转换过程中不可避免的。与此同时，工业上的各种工艺过程以及生活采暖需要大量的温度较低的热能，对这些需要低品位热能的热用户，若直接使用高品位热能（如燃料燃烧所产生的高温热能），是热能利用上的一种极大浪费。为了减少这种浪费，就必须在热能由高品位降至低品位的过程中充分利用其所具有的做功能力。热电联产循环就是为实现这一节能任务而提出的一种既发电又供热的循环。

图 8-15 是采用排汽压力高于 0.1MPa 的背压式汽轮机的热电联产循环，它与凝汽式蒸汽动力循环的区别在于循环放热量不再弃之于环境，而是通过换热器供给了热用户。显然，其循环热效率随背压的提高而降低了，但由于热电联产实现热能的合理利用，即利用了已经做过功的，所含能量的品位已接近热用户需要的低位热能，避免了直接使用高位热能供热而造成的可用能的损失。因此对热电联产循环经济性的衡量，除了循环热效率以外，还应由能量利用系数 K 来反映

$$K = \frac{\text{被利用的热量}}{\text{工质从高温热源吸取的热量}}$$

理论上，工质在循环中吸取的热量，一部分转变为功，另一部分以热能提供给热用户，$K=1$。但实际上，由于各种损失，K 一般在 70% 左右。

背压式汽轮机的热电联产循环能量利用系数高，且结构简单，但由于供热的工质全部通过汽轮机做功，供热量与供电量相互牵制，无法单独调节，难以适应热/电用户的不同要求。为了克服这个缺点，可将背压式汽轮机和凝汽式汽轮机结合为一体，形成图 8-16 所示的可调节抽汽式汽轮机。它可以提供各种不同压力的抽汽来满足对热能品位要求不同的各类热用户，热效率高，且供热蒸汽量的变动对电能生产影响小，是目前热电厂所普遍采用的一种装置。

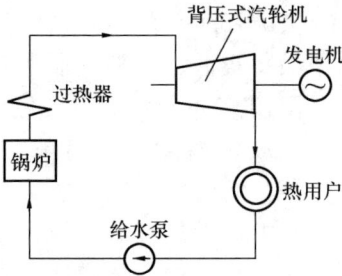

图 8-15　背压式汽轮机
的热电联产循环

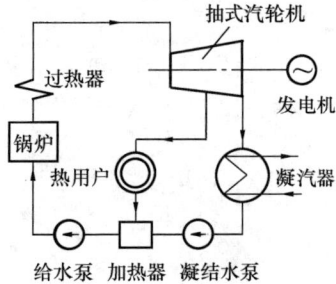

图 8-16　可调节抽汽式
汽轮机的热电联产循环

*第五节　燃气-蒸汽联合循环

蒸汽动力装置的发展和进步一直是沿着提高参数的方向前进的。目前超临界参数发电机组已经在安全运行，与朗肯循环比较，超临界循环的热效率有明显提高，但是与同温度区间内的卡诺循环比较，因其平均吸热温度较低，故其热效率仍远远低于同温限间的卡诺循环。

通过改变工质热力性质的方法也能提高循环性能，若能找到一种理想工质，使得能够在金属的耐温极限和大气环境温度之间实现或接近实现卡诺循环，克服蒸汽卡诺循环的缺陷，则可以提高循环热效率。理想工质应具有如下特性：①具有优良的高温特性；②具有优良的低温特性；③具有优良的饱和液体特性；④具有优良的饱和蒸汽特性；⑤具有优良的工程可用性。到目前，还找不到一种完全符合这些特性的实际工质，所以就采用两种具有单一优良特性的工质组合运行或者联合循环的方法，以提高循环热效率。一般把具有优良高温特性的工质作为高温区的工质，把具有优良低温特性的工质作为低温区的工质。两汽（气）循环和燃气-蒸汽联合循环是这一方法的两个例子。其中，燃气-蒸汽联合循环由于技术成熟，成本较低，得到了更广泛的应用。

两汽（气）循环是两种工质联合运行的蒸汽循环。汞、水两汽（气）循环的 $T\text{-}s$ 图如图 8-17 所示，图中 1_a—2_a—3_a—5_a—1_a 是汞循环，1—2—3—5—6—1 为水循环。

汞的循环参数为 $p_{1a}=1.962\text{MPa}$，$t_{1a}=582.4℃$，$p_{2a}=$

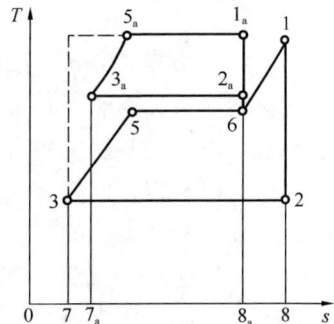

图 8-17　两汽（气）循环

9.81kPa，$t_{2a}=249.6℃$。水的循环参数为 $p_1=3.5$MPa，$t_6=242.54℃$，$p_2=4$kPa，$t_2=28.98℃$。此时，汞-水两汽（气）循环的热效率可达到 $50\%\sim60\%$，约为相同温度界限的卡诺循环热效率的 $90\%\sim95\%$。

燃气-蒸汽联合循环是以燃气为高温工质、蒸汽为低温工质，用燃气轮机的排气作为蒸汽轮机装置循环的加热源的联合循环。

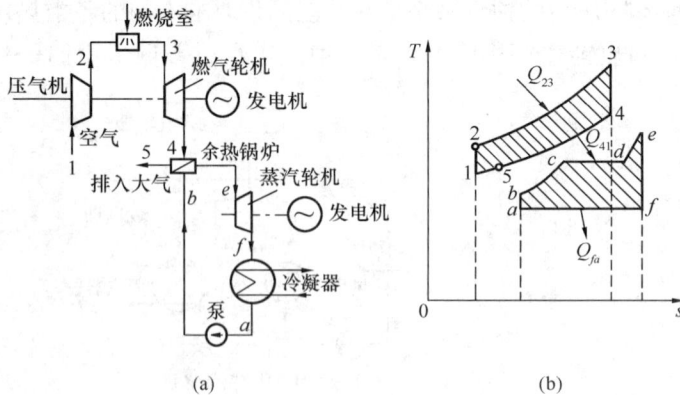

图 8-18　燃气-蒸汽联合循环的装置
(a) 系统图；(b) T-s 图

目前，燃气轮机装置循环中，燃气轮机的进气温度虽高达 $1000\sim1300℃$，但排气温度在 $400\sim650℃$ 范围内，故其循环热效率较低。而蒸汽动力循环的上限温度不高，极少超过 $600℃$，但放热温度约为 $30℃$，却很理想。若将燃气轮机的排气作为蒸汽循环的加热源，则可充分利用燃气排出的能量，使联合循环的热效率有较大的提高。目前，如采用回热和再热的措施，这种联合循环的实际热效率可达 $47\%\sim57\%$。图 8-18 为燃气-蒸汽联合循环的例子，是简单燃气轮机装置定压加热循环和简单朗肯循环的组合。在理想情况下，燃气轮机装置定压放热量 Q_{41} 可全部由余热锅炉予以利用，产生水蒸气。所以，理论上整个联合循环的加热量即为燃气轮机装置的加热量 Q_{23}，放热量即为蒸汽轮机装置循环的放热量 Q_{fa}，因此联合循环的热效率为

$$\eta_t=1-\frac{Q_{fa}}{Q_{23}}$$

实际上，仅有过程 4—5 排放的热量得到利用，过程 5—1 仍为向大气放热，故其热效率应为

$$\eta'_t=1-\frac{Q_{fa}+Q_{51}}{Q_{23}}$$

小　结

分析热力循环的根本目的就是在热力学基本定律的基础上分析循环的能量转换经济性，找出影响循环热效率的主要因素及提高该循环经济性指标的可能措施，以指导实际损失的部位、大小、原因以及提供改进的办法。

综合本章内容，提高蒸汽动力循环性能的方法归纳如下。

(1) 改变循环参数的方法：在既定的循环下通过有限的"量变"来达到提高循环热效率的目的。而且这些"量变"都会受到一定极限的限制。具体来说，就是通过提高蒸汽的初温、初压及降低背压来提高 η_t。如果蒸汽的初参数（温度和压力）提高后超过水的临界压力（22.064MPa），则循环称为超临界循环。提高蒸汽初温、初压最终都会受到材料承受极

限温度和承压的限制，降低背压会受到环境温度的限制。

（2）改变循环自身的方法：针对循环与卡诺循环的差距进行改进，使循环尽量接近卡诺循环，这才是改进循环、提高循环性能、使循环发生"质变"的根本途径。

1）再热循环。再热能提高循环热效率的关键是再热压力的选择，只要选择不太低的再热压力就可以提高循环的热效率。此外，通过再热还可以提高乏汽干度，对蒸汽轮机正常运行有利。再热还降低了汽耗率，减少了一次性投资。再热给朗肯循环带来的唯一的缺点是使系统复杂，不仅设备增加了复杂性，操作运行也增加了复杂性。

2）回热循环。回热是采用抽汽回热的办法回热给水，提高锅炉给水的温度，从而提高工质的平均吸热温度，使循环热效率提高。抽汽回热级数越多，回热器中的加热温差越小，回热器中的传热不可逆就越小，循环热效率就越高。回热的本质在于减少了传热温差，从而减少了不可逆性，提高了热效率。

回热与再热的不同：再热是通过提高高温段的平均吸热温度来提高热效率的，回热是通过提高低温段的平均吸热温度来提高热效率的。

3）联合循环。通过改变工质热力性质的方法也能提高循环性能，目前还找不到一种完全符合理想工质特性的实际工质，所以就采用两种具有单一优良特性的工质组合运行或者说是联合循环的方法，以提高循环热效率。

（3）能量综合利用的方法：采用既考虑发电又考虑供热的热电循环，将做功（发电）与供热进行优化组合，以提高循环的能量利用系数 K。在具体的热电循环应用中，主要有背压式机组热电循环和抽汽式机组热电循环两种方式。注意评价这种循环的经济性指标有热效率 η_t、能量利用系数 K，两者应综合考虑，都不能太低。

（4）减少循环不可逆性的方法：在实际朗肯循环中尽量提高汽轮机效率和水泵效率，以减少汽轮机膨胀过程和水泵升压过程的不可逆损失。

上述四种改进蒸汽动力循环的方法中，实际上是卡诺循环热效率对热机的指导意义的方法在本章的具体应用。

思 考 题

8-1 蒸汽动力循环的基本循环为什么不是卡诺循环而是朗肯循环？

8-2 画出发电厂蒸汽动力循环的郎肯循环的系统图和 $T\text{-}s$ 图，并分析机组参数改变对郎肯循环的热效率有哪些影响？受到哪些限制？

8-3 蒸汽动力循环热效率不高的原因是凝汽器放热损失大，能否取消凝汽器而用压缩机将乏汽升压送回锅炉？

8-4 画出一级再热蒸汽动力循环的系统图和 $T\text{-}s$ 图，并简要分析该循环的特点？

8-5 蒸汽中间再热的主要作用是什么？能否通过再热提高循环热效率？什么条件下中间再热才能对提高热效率有好处？

8-6 画出一级抽汽回热循环的系统图和 $T\text{-}s$ 图，并写出该循环的优点？

8-7 抽汽回热循环采用抽取做功蒸汽加热给水，是否因蒸汽少做了功，而降低循环热效率？

8-8 给水回热加热相当于电厂内部供热，那么能否和背压式汽轮机一样将全部排汽用于加热给水？

8-9　采用抽汽回热循环的目的是什么？为什么要采用分级加热？是否抽汽次数越多越好？

8-10　画出发电厂背压式热电合供循环的系统图，并分析该循环和郎肯循环相比的不同？并说明该循环的特点？

8-11　热电循环的优点在于可以提高循环的热效率，这种说法是否正确，为什么？用什么参数才能正确评价其经济性？

8-12　蒸汽动力循环中，如何理解热力学第一定律、热力学第二定律的指导作用？

8-13　什么是燃气-蒸汽联合循环？与蒸汽动力循环相比具有什么特点？

8-14　某蒸汽动力循环由一次再热、一级回热组成。回热器为混合式，泵功忽略不计。(1) 画出循环的 T-s 图和 h-s 图；(2) 列出循环加热量、放热量、做功量和热效率的计算式。

习　题

8-1　某蒸汽动力装置按朗肯循环工作。汽轮机的进口参数为 $p_1 = 10\text{MPa}$，$t_1 = 540℃$，排汽压力 $p_2 = 5\text{KPa}$。求：(1) 循环热效率；(2) 循环的汽耗率；(3) 相同温度范围的卡诺循环热效率。（泵功忽略不计）

8-2　一朗肯循环的蒸汽初温 $t_1 = 500℃$，排汽压力 $p_2 = 5\text{kPa}$。当初压分别为 5MPa 及 10MPa 时，试求它们的循环热效率并分析结果。（泵功忽略不计）

8-3　朗肯循环的进汽压力 $p_1 = 13.6\text{MPa}$，排汽压力 $p_2 = 5\text{kPa}$，计算若初温为 535℃、550℃ 和 600℃ 时循环热效率并分析结果。（泵功忽略不计）

8-4　按朗肯循环工作的蒸汽，其初参数为 16.5MPa、550℃。试计算在不同排汽压力下 $p_2 = 4$、6、8、10kPa 时的热效率并分析结果。（泵功忽略不计）

8-5　某电厂中装有按朗肯循环工作的功率为 12000kW 的背压式汽轮机，蒸汽参数为 $p_1 = 3.5\text{MPa}$，$t_1 = 435℃$，$p_2 = 0.6\text{MPa}$。排汽经过热用户后，蒸汽变为 p_2 压力下的饱和水返回锅炉。锅炉的效率 $\eta = 0.85$，所用燃料发热量为 26000kJ/kg。求：(1) 求该热电循环的热效率；(2) 锅炉每小时燃料消耗量。（泵功忽略不计）

8-6　具有一次再热的蒸汽动力循环，蒸汽初参数为 $p_1 = 9\text{MPa}$，$t_1 = 535℃$。再热后温度为 535℃，$p_2 = 0.004\text{MPa}$。如果再热压力 p_a 分别为 4、2、0.5MPa，求与无再热的朗肯循环相比较：(1) 汽轮机出口乏汽干度的变化；(2) 循环热效率的提高；(3) 汽耗率的变化；(4) 说明再热压力对提高排汽干度和循环热效率的影响。（泵功忽略不计）

8-7　再热循环的初压为 16.5MPa，初温为 535℃，排汽压力为 5kPa。循环中，蒸汽在高压缸中膨胀至压力 3.5MPa 排出进入再热器，加热到初温后进入中、低压缸继续膨胀至排汽压力。求：(1) 再热循环的热效率；(2) 若因为节流，进入中压缸的蒸汽压力为 3MPa，热效率又为多少。（泵功忽略不计）

8-8　某一级混合式抽汽回热循环，已知该回热循环的蒸汽参数为 $p_1 = 3\text{MPa}$，$t_1 = 430℃$，$p_2 = 0.006\text{MPa}$，抽汽压力 0.6MPa，求该循环的热效率和汽耗率。（泵功忽略不计）

8-9　具有两级回热的蒸汽动力装置循环。已知：第一级抽汽压力为 0.3MPa，第二级抽汽压力为 0.1MPa，蒸汽初温为 450℃，初压为 3MPa，冷凝器中压力为 0.005MPa。试求：(1) 抽汽率 a_1 和 a_2；(2) 循环热效率；(3) 汽耗率 d；(4) 与相同初终态参数的朗肯循环热效率、汽耗率做比较，并说明汽耗率为什么反而增大？(泵功忽略不计)

8-10 具有一次再热和二级回热的蒸汽动力循环的初参数为 $p_1 = 10$MPa，$t_1 = 540$℃，背压 $p_2 = 5$kPa。高压缸排汽压力为 2MPa，部分进入再热器中再热到初始温度，另一部分进入第一级混合式加热器加热给水。再热后的蒸汽进入低压汽轮机，供给第二级混合式加热器蒸汽的抽汽压力为 2×10^5Pa，其余蒸汽膨胀至背压。求：(1) 各级抽汽率；(2) 循环净功和热效率；(3) 循环的汽耗率和热耗率。(泵功忽略不计)

第九章

制 冷 循 环

热功转换装置中，除了使热能转变为机械能的动力装置外，还有一类使热能从温度较低的物体转移到温度较高的物体的装置，即制冷机和热泵。在制冷机（或热泵）中进行的循环其方向和动力循环相反，称为制冷循环（或热泵循环）。

在工业、医药卫生及生活中，为了使指定的空间（如冰箱、冷库、病房及宾馆等）低于环境的温度并在相当长的时间内维持这一温度，就必须不断地把热量从低温空间或物体排向周围环境。能够完成把热量从低温空间转移到高温环境的设备，称为制冷装置。在寒冷的冬天，要使指定的空间或物体保持一定的高于环境的温度，可采用从周围环境吸取热量的方法。能够完成把热量从低温环境转移到高温空间的任务，并使指定空间或物体达到并维持高于环境温度的设备，称为热泵装置。

根据热力学第二定律，制冷不能自发实现，必须消耗能量（热量或功）。对于耗费机械功的制冷循环与热泵循环，其经济指标分别为制冷系数 ε（从冷源吸取的热量与循环消耗净功之比）及供热系数 ε'（又称热泵系数，热泵的供热量与所耗功量之比）。

本章以压缩制冷装置的理想循环为重点，主要介绍这些制冷装置系统中各设备的热力过程及其循环过程的热力学分析计算方法，探讨影响经济指标的因素。此外，对吸收式制冷、蒸汽喷射式制冷、热泵以及制冷剂也做了简单介绍。

第一节　逆 向 卡 诺 循 环

如果使卡诺循环逆向进行就成为逆向卡诺循环。依据热力学第二定律可以证明，逆向卡诺循环是在相同温度的高温热源与相同温度的低温热源间工作的效率最高的制冷循环。

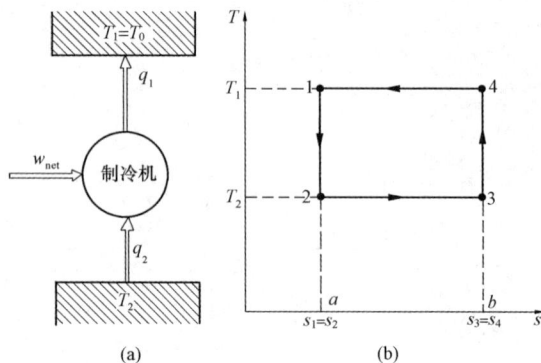

图 9-1　逆向卡诺循环
（a）逆向卡诺循环装置示意图 ；（b）逆向卡诺循环 T-s 图

一、逆向卡诺循环过程的组成

设有一逆向卡诺循环工作在冷库温度 T_1 和大气温度 T_2 之间（见图 9-1）。它消耗功 w_{net}，同时从冷库吸收热量 q_2，并向大气放出热量 q_1。该循环由两个定熵过程及两个定温过程组成，逆向卡诺循环对外界的作用效果与卡诺循环相反。

二、逆向卡诺循环的分析计算

逆向卡诺循环的吸热量 q_2 为

$$q_2 = T_2(s_3 - s_2) = 面积\ 23ba2$$

循环放热量 q_1 为

$$q_1 = T_1(s_4 - s_1) = 面积\ 41ab4$$

循环消耗净功 w_{net} 为

$$w_{net} = q_1 - q_2 = (T_1 - T_2)(s_3 - s_2) = 面积\ 12341$$

逆向卡诺循环用于制冷时，其制冷系数 ε_C 为

$$\varepsilon_C = \frac{q_2}{w_{net}} = \frac{T_2(s_3 - s_2)}{(T_1 - T_2)(s_3 - s_2)} = \frac{T_2}{T_1 - T_2} \tag{9-1}$$

当大气温度 T_1 一定时，冷源温度 T_2 越低，制冷系数越小。制冷系数可以大于1，也可以小于1。

逆向卡诺循环用于供热时，其供热系数 ε'_C 为

$$\varepsilon'_C = \frac{q_1}{w_{net}} = \frac{T_1(s_3 - s_2)}{(T_1 - T_2)(s_3 - s_2)} = \frac{T_1}{T_1 - T_2} \tag{9-2}$$

当大气温度 T_1 一定时，供热温度 T_2 越高，供热系数越小。供热系数一定大于1。

显然，逆向卡诺循环用于制冷和供热时，其制冷系数与供热系数只取决于高温热源的温度与低温热源的温度。

三、制冷装置分类

与热动力装置一样，逆卡诺循环虽提供了一个在一定温度范围内最有效的制冷循环，但实际的制冷装置常常不是按逆卡诺循环工作，而是依所用制冷剂的性质采用不同的循环。本章将分析讨论一些在工程上实施的制冷循环。

按照制冷剂的不同，制冷装置分为空气制冷装置和蒸气制冷装置。蒸气制冷装置采用不同物质的蒸气做制冷剂，可分为蒸气压缩制冷装置、蒸气喷射制冷装置及吸收式制冷装置等。

【例 9-1】 某制冷循环按逆向卡诺循环工作，高温热源的温度为 27℃，问低温热源的温度为何值时，其制冷系数 $\varepsilon_C = 1$？并指出当低温热源的温度低于该值和高于该值时，其制冷系数 ε_C 的数值范围。

解： $$T_1 = 27 + 273 = 300(K)$$

按式（9-1）可得：当 $\varepsilon_C = 1$ 时，$T_2 = \frac{T_1}{2} = \frac{300}{2} = 150$ (K) $= -123$（℃）

当低温热源的温度低于 -123℃ 时，$0 < \varepsilon_C < 1$

当低温热源的温度高于 -123℃ 时，$\varepsilon_C > 1$

第二节 空气压缩制冷循环

空气压缩制冷循环是以空气为制冷剂，通过高压空气的绝热膨胀而获得低温空气，其主要优点是制冷剂来源方便，无毒无嗅。但是空气比热容较小，在冷藏室吸热升温过程中吸热量不多，即空气压缩制冷循环制冷能力不大。这一缺陷导致空气压缩制冷循环的实际使用范围大大减少，主要用于飞机、汽车的空调以及深度冷冻、气体液化等方面。

一、空气压缩制冷循环的组成

空气压缩制冷装置系统如图 9-2 所示，主要由压缩机、冷却器、膨胀机以及冷藏室内的制冷换热器构成。

空气从冷藏室进入压缩机绝热压缩（1—2），随着压力增高，空气温度亦升高至高于环境 T_0 的温度 T_2，然后进入冷却器定压放热降温（2—3），在进入膨胀机中绝热膨胀（3—4）至温度低于冷藏室温度 T 状态4下的 T_4，低温低压冷空气从冷藏室定压吸热

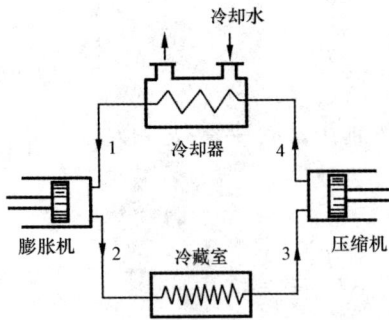

图 9-2 空气压缩制冷装置系统

（4—1），如此重复循环，以保持冷藏室的恒定低温 T。理想情况下冷却器出口空气温度 T_3 达到环境温度 T_0，冷藏室出口空气温度 T_1 达到冷藏温度 T，实际上 $T_3 > T_0$，$T_1 < T$。

空气压缩制冷的理想循环是由两个定熵过程和两个定压过程所组成的可逆逆向循环。上述空气制冷装置理想循环的 p-v 图及 T-s 图如图 9-3 所示。其中：3—4 为空气在膨胀机中定熵膨胀做功；4—1 为空气在冷藏室中定压吸热；1—2 为空气在压缩机中耗功定熵压缩；2—3 为空气在冷却器中定压放热。

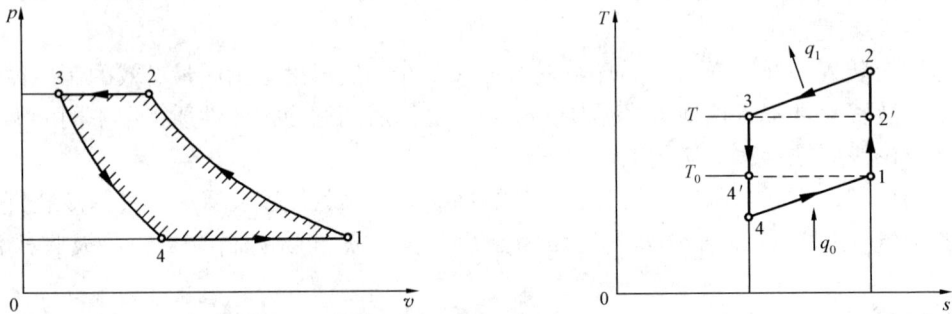

图 9-3 空气压缩制冷循环的 p-v 图及 T-s 图

二、空气压缩制冷循环分析

设制冷循环是由温度为 T 的冷藏室吸取热量，向温度为 T_0 的大气环境放热，依据热力学第一定律，则每千克空气（若 c_p 为定值）完成一个循环，从低温冷源（温度为 T 的冷藏室）取出的热量 q_0 为

$$q_0 = h_1 - h_4 = c_p(T_1 - T_4)$$

排向高温热源（温度为 T 的大气环境）的热量 q_1 为

$$q_1 = h_2 - h_3 = c_p(T_2 - T_3)$$

循环消耗的净功量 w_0 为

$$w_0 = q_1 - q_0 = c_p(T_2 - T_3) - c_p(T_1 - T_4)$$

空气压缩制冷理想循环的制冷系数 ε 为

$$\varepsilon = \frac{q_0}{w_0} = \frac{c_p(T_1 - T_4)}{c_p(T_2 - T_3) - c_p(T_1 - T_4)} = \frac{T_1 - T_4}{T_1\left(\dfrac{T_2}{T_1} - 1\right) - T_4\left(\dfrac{T_3}{T_4} - 1\right)} \tag{a}$$

由于过程 1—2 及 3—4 均是可逆绝热的，所以

$$\frac{T_2}{T_1} = \left(\frac{p_2}{p_1}\right)^{\frac{\kappa-1}{\kappa}} = \frac{T_3}{T_4} \tag{b}$$

即有

$$\left(\frac{T_2}{T_1} - 1\right) = \left(\frac{T_3}{T_4} - 1\right) \tag{c}$$

因此，可得

$$\varepsilon = \frac{T_1 - T_2}{\left(\dfrac{T_2}{T_1} - 1\right)(T_1 - T_4)} = \frac{T_1}{T_2 - T_1} = \frac{1}{\left(\dfrac{p_2}{p_1}\right)^{\frac{\kappa-1}{\kappa}} - 1} \tag{d}$$

需注意的是，由于状态点温度符号标识的关系，空气压缩制冷循环制冷系数 ε 的表达式与逆向卡诺循环的制冷系数的表达式相同。但温度符号的含义是不同的，空气压缩制冷循环是制冷剂各状态点的温度，而逆向卡诺循环是热源的温度，同时也是工质的温度。

相同的大气环境温度下，在高温热源温度为 T_3、冷藏室温度为 T_1 间工作的逆向卡诺循环 $1—2'—3'—4'—1$ 中的制冷系数为

$$\varepsilon = \frac{T_1}{T_3 - T_1}$$

在空气压缩制冷循环中，冷却器需要有温差才能传热，故 $T_2 > T_3$，显然 $\varepsilon_C > \varepsilon$，在相同制冷量下，空气压缩制冷耗功大于逆向卡诺循环的耗功。

设压缩机的增压比为

$$\pi = \frac{p_2}{p_1} \tag{9-3}$$

代换式（9-3）中则可得到以增压比 π 表示的循环制冷系数的表达式为

$$\varepsilon = \frac{1}{\pi^{\frac{\kappa-1}{k}} - 1} \tag{9-4}$$

式（9-4）表明，空气压缩制冷循环的制冷系数 ε 与增压比 π 有关。增压比 π 愈小，制冷系数 ε 愈大。即在已知 p_1 一定时，减少 p_2，可使 ε 增加，意味着减小空气压缩制冷循环的温度和压力范围，循环也就更加接近逆向卡诺循环。

【例 9-2】 空气压缩制冷装置中（见图 9-2 和图 9-3），空气进入膨胀机时的状态为 $t_3 = 20℃$、$p_3 = 0.4\text{MPa}$，可逆绝热膨胀到 $p_4 = 0.1\text{MPa}$，经冷藏室吸热后，温度 $t_1 = -5℃$，已知制冷量 $Q_0 = 15000\text{kJ/h}$，试确定该空气压缩制冷循环的主要理论数据。

解：（1）膨胀机出口空气温度

$$T_4 = T_3\left(\frac{p_4}{p_3}\right)^{\frac{\kappa-1}{\kappa}} = (20+273) \times \left(\frac{0.1}{0.4}\right)^{\frac{1.4-1}{1.4}} = 197(\text{K})$$

（2）压缩机出口温度

$$T_2 = T_1\left(\frac{p_2}{p_1}\right)^{\frac{\kappa-1}{\kappa}} = (-5+273) \times \left(\frac{0.4}{0.1}\right)^{\frac{1.4-1}{1.4}} = 398(\text{K})$$

（3）每千克空气的制冷量

$$q_0 = h_1 - h_4 = c_p(T_1 - T_4) = 1.005 \times (268 - 197) = 71.36(\text{kJ/kg})$$

（4）制冷装置的循环空气量

$$q_m = \frac{Q_0}{q_0} = \frac{15000}{71.36} = 210.2(\text{kg/h})$$

（5）压缩机压缩 1kg 空气所消耗的功

$$w_{\text{co}} = c_p(T_2 - T_1) = 1.005 \times (398 - 268) = 130.65(\text{kJ/kg})$$

（6）每千克空气在膨胀机做功量

$$w_{cx} = c_p(T_3 - T_4) = 1.005 \times (293 - 197) = 96.48 (\text{kJ/kg})$$

（7）每千克空气循环消耗净功量

$$w_0 = w_{co} - w_{cx} = 130.65 - 96.48 = 34.17 (\text{kJ/kg})$$

（8）循环制冷系数

$$\varepsilon = \frac{q_0}{w_0} = \frac{71.36}{34.17} = 2.088$$

（9）同样工作条件下逆向卡诺循环的制冷系数

$$\varepsilon_C = \frac{T_1}{T_3 - T_1} = \frac{268}{293 - 268} = 10.72$$

空气压缩制冷循环的制冷系数显著小于逆向卡诺循环的制冷系数，即 $\varepsilon < \varepsilon_C$。其经济性较差是由于空气压缩制冷循环的两个实现热量传递的定压过程加大了与高温热源和低温热源的传热温差，平均吸热温度低，平均放热温度高，严重偏离了同温度范围内的逆向卡诺循环。

第三节　蒸汽压缩制冷循环

空气压缩制冷循环尽管具有制冷剂来源广、无毒无害的优点，但它不能实现定温传热过程（因空气液化温度较低），使循环偏离卡诺循环而影响其经济性。而采用蒸气（或一些低沸点物质如水蒸气、NH_3 等）作为制冷剂，制冷剂与两个热源间的热量传递主要利用制冷剂的相变过程实现，汽化及液化过程虽不依赖温度改变吸、放热量，但制冷剂的汽化潜热大，将会改善制冷循环的经济效果；且设备系统简单，运行稳定，工况调节方便。蒸汽压缩制冷循环是实际使用最为广泛的制冷循环。

一、蒸汽压缩制冷的基本原理

如图 9-4 所示，蒸汽压缩制冷装置主要由压缩机、冷凝器、节流阀以及蒸发器四个基本设备构成，制冷工质依次流过这些设备，连续不断地进行着制冷循环。图 9-5 中，3—4—6—7—3 即为蒸汽压缩制冷的逆向卡诺循环，是由一个绝热节流过程、一个定熵压缩过程和两个定压过程所组成的逆向循环。利用水的汽化吸热和蒸汽的汽化放热过程都是在既定压又定温下进行的特点，实现逆向卡诺循环，将会改善制冷循环的经济效果。汽化及液化过程虽不依赖温度改变吸、放热量，但它的潜热量却是很大的，故其制冷能力也是较大的。它是在

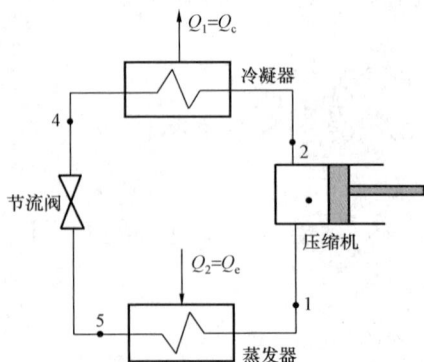

图 9-4　蒸汽压缩制冷装置　　　　　　图 9-5　蒸汽压缩制冷装置的 T-s 图

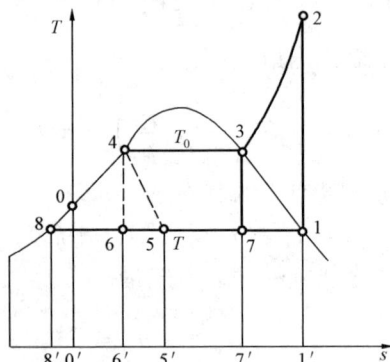

冷藏室温度 T 和环境温度 T_0 之间最经济的循环。其中 7—3 是在压缩机内的绝热压缩过程，3—4 是在冷凝器内向冷却水放热的液化过程，4—6 是在膨胀机内的绝热膨胀过程，6—7 则是在蒸发器中吸热汽化过程。

蒸气压缩制冷的逆向卡诺循环理论上是可行的，它是在液体和蒸汽两相共存区进行的，势必给压缩机、膨胀机的工作带来极大不便，且增加不可逆损失（黏性较大）。为此，将蒸发汽化过程由状态 7 延至于饱和蒸汽（状态 1），从而使压缩过程在过热区内进行，这不仅可以改善压缩质量，又能从冷藏室中吸收更多的热量，扩大制冷能力，实际应用的蒸汽压缩制冷循环如图 9-5 中的 1—2—3—4—5—1 所示，由于"干压缩"，致使压缩终态是过热蒸汽状态 2。p_2 是对应温度 T_0 的饱和压力，故 T_2 高于环境温度 T_0，在冷凝器的放热过程不再是定温过程而是定压凝结过程。另外，对饱和液体（状态 4）采用节流过程 4—5 代替绝热膨胀过程 4—6，这一改变带来的好处是：①使设备简化，省去做功不多的膨胀机；②能够方便地调节制冷剂的压力和冷库的温度，调节制冷效果。同时应该指出，采用节流阀代替膨胀机除了少回收膨胀功外，同时也减少了循环的制冷量，其大小等于图 9-4 中的 6—6′—5′—5—6 所围成的面积。

二、蒸汽压缩制冷循环分析

依据热力学第一定律，循环各过程交换的能量以及循环的经济指标计算如下。

从低温冷源（温度为 T 的冷藏室）取出的热量 q_0 为
$$q_0 = h_1 - h_5 = h_1 - h_4$$

排向高温热源（温度为 T_0 的大气环境）的热量 q_1 为
$$q_1 = h_2 - h_4$$

压缩机消耗的轴功 w_c 即循环消耗的净功量 w_{net} 为
$$w_c = w_{net} = h_2 - h_1$$

蒸汽压缩制冷理想循环的制冷系数 ε 为
$$\varepsilon = \frac{q_0}{w_0} = \frac{h_1 - h_4}{h_2 - h_1} \tag{9-5}$$

式中，h_2 可根据压力 p_2（相当于 T_0 下的饱和压力 p_s）及 $s_2 = s_1$ 求得。

由上述式子得出，只要确定出蒸汽压缩制冷理想循环各状态点的焓值就可计算出循环各过程交换的能量以及循环的经济指标。而各状态点的焓值通常是由相应制冷剂的热力学性质图表来查取，最常用的是制冷剂的 p-h 图。制冷剂的热力学性质及其热力学性质图表详见本章第六节的介绍。附表 15～附表 19 给出了常见制冷剂的热力参数。

【例 9-3】 某蒸汽压缩制冷循环用氨做制冷剂，制冷量为 10^6 kJ/h，冷凝器出口氨饱和液的温度为 27℃，节流后温度为 -13℃。若不考虑压气机不可逆损失，如图 9-5 所示，求：(1) 1kg 氨的吸热量；(2) 氨的流量；(3) 理论压缩功；(4) 冷却水带走的热量；(5) 循环制冷系数。

解：压缩蒸汽制冷循环中制冷剂在冷凝器内等压放热，其出口常是饱和液体；在蒸发器内制冷剂等压气化，形成干度接近 1 的饱和湿蒸汽；点 2 的熵与点 1 相同，因此，由 27℃ 和 -13℃ 可确定点 1 和点 4 的参数，进而确定点 2 的参数。

查氨的热力性质图表得
$$h_1 = 1570 \text{kJ/kg}, \quad h_2 = 1770 \text{kJ/kg}, \quad h_4 = h_5 = 450 \text{kJ/kg}$$

利用上面的数据计算得到：

（1）每千克的吸热量

$$q_0 = h_1 - h_5 = h_1 - h_4 = 1570 - 450 = 1120 (\text{kJ/kg})$$

（2）氨的流量

$$q_m = \frac{Q_0}{q_0} = \frac{10^6}{1120} = 892.9 (\text{kg/h}) = 0.248 (\text{kg/s})$$

（3）理论压缩功

$$w_{co} = h_2 - h_1 = 1770 - 1570 = 200 (\text{kJ/kg})$$

压缩机消耗的功率 $\quad P = q_m \times w_{co} = 0.248 \times 200 = 49.6 (\text{kW})$

（4）冷却水带走的热量 q_Q

$$q_Q = q_m \times q = q_m (h_2 - h_4) = 0.248 \times (1770 - 450) = 327.4 (\text{kW})$$

（5）理论制冷系数

$$\varepsilon = \frac{q_0}{w_0} = \frac{h_1 - h_4}{h_2 - h_1} = \frac{1120}{200} = 5.6$$

压缩蒸气制冷循环中点 1 常是干度接近 1 的湿饱和蒸气状态；在没有过冷时，点 4 一般是饱和液体，因此，仅需温度一个数据就可查出其他状态参数；在压缩机内过程可逆时，由 $s_2 = s_1$ 和 $p_4 = p_2$ 就可确定 h_2。

第四节　蒸汽喷射式制冷循环及吸收式制冷循环

前面所讨论的各种制冷循环都靠消耗外功来达到制冷的目的，但是也可以不消耗外功，而以消耗外界温度较高的热能为代价达到同样的制冷目的。蒸汽喷射式制冷循环与吸收式制冷循环正是这样的循环。

一、蒸汽喷射式制冷循环

图 9-6 是蒸汽喷射式制冷装置的系统图和 T-s 图。该装置特征的是用由喷管、混合室以及扩压管组成喷射器来代替消耗外功的压缩机。

从蒸汽锅炉引来的较高温度和较高压力的蒸汽（状态 $1'$）在喷嘴中膨胀至较低的混合室压力并获得高速（状态 $2'$）。这股高速汽流在混合室中与从蒸发器过来的低压蒸汽（状态 1）混合后形成一股速度略低的汽流（状态 2）进入扩压管减速升压（过程 2—3），然后在冷凝器中凝结（过程 3—4）。凝结液则分成两路：一路经泵提高压力（过程 4—6），然后送入蒸汽锅炉再加热汽化变成高压蒸汽（过程 6—$1'$）；另一路经节流阀降压、降温（过程 4—5），然后在蒸发器中吸热汽化变成低温低压的蒸汽（状态 1）再进入混合室。

如上所述，蒸汽喷射式制冷循环实际上包括两个循环：一个是逆向（在温熵图中逆时针方向）的制冷循环 2—3—4—5—1—2，另一个是正向循环 $1'$—$2'$—2—3—4—6—$1'$，两者合用喷射器和凝汽器。喷射器对制冷循环来说起到了压缩蒸汽的作用，而这部分蒸汽的压缩是靠正向循环中那部分蒸汽的膨胀作为补偿才得以实现的。从整个装置来看，低温热能之所以能转移到温度较高的大气中去，是以供给锅炉的更高温度的热能最终也转移到大气中为代价的。

高压蒸汽流量与低压蒸汽流量之比 $\left(\dfrac{q_{m1}}{q_{m2}}\right)$ 与高压蒸汽的温度、冷库温度、大气温度（冷

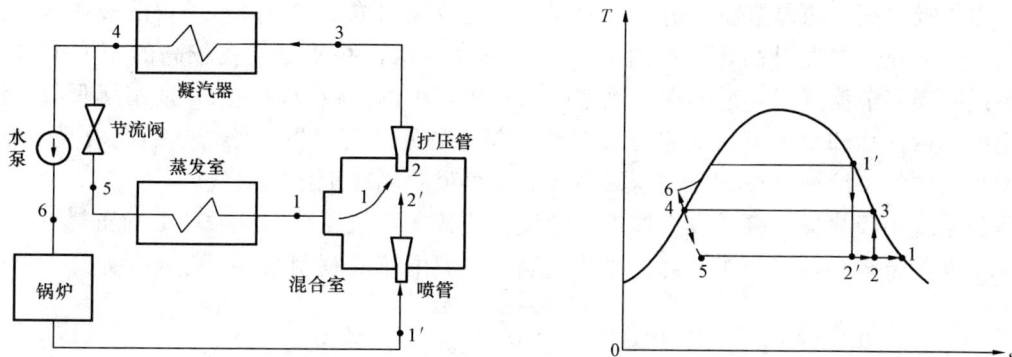

图 9-6　蒸汽喷射制冷装置系统图及 $T\text{-}s$ 图

却水温度）以及喷射器的效能都有关系。显然，高压蒸汽的温度比大气温度高得越多、冷库温度比大气温度低得越少，喷射器效能越高，则上述比值越小（即消耗的高压蒸汽相对越少）。

如果忽略泵所消耗的少量的功，那么整个喷射制冷装置是不消耗功的，而只消耗热量 Q。热量平衡方程为

$$Q + Q_2 = Q_0 \tag{9-6}$$

式中　Q——蒸汽在锅炉中吸收的热量；

Q_2——蒸汽在冷库中吸收的热量；

Q_0——蒸汽在冷凝器中放出的热量。

蒸汽喷射制冷装置的热经济性可用热能利用系数 ε 可表示为

$$\varepsilon = \frac{收获}{消耗} = \frac{Q_2}{Q} \tag{9-7}$$

由于蒸汽混合过程的不可逆损失很大，因而热利用系数一般都较低。但由于这种装置用简单紧凑的喷射器取代了复杂昂贵的压气机，而喷射器又容许通过很大的容积流量，可以利用低压水蒸气作为制冷剂，因此在有现成蒸汽可用的场合，常被用于调节气温。

二、吸收式制冷循环

吸收式制冷循环也是通过消耗热能来达到制冷效果的装置，但它与蒸汽喷射制冷的原理和方法不同。图 9-7 表示氨吸收式制冷装置工作原理，其主要装置设备除与压缩制冷相同的凝汽器、节流阀、蒸发器之外，还有蒸汽发生器、吸收器、溶液泵和减压阀。其制冷剂的增压升温是用图中蒸汽发生器和吸收器间的循环系统代替压缩机来实现的。

吸收式制冷中高沸点的液体，例如水，在较低的温度时能吸收或溶解某些低沸点的蒸气，如氨蒸气而组成二元溶液。此时水是

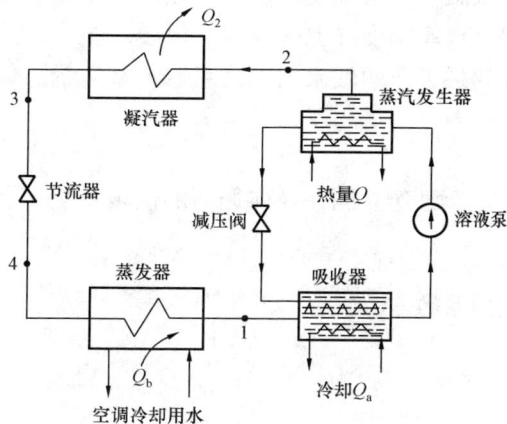

图 9-7　氨吸收式制冷装置工作原理

溶剂，也称吸收剂，氨是溶质，也称制冷剂。二元溶液的浓度与温度有关，溶液在氨气发生器中被外界加热时温度升高，溶剂对溶质的溶解度降低，并使氨气在较高的压力下释放出来，经过冷凝、节流降温，继而在冷藏室吸热气化，再返回吸收器被溶剂所溶解吸收，溶解中放出的热量被冷却水带走，浓缩的水-氨溶液被泵压缩到氨气发生器，从而完成吸收制冷。氨气发生器中的稀溶液经过减压阀返回吸收器继续吸收制冷工作的氨气。

假设系统中吸收器、泵、发生器这三个设备代替了蒸汽压缩制冷循环中的压气机，由于溶液泵消耗功量较小，可忽略不计。吸收式制冷装置的热能利用系数 ε 可表示为

$$\varepsilon = \frac{效益}{代价} = \frac{Q_2}{Q} \tag{9-8}$$

式中　Q_2——从冷藏室取出的热量；

　　　Q——送入蒸汽发生器中的热量。

由于种种不可逆性，实际装置热能利用系数 ε 很小，但吸收式制冷装置构造简单，因为循环中升压是通过溶液泵完成的，循环耗功很小，加热浓溶液的外热源的温度不需要很高，且可利用低品位热能（如太阳能、地热、余热），故广泛应用于空调和小型冰柜。例如实用中常采用溴化锂作为吸收剂、水作为制冷剂的溴化锂吸收式制冷装置，就是化工厂里常用的制冷装置。

*第五节　热泵采暖循环

在所有制冷装置的工作过程中，热从冷藏室取出并传给较高温度的环境。因此，实现制冷循环的结果不仅使放出热量的物体被冷却，而且使吸收热量的物体被加热。根据这个原理，可利用逆循环实现将热从低温冷源向高温热源的输送。这种目的在于输送热量给被加热对象（如室内供暖）的装置称为热泵。向高温热源输送的热量 q_1，等于取自低温冷源（如大气环境）的热量 q_2 与实现逆循环从外界输入功量 w 之和，即 $q_1 = q_2 + w$。热泵循环与制冷循环的不同工作目的如图 9-8 所示。热泵其实质和制冷装置完全一样，只是两者工作的温度范围不同。制冷装置工作的上限温度为大气环境温度，其目的为从冷藏室吸热，以保持冷藏室低温（下限温度）恒冷；热泵工作的下限温度为大气环境温度，其目的是向暖室放热，以保持暖室温度（上限温度）恒暖。图 9-9 所示为热泵循环与制冷循环的 T-s 图。

热泵工作的效果用供暖系数 ε' 来衡量。供暖系数为

$$\varepsilon' = \frac{q_1}{w} \tag{9-9}$$

前面已建立同一逆向循环的供暖系数 ε' 与制冷系数 ε 间的关系。由于

$$q_1 = q_2 + w$$

又制冷系数 $\varepsilon = \dfrac{q_2}{w}$

故　　　　　　　　　$$\varepsilon' = \frac{q_1}{w} = \frac{q_2 + w}{w} = \varepsilon + 1$$

由上式可见，循环制冷系数越高，供暖系数也越高。

我们知道，为实现逆循环都要消耗外界供给的功量 w，此功被消耗在压缩工质的设备

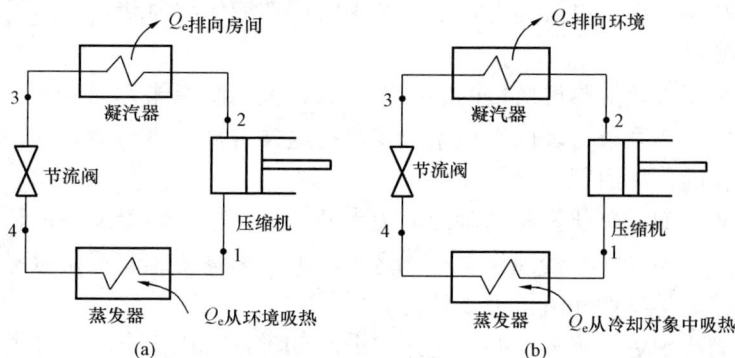

图 9-8　热泵与制冷循环的不同工作目的

（a）热泵供热循环；（b）制冷循环

中。根据热力学第一、第二定律，此功量全部被转换成热，作为实现热从低温物体移向高温物体这种非自发过程的补偿，这部分热量和从低温物体吸取的热量都用来加热高温物体。热泵优于其他供暖装置（如电热器等）之处就在于消耗同样多的能量（如功量 w）对室内供热，可比其他方法供热得到更多的热量。这里因为电加热器仅将功变为热，而热泵利用同样数量的功，将取自冷源的热连同功量

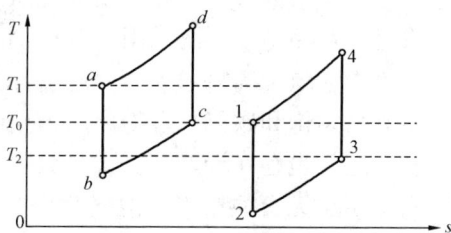

图 9-9　热泵循环与制冷循环

转换而得的热一起输送到高温热源，即实现了热从低温位向高温位的输送。

在热泵中同样可使用空气或蒸汽做逆循环。热泵的 ε' 一般在 1.5～4 的范围内，并与系统及冷、热源温度有关。

值得注意的是，同一装置可轮流用来制冷和供热，在夏季用来制冷而在冬季用来供热。这种装置用于季节性的空气调节是很有前途的。

*第六节　制冷剂及其热力性质

制冷剂是在制冷装置中进行制冷循环的工作物质，制冷剂作为制冷系统中的循环流体，其状态参数也不断发生变化，制冷剂的热力学性质对制冷循环的经济性以及装置系统的工作性能有着重要的影响。因此，要获得一个性能良好、运转正常的制冷系统，应熟悉系统的制冷剂。

对制冷剂热力学性质的基本要求和选用制冷剂的原则可归结为如下几点：

（1）临界温度要高于大气温度，以免循环在近临界区进行，不能更多地利用定温放热而引起制冷能力和制冷系数的下降。

（2）凝固温度要低于冷藏室温度，以免在制冷设备中制冷剂发生凝固。

（3）对应于制冷装置的蒸发压力和冷凝压力适中。蒸发压力最好略高于大气压力，以防空气渗入制冷机系统，影响热量传递，增加功耗，降低制冷能力；对应于冷凝温度的饱和压力也不宜过高，以免冷凝器承受压力过高，减少制冷剂向外渗漏的可能性。

（4）液体比热容要小。也就是说在温熵图中的饱和液体线要陡，这样就可以减少因节流而损失的功和制冷量。

（5）汽化潜热要大，使单位质量的制冷剂具有较大的制冷能力。

（6）制冷剂的导热系数、表面性热系数要高。这样可提高热交换效率，减少蒸发器、冷凝器等热交换设备的传热面积。

此外，希望制冷剂每单位容积的制冷能力大些，以便减少装置尺寸；制冷剂还应价廉易得、化学结构稳定、不腐蚀与侵蚀设备；无毒无臭、不易爆易燃、不易泄漏，有利于环境保护；具有良好的传热学特性和流体力学特性，等等。

目前使用的制冷剂种类很多，归纳起来可分为四类：无机化合物、烃类、卤代烃以及混合溶液。应用最为广泛的制冷剂有氨（NH_3）、氟利昂族等。

无机化合物氨作为制冷剂应用较多。它有气化潜热大、工作压力适中、几乎不溶于油、吸水性强、价格低廉、来源充足等优点，且对大气臭氧层无破坏作用。因此自 19 世纪以来，氨一直是工业制冷中广泛采用的制冷剂之一。但它也有缺点：对人体有刺激性，对铜腐蚀性强，空气中含氨量高时遇火会引起爆炸。

氟利昂是饱和碳氢化合物卤族衍生物的总称，是一类人工合成制出的制冷剂。其品种较多，相互之间也存在着差别。大多数氟利昂本身无臭、无毒、不燃，与空气混合遇火也不爆炸，对金属也无腐蚀作用；但气化潜热较小，价格也较高，极易泄漏又不易被发现。依据氢、氟、氯的组成情况可将氟利昂分为全卤化氯氟烃（CFCs）、不完全卤化氯氟烃（HCFCs）和不完全卤化氟烃化合物（HFCs）三类。在 1 个标准大气压下，不同类型的氟利昂的沸点温度在很大范围内变化，能够满足不同温度范围对制冷剂的要求。在氟利昂中用得最广泛的是氟利昂 22（R22）。R22 综合性能极佳，具有良好的热力性能。目前在各类家用空调机组及冷（热）水机组中，多数选用 R22 制冷剂。但 R22 对大气臭氧层具有轻微破坏作用，我国将在 2040 年禁止使用和生产。不完全卤化氟烃化合物 HFC134a（R134a）不燃、不爆、基本无毒，使用安全，且因不含有氯而对大气臭氧层无破坏作用，目前已被广泛应用于冰箱、冰柜和汽车空调系统。

目前是否符合环保要求已成为合格制冷剂的必要条件。寻求综合性能良好的新型制冷剂将是一项长期的研究工作，也是促使制冷技术不断提高和发展的重要因素。

由于制冷剂的参数关系式比较复杂，不便于工程应用，常用制冷剂的热力学性质图表来确定其状态参数。制冷剂的热力学性质表通常有饱和蒸汽性质表和过热蒸汽表，其结构以及参数的查取方法与水蒸气相同。附表 15～附表 19 是常用制冷剂的热力性质表。

确定制冷剂参数最常用的参数坐标图是压-焓图（$p\text{-}h$ 图）。如图 9-10 所示，它是以压力 p 的对数为纵坐标、焓 h 为横坐标绘制的参数坐标图。除定压线与定焓线之外，图中主要画有四组线群对应不同的制冷剂。在 $p\text{-}h$ 图上这四组线群虽然各不相同，但具有共同的特点。包括饱和液体线（下界线，$x=0$）、饱和蒸汽线（上界线，$x=1$）在内的定干度线群是一组局限在湿蒸汽区内较陡并均相交于临界状态点 c 的线群。定温线群是一组在湿蒸汽区内与定压线重合为水平直线，在单相区内却较陡的三折线群。在 $p\text{-}h$ 图上，定温线在单相区较陡意味着此时制冷剂的焓值主要取决于温度而与压力的高低关系不大。定比体积线群和定熵线群均为单增曲线，但定熵线较陡。用 $p\text{-}h$ 图来确定参数虽然简单方便，例如在 $p\text{-}h$ 图上由已知参数非常容易确定出图 9-11 所示的蒸汽压缩制冷循环的各个状态点，读出各状态点的参数值也非常方便，但往往不如利用热力性质表查取的参数精确。需注意的是目前各种制冷剂的零点规定不够统一，尤其图表混用时应选择数据来源一致的图表。

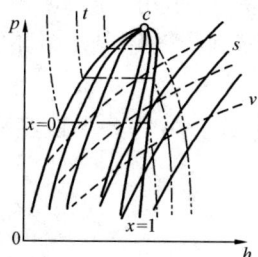

图 9-10　制冷剂的 $p\text{-}h$ 图　　　图 9-11　蒸汽压缩制冷循环的 $p\text{-}h$ 图

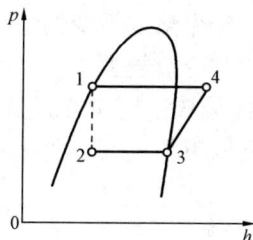

小　结

制冷循环、热泵循环是逆向循环，其经济指标和正向循环一样，也是收益与代价的比值。

（1）在相同温度的高温热源与相同温度的低温热源间工作的逆向循环中，逆向卡诺循环的经济性能最好，是实际循环进行改进的理论基准。

（2）空气压缩制冷循环是通过高压空气的绝热膨胀而获得的低温低压空气。主要优点是制冷剂的获得简单方便，缺点是空气的载热能力较差。

（3）蒸汽压缩制冷循环是以一些低沸点物质为制冷剂，利用制冷剂绝热节流的冷效应获得低温；优点是设备系统简单，运行稳定，工况调节方便，是实际使用最为广泛的制冷循环。

（4）蒸汽喷射式制冷循环与吸收式制冷循环是以消耗外界高温热源提供的热能为代价来达到制冷目的。热泵循环是为了将物体（如供暖的房间）加热到高于周围环境温度，并维持此高温所进行的逆向循环。

（5）制冷剂种类繁多，其热力学性质对制冷循环的经济性以及装置系统的工作性能有着重要的影响。

思　考　题

9-1　家用冰箱的使用说明书上指出，冰箱应放置在通风处，并距墙壁适当距离，以及不要把冰箱温度设置过低，为什么？

9-2　参考逆向卡诺循环的制冷系数式，T_0 和 T_2 的温差越大，完成同样的制冷量需供给的功是否越大？

9-3　按热力学第二定律，不可逆节流必然带来做功能力损失，为什么几乎所有的压缩蒸气制冷装置都采用节流阀？

9-4　做制冷剂的物质应具备哪些性质？为什么要首先限产直至禁用 CFCs 物质？

9-5　试说明制冷循环和热泵循环两者之间的区别与联系？

9-6　判断下列说法是否正确：

（1）制冷机的制冷系数 ε 必然小于 1。

（2）在空气压缩式制冷循环中，循环压力比 p_2/p_1 越大，则制冷系数 ε 就大。

（3）在环境温度与冷库温度不变的情况下，在空气压缩制冷循环中，循环压力比 p_2/p_1 越小，则每千克工质的制冷量越大。

9-7　压缩蒸气制冷循环采用过冷措施可以提高制冷系数，为什么不使制冷剂沿饱和液线冷却到环境介质温度以下，以获得更大的制冷量？

习　　题

9-1　设有一制冷装置按逆向卡诺循环工作。已知冷库温度为 $-5℃$，环境温度为 $20℃$，求制冷系数的数值。又若利用该装置做热泵，并从 $-5℃$ 的环境取热而向 $20℃$ 的室内供热，求热泵供热系统的数值。

9-2　某制冷循环工作在 $-30℃$ 到 $32℃$ 之间，问最大可能的 ε 是多大？若实际制冷装置 ε 为最大 ε 的 75%，计算制冷量为 5kW 的功率输入。

9-3　某简单空气压缩制冷装置系统，膨胀机入口处空气的温度为 $t_3=25℃$，压力为 $p_3=0.5MPa$，膨胀机出口处空气的压力为 $p_4=0.1MPa$。冷藏室的温度为 $t_1=-10℃$。已知该制冷装置的制冷量为 50000kJ/h。取空气的比定压热容 $c_p=1.004kJ/(kg \cdot K)$。试计算（1）该制冷循环膨胀机出口温度 t_4、压缩机出口温度 t_2 和制冷系数 ε；（2）每千克空气的制冷量 q_0 和放热量 q_1；（3）该制冷装置每小时的净耗功量 W_0。并与同样工作条件下的逆向卡诺循环的制冷系数进行比较。

9-4　蒸汽压缩制冷装置采用氨（NH_3）为制冷剂。其冷库中的蒸发温度 $-10℃$，冷凝器中的冷凝温度为 $20℃$。参考图 9-5，试求单位制冷工质的制冷量、制冷装置的耗功率及制冷系数及冷却水带走的热量。

9-5　有一台空气压缩制冷装置，已知冷库温度为 $-10℃$，冷却器中冷却水温度为 $20℃$，吸热及放热都在定压下进行，空气的最高压力为 0.4MPa，最低压力为 0.1MPa。若装置的制冷能力为 150kW，试计算制冷装置的耗功率及每小时所需的空气量。

9-6　一空气制冷循环装置如图 9-3 所示。空气进入膨胀机的温度 $t_3=27℃$，压力 $p_3=4bar$，绝热膨胀到 $p_4=1bar$，经由冷藏室吸热后，温度 $t_1=-7℃$。已知制冷量 Q_0 为 12000kJ/h，试计算该制冷循环。

附录　常用热力性质图表

附表 1　　　　　　　　　常用气体的某些基本热力性质

物　　质	$M/$ $\left(\dfrac{\text{kg}}{\text{kmol}}\right)$	$c_p/$ $\left(\dfrac{\text{kJ}}{\text{kg}\cdot\text{K}}\right)$	$C_{p,m}/$ $\left(\dfrac{\text{J}}{\text{mol}\cdot\text{K}}\right)$	$c_V/$ $\left(\dfrac{\text{kJ}}{\text{kg}\cdot\text{K}}\right)$	$C_{V,m}/$ $\left(\dfrac{\text{J}}{\text{mol}\cdot\text{K}}\right)$	$R_g/$ $\left(\dfrac{\text{kJ}}{\text{kg}\cdot\text{K}}\right)$	κ c_p/c_V
氩 Ar	39.94	0.523	20.89	0.315	12.57	0.208	1.67
氦 He	4.003	5.200	20.81	3.123	12.50	2.007	1.67
氢 H_2	2.016	14.32	28.86	10.19	20.55	4.124	1.40
氮 N_2	28.02	1.038	29.08	0.742	20.77	0.297	1.40
氧 O_2	32.00	0.917	29.34	0.657	21.03	0.260	1.39
一氧化碳 CO	28.01	1.042	29.19	0.745	20.88	0.297	1.40
空气	28.97	1.004	29.09	0.717	20.78	0.287	1.40
水蒸气 H_2O	18.016	1.867	33.64	1.406	25.33	0.461	1.33
二氧化碳 CO_2	44.01	0.845	37.19	0.656	28.88	0.189	1.29
二氧化硫 SO_2	64.07	0.644	41.25	0.514	32.94	0.130	1.25
甲烷 CH_4	16.04	2.227	35.72	1.709	27.41	0.519	1.30
丙烷 C_3H_3	44.09	1.691	74.56	1.502	66.25	0.189	1.13

附表 2　　　　　　　　　气体的真实摩尔定压热容　　　　　　　　J/(mol·K)

温度（℃）　＼　气体	O_2	N_2	CO	CO_2	H_2O	SO_2	空气
0	29.274	29.115	29.123	35.860	33.499	38.854	29.073
100	29.877	29.199	29.262	42.206	34.055	42.412	29.266
200	30.815	29.471	29.647	43.589	34.964	45.552	29.676
300	31.832	29.952	30.254	45.515	36.036	48.232	30.266
400	32.758	30.576	30.974	48.860	37.191	50.242	30.949
500	33.549	31.250	31.707	50.815	38.406	51.707	31.640
600	34.202	31.920	32.402	52.452	39.662	52.879	32.301
700	34.746	32.540	33.025	53.826	40.951	53.759	32.900
800	35.203	33.101	33.574	54.977	42.249	54.428	33.432
900	35.584	33.599	34.055	55.952	43.513	55.015	33.905
1000	35.914	34.043	34.470	56.773	44.723	55.433	34.315
1100	36.216	34.424	34.826	57.472	45.858	55.768	34.679
1200	36.486	34.763	35.140	58.071	46.913	56.061	35.002
1300	36.752	35.060	35.412	58.586	47.897	56.354	35.291
1400	36.999	35.320	35.646	59.030	48.801	56.564	35.546
1500	37.242	35.546	35.856	59.411	49.639	56.773	35.772
1600	37.480	35.747	36.040	59.737	50.409	56.899	35.977
1700	37.715	35.927	36.203	60.022	51.133	57.024	36.170
1800	37.945	36.090	36.350	60.269	51.782	57.150	36.346
1900	38.175	36.237	36.480	60.478	52.377	57.234	36.509
2000	38.406	36.367	36.597	60.654	52.930	57.317	36.655
2100	38.636	36.484	36.706	60.801	53.449	57.359	36.798

续表

温度（℃） \ 气体	O₂	N₂	CO	CO₂	H₂O	SO₂	空气
2200	38.858	36.593	36.802	60.918	53.930	57.443	36.928
2300	39.080	36.693	36.894	61.006	54.370	57.485	37.053
2400	39.293	36.785	36.978	61.060	54.460	57.687	37.170
2500	39.502	36.869	37.053	61.055	56.181	57.610	37.270
2600	39.708	37.022			55.889		37.480
2700	39.909	37.106			56.864		37.514
2800	39.984	37.189			56.487		37.597
2900	40.152	37.231			56.486		37.681
3000	40.277	37.263	37.388	61.178	56.522	57.736	37.765
M[①]	32.000	28.016	28.010	44.010	18.020	64.06	28.964

① M 为物质的摩尔质量，下同。

附表3　　　　某些常用气体在理想状态下的平均摩尔定压热容　　　$J/(mol \cdot K)$

温度（℃） \ 气体	O₂	N₂	CO	CO₂	H₂O	SO₂	空气
0	29.274	29.115	29.123	35.860	33.499	38.854	29.073
100	29.538	29.144	29.178	38.112	33.741	40.654	29.153
200	29.931	29.228	29.303	40.059	34.118	42.329	29.299
300	30.400	29.383	29.517	41.755	34.575	43.878	29.521
400	30.878	29.601	29.789	43.250	35.090	45.217	29.789
500	31.334	29.864	30.099	44.573	35.630	46.390	30.095
600	31.761	30.149	30.425	45.753	36.195	47.353	30.405
700	32.150	30.451	30.752	46.813	36.789	48.232	30.723
800	32.502	30.748	31.070	47.763	37.392	48.944	31.028
900	32.835	31.037	31.376	48.617	38.008	49.614	31.321
1000	33.118	31.313	31.665	49.392	38.619	50.158	31.598
1100	33.386	31.577	31.937	50.099	39.226	50.660	31.862
1200	33.633	31.828	32.192	50.740	39.825	51.079	32.109
1300	33.863	32.067	32.427	51.322	40.407	51.623	32.343
1400	34.076	32.293	32.653	51.858	40.976	51.958	32.565
1500	34.282	32.502	32.858	52.348	41.525	52.251	32.774
1600	34.474	32.699	33.051	52.800	42.056	52.544	32.967
1700	34.658	32.883	33.231	53.218	42.576	52.796	33.151
1800	34.834	33.055	34.402	53.604	43.070	53.047	33.319
1900	35.006	33.218	33.561	53.959	43.539	53.214	33.482
2000	35.169	33.373	33.708	54.290	43.995	53.465	33.641
2100	35.328	33.520	33.850	54.596	44.435	53.633	33.787
2200	35.483	33.658	33.980	54.881	44.853	53.800	33.926
2300	35.634	33.787	34.106	55.144	45.255	53.968	34.060
2400	35.785	33.909	34.223	55.391	45.644	54.135	34.185
2500	35.927	34.022	34.336	55.617	46.017	54.261	34.307
2600	36.069	34.206	34.499	55.852	46.381	54.387	34.332
2700	36.207	34.290	34.583	56.061	46.729	54.512	34.457
2800	36.341	34.415	34.667	56.229	47.060	54.596	34.542
2900	36.509	34.499	34.750	56.438	47.378	54.721	34.625
3000	36.676	34.583	34.834	56.606		54.847	34.709
M	32.000	28.016	28.010	44.010	18.020	64.06	28.964

附表 4　　　　　　　**某些常用气体在理想状态下的平均摩尔定容热容**　　　　J/(mol·K)

温度（℃） 气体	O_2	N_2	CO	CO_2	H_2O	SO_2	空气
0	20.959	20.800	20.808	27.515	25.180	30.522	20.758
100	21.223	20.829	20.863	29.797	25.426	32.322	20.838
200	21.616	20.913	20.988	31.714	25.808	33.997	20.984
300	22.085	21.068	21.202	38.440	26.260	35.946	21.206
400	22.563	21.286	21.474	34.935	26.775	36.886	21.474
500	23.019	21.549	21.784	37.438	27.880	39.021	22.090
600	23.446	21.834	22.100	36.258	27.315	38.058	21.780
700	23.835	22.136	22.437	38.498	28.474	39.900	22.408
800	24.187	22.433	22.755	39.448	29.077	40.612	22.713
900	24.510	22.722	23.061	40.302	29.693	41.282	23.006
1000	24.803	22.998	23.360	41.077	30.304	41.826	23.283
1100	25.071	23.262	23.622	41.784	30.911	42.329	23.541
1200	25.318	23.513	23.877	42.425	31.510	42.747	23.794
1300	25.548	23.752	24.112	43.007	32.092		24.028
1400	25.761	23.978	24.338	43.543	32.661		24.250
1500	25.967	24.187	24.543	44.033	33.210		24.459
1600	26.159	24.384	24.736	44.485	33.741		24.652
1700	26.343	24.568	24.916	44.903	34.261		24.836
1800	26.519	24.740	25.087	45.289	34.755		25.004
1900	26.691	24.903	25.246	45.644	35.224		25.167
2000	26.854	25.058	25.393	45.975	35.680		25.326
2100	27.013	25.205	25.536	46.281	36.120		25.472
2200	27.168	25.343	25.665	46.566	36.538		25.611
2300	27.319	25.472	25.791	46.829	36.940		25.745
2400	27.470	25.594	25.908	47.076	37.330		25.870
2500	27.612	25.707	26.021	47.302	37.702		25.992
2600	27.754				38.066		
2700	27.892				38.414		
2800					38.745		
2900					39.063		
3000							
M	32.00	28.016	28.010	44.010	18.020	64.06	28.964

附表 5　　　　　　　**某些常用气体在理想状态下的平均比定压热容**　　　　kJ/(kg·K)

温度（℃） 气体	O_2	N_2	CO	CO_2	H_2O	SO_2	空气
0	0.915	1.039	1.040	0.815	1.859	0.607	1.004
100	0.923	1.040	1.042	0.866	1.873	0.636	1.006
200	0.935	1.043	1.046	0.910	1.894	0.662	1.012
300	0.950	1.049	1.054	0.949	1.919	0.687	1.019
400	0.965	1.057	1.063	0.983	1.948	0.708	1.028
500	0.979	1.066	1.075	1.013	1.978	0.724	1.039
600	0.993	1.076	1.086	1.040	2.009	0.737	1.050
700	1.005	1.087	1.098	1.064	2.042	0.754	1.061
800	1.016	1.097	1.109	1.085	2.075	0.762	1.071

气体 温度（℃）	O_2	N_2	CO	CO_2	H_2O	SO_2	空气
900	1.026	1.108	1.120	1.104	2.110	0.775	1.081
1000	1.035	1.118	1.130	1.122	2.144	0.783	1.091
1100	1.043	1.127	1.140	1.138	2.177	0.791	1.100
1200	1.051	1.136	1.149	1.153	2.211	0.795	1.108
1300	1.058	1.145	1.158	1.166	2.243	—	1.117
1400	1.065	1.156	1.166	1.173	2.274	—	1.124
1500	1.071	1.160	1.173	1.189	2.300	—	1.131
1600	1.077	1.167	1.180	1.200	2.335	—	1.138
1700	1.083	1.174	1.187	1.209	2.363	—	1.144
1800	1.089	1.180	1.192	1.218	2.391	—	1.150
1900	1.094	1.186	1.198	1.226	2.417	—	1.156
2000	1.099	1.191	1.203	1.233	2.442	—	1.161
2100	1.104	1.197	1.208	1.241	2.466	—	1.166
2200	1.109	1.201	1.213	1.247	2.512	—	1.171
2300	1.114	1.206	1.218	1.253	2.489	—	1.176
2400	1.118	1.210	1.222	1.259	2.533	—	1.180
2500	1.123	1.214	1.226	1.264	2.554	—	1.184
2600	1.127	—	—	—	2.574	—	—
2700	1.131	—	—	—	2.594	—	—
2800	—	—	—	—	2.612	—	—
2900	—	—	—	—	2.630	—	—
3000	—	—	—	—	—	—	—

附表 6　　　　　　　**某些常用气体在理想状态下的平均比定容热容**　　　　kJ/(kg·K)

气体 温度（℃）	O_2	N_2	CO	CO_2	H_2O	SO_2	空气
0	0.655	0.742	0.743	0.626	1.398	0.477	0.716
100	0.663	0.744	0.745	0.677	1.411	0.507	0.719
200	0.675	0.747	0.749	0.721	1.432	0.532	0.724
300	0.690	0.752	0.757	0.760	1.457	0.557	0.732
400	0.705	0.760	0.767	0.794	1.486	0.578	0.741
500	0.719	0.769	0.777	0.824	1.516	0.595	0.752
600	0.733	0.779	0.789	0.851	1.547	0.607	0.762
700	0.745	0.790	0.801	0.875	1.581	0.621	0.773
800	0.756	0.801	0.812	0.896	1.614	0.632	0.784
900	0.766	0.811	0.823	0.916	1.618	0.645	0.794
1000	0.775	0.821	0.834	0.933	1.682	0.653	0.804
1100	0.783	0.830	0.843	0.950	1.716	0.662	0.813
1200	0.791	0.839	0.857	0.964	1.749	0.666	0.821
1300	0.798	0.848	0.861	0.977	1.781	—	0.829
1400	0.805	0.856	0.869	0.989	1.813	—	0.837
1500	0.811	0.863	0.876	1.001	1.843	—	0.844
1600	0.817	0.870	0.883	1.011	1.874	—	0.851
1700	0.823	0.877	0.889	1.020	1.902	—	0.857
1800	0.829	0.883	0.896	1.029	1.929	—	0.863

温度（℃） 气体	O_2	N_2	CO	CO_2	H_2O	SO_2	空气
1900	0.834	0.889	0.901	1.037	1.955	—	0.869
2000	0.839	0.894	0.906	1.045	1.980	—	0.874
2100	0.844	0.900	0.911	1.052	2.005	—	0.879
2200	0.849	0.905	0.916	1.058	2.028	—	0.884
2300	0.854	0.909	0.921	1.064	2.050	—	0.889
2400	0.858	0.914	0.925	1.070	2.027	—	0.893
2500	0.863	0.918	0.929	1.075	2.093	—	0.897
2600	0.868	—	—	—	2.113	—	—
2700	0.872	—	—	—	2.132	—	—
2800	—	—	—	—	2.151	—	—
2900	—	—	—	—	2.168	—	—
3000	—	—	—	—	—	—	—

附表7　　　　　　某些常用气体在理想状态下的平均体积定压热容　　　　$kJ/(m^3 \cdot K)$

温度（℃） 气体	O_2	N_2	CO	CO_2	H_2O	SO_2	空气
0	1.306	1.298	1.299	1.600	1.494	1.433	1.207
100	1.318	1.300	1.302	1.700	1.303	1.618	1.306
200	1.335	1.304	1.307	1.787	1.522	1.888	1.307
300	1.356	1.311	1.317	1.863	1.542	1.855	1.317
400	1.377	1.321	1.329	1.930	1.565	2.018	1.329
500	1.398	1.332	1.343	1.989	1.590	2.068	1.343
600	1.417	1.345	1.357	2.041	1.615	2.114	1.357
700	1.434	1.359	1.372	2.088	1.641	2.152	1.371
800	1.450	1.372	1.386	2.131	1.668	2.181	1.384
900	1.465	1.385	1.40	2.169	1.696	2.215	1.398
1000	1.478	1.397	1.413	2.204	1.723	2.236	1.410
1100	1.489	1.409	1.425	2.235	1.750	2.261	1.421
1200	1.501	1.420	1.436	2.264	1.777	2.278	1.433
1300	1.511	1.431	1.447	2.290	1.803	—	1.443
1400	1.520	1.441	1.457	2.314	1.828	—	1.453
1500	1.529	1.450	1.466	2.335	1.853	—	1.462
1600	1.538	1.459	1.475	2.355	1.876	—	1.471
1700	1.546	1.467	1.483	2.374	1.900	—	1.479
1800	1.554	1.475	1.490	2.392	1.921	—	1.487
1900	1.562	1.482	1.497	2.407	1.942	—	1.494
2000	1.569	1.489	1.504	2.422	1.963	—	1.501
2100	1.576	1.496	1.510	2.436	1.982	—	1.507
2200	1.583	1.502	1.516	2.448	2.001	—	1.514
2300	1.590	1.507	1.521	2.460	2.019	—	1.519
2400	1.596	1.513	1.527	2.471	2.036	—	1.525
2500	1.603	1.518	1.532	2.481	2.053	—	1.530
2600	1.609	—	—	—	2.069	—	—
2700	1.615	—	—	—	2.085	—	—
2800	—	—	—	—	2.100	—	—
2900	—	—	—	—	2.113	—	—
3000	—	—	—	—	—	—	—

附表 8　　　　　　　　　　某些常用气体在理想状态下的平均体积定容热容　　　　kJ/(m³·K)

温度（℃）＼气体	O_2	N_2	CO	CO_2	H_2O	SO_2	空气
0	0.935	0.928	0.928	1.299	12.124	1.361	0.926
100	0.947	0.929	0.931	1.329	1.134	1.440	0.929
200	0.964	0.933	0.936	1.416	1.151	1.561	0.936
300	0.985	0.940	0.946	1.492	1.171	1.597	0.946
400	1.007	0.950	0.958	1.559	1.194	1.645	0.958
500	1.027	0.96	0.972	1.618	1.219	1.700	0.972
600	1.046	0.974	0.986	1.670	1.241	1.742	0.986
700	1.063	0.988	1.001	1.717	1.270	1.799	1.000
800	1.079	1.001	1.015	1.760	1.297	1.813	1.013
900	1.094	1.014	1.029	1.798	1.526	1.812	1.026
1000	1.107	1.026	1.042	1.833	1.352	1.867	1.039
1100	1.118	1.038	1.054	1.864	1.379	1.888	1.050
1200	1.130	1.049	1.065	1.893	1.406	1.905	1.062
1300	1.140	1.060	1.076	1.919	1.432	—	1.072
1400	1.149	1.070	1.086	1.943	1.457	—	1.082
1500	1.158	1.079	1.095	1.964	1.482	—	1.091
1600	1.167	1.088	1.104	1.985	1.505	—	1.100
1700	1.175	1.096	1.112	2.003	1.529	—	1.108
1800	1.183	1.104	1.119	2.021	1.550	—	1.116
1900	1.191	1.111	1.126	2.036	1.571	—	1.123
2000	1.198	1.118	1.133	2.051	1.592	—	1.130
2100	1.205	1.125	1.139	2.065	1.611	—	1.136
2200	1.212	1.130	1.145	2.077	1.630	—	1.143
2300	1.219	1.136	1.151	2.089	1.648	—	1.148
2400	1.225	1.142	1.156	2.100	1.666	—	1.154
2500	1.232	1.147	1.161	2.110	1.682	—	1.159
2600	1.233	—	—	—	1.698	—	—
2700	1.244	—	—	—	1.714	—	—
2800	—	—	—	—	1.729	—	—
2900	—	—	—	—	1.743	—	—
3000	—	—	—	—	—	—	—

附表 9　　　　　　　　298～1500K 气体的摩尔热容公式（曲线关系式）

$$C_{p0,m}=a+bT+eT^2 \qquad \text{J/(mol·K)}$$

气 体	a	$b\times10^3$	$e\times10^3$
氢　H_2	29.0856	−0.8373	2.0138
氮　N_2	27.3146	5.2335	−0.0042
氧　O_2	25.8911	12.9874	−3.8644
氯　Cl_2	31.7191	10.1488	−4.0402
一氧化碳　CO	26.8742	6.9710	−0.8206
二氧化碳　CO_2	26.0167	43.5259	−14.8422
二氧化硫　SO_2	29.7932	39.8248	−14.6998
水蒸气　H_2O	30.3794	9.6212	1.1848
甲烷　CH_4	14.1555	75.5466	−18.0032
乙烷　C_2H_6	9.4007	159.9399	−46.2599

续表

气　体	a	$b\times10^3$	$e\times10^3$
丙烷　C_3H_8	10.0901	239.464	-73.4071
丁烷　C_4H_{10}	16.0940	307.1017	-94.8519
氨　NH_3	25.4808	36.8940	-6.3053
乙烯　N_2H_4	11.8486	119.7466	-36.5340
一氧化氮　NO	29.3913	-1.5491	10.6595
乙炔　C_2H_2	30.6934	52.8457	-16.2824
硫化氢　H_2S	27.8924	21.4950	-3.5755

附表 10　　0~1500℃气体的平均比热容与平均体积热容（直线关系式）

气　体	平均比热容/[kJ/(kg·K)]	平均体积热容/[kJ/(m³·K)]
空　气	$c_{Vm}=0.7088+0.000093t$	$C'_{Vm}=0.9157+0.0001201t$
	$c_{pm}=0.9956+0.000093t$	$C'_{pm}=1.283+0.0001201t$
H_2	$c_{Vm}=10.12+0.0005945t$	$C'_{Vm}=0.9094+0.0000523t$
	$c_{pm}=14.33+0.0005945t$	$C'_{pm}=1.28+0.0000523t$
N_2	$c_{Vm}=0.7304+0.00008955t$	$C'_{Vm}=0.9131+0.0001107t$
	$c_{pm}=1.032+0.00008955t$	$C'_{pm}=1.306+0.0001107t$
O_2	$c_{Vm}=0.6594+0.0001065t$	$C'_{Vm}=0.943+0.0001577t$
	$c_{pm}=0.919+0.0001065t$	$C'_{pm}=1.313+0.0001577t$
CO	$c_{Vm}=0.7331+0.00009681t$	$C'_{Vm}=0.9173+0.000121t$
	$c_{pm}=1.035+0.00009681t$	$C'_{pm}=1.291+0.000121t$
H_2O	$c_{Vm}=1.372+0.0003111t$	$C'_{Vm}=1.102+0.0002498t$
	$c_{pm}=1.833+0.0003111t$	$C'_{pm}=1.473+0.0002498t$
CO_2	$c_{Vm}=0.6837+0.0002406t$	$C'_{Vm}=1.3423+0.0004723t$
	$c_{pm}=0.8725+0.0002406t$	$C'_{pm}=1.7132+0.0004723t$

附表 11　　　　　　　　理想气体状况下空气的热力性质

T/K	$t/℃$	$h/(kJ/kg)$	$u/(kJ/kg)$	$s^0/[kJ/(kg·K)]$
200	-73.15	200.13	142.72	6.2950
220	-53.15	220.18	157.03	6.3905
240	-33.15	240.22	171.34	6.4777
260	-13.15	260.28	185.65	6.5580
280	6.85	280.35	199.98	6.6323
300	26.85	300.43	214.32	6.7016
320	46.85	320.53	228.68	6.7665
340	66.85	340.66	248.07	6.8275
360	86.85	360.81	257.48	6.8851
380	106.85	381.01	271.94	6.9397
400	126.85	401.25	286.43	6.9916
450	176.85	452.07	322.91	7.1113
500	226.85	503.30	359.79	7.2193
550	276.85	555.01	397.15	7.3178
600	326.85	607.26	435.04	7.4087

T/K	$t/℃$	$h/(\text{kJ/kg})$	$u/(\text{kJ/kg})$	$s^0/[\text{kJ}/(\text{kg}\cdot\text{K})]$
650	376.85	660.09	473.52	7.4933
700	426.85	713.51	512.59	7.5725
750	476.85	767.53	552.26	7.6470
800	526.85	822.15	592.53	7.7175
850	576.85	877.35	633.37	7.7844
900	626.85	933.10	674.77	7.8482
950	676.85	989.38	716.70	7.9090
1000	726.85	1046.16	759.13	7.9673
1200	926.85	1277.73	933.29	8.1783
1400	1126.85	1515.18	1113.34	8.3612
1600	1326.85	1757.19	1297.94	3.5228
1800	1526.85	2002.75	1486.42	8.6674
2000	1726.85	2251.28	1677.22	8.7988
2200	1926.85	2502.20	1870.73	8.9179
2400	2126.85	2755.17	2066.29	9.0279
2600	2326.85	3009.91	2263.63	9.1299
2800	2526.85	3266.21	2462.52	9.2218
3000	2726.85	3523.87	2662.78	9.3137
3200	2926.85	3782.75	2864.25	9.3972
3400	3126.85	4042.71	3066.80	9.4762

附表 12　　　饱和水与饱和水蒸气的热力性质（按温度排列）

温 度	压 力	比体积		焓		汽化潜热	熵	
		液体	蒸汽	液体	蒸汽		液 体	蒸 汽
$t/$ ℃	$p/$ MPa	$v'/$ $\left(\dfrac{\text{m}^3}{\text{kg}}\right)$	$v''/$ $\left(\dfrac{\text{m}^3}{\text{kg}}\right)$	$h'/$ $\left(\dfrac{\text{kJ}}{\text{kg}}\right)$	$h''/$ $\left(\dfrac{\text{kJ}}{\text{kg}}\right)$	$r/$ $\left(\dfrac{\text{kJ}}{\text{kg}}\right)$	$s'/$ $\left(\dfrac{\text{kJ}}{\text{kg}\cdot\text{K}}\right)$	$s''/$ $\left(\dfrac{\text{kJ}}{\text{kg}\cdot\text{K}}\right)$
0	0.0006108	0.0010002	206.321	−0.04	2501.0	2501.0	−0.0002	9.1565
0.01	0.0006112	0.00100022	206.175	0.000614	2501.0	2501.0	0.0000	9.1562
1	0.0006566	0.0010001	192.611	4.17	2502.8	2498.6	0.0152	9.1298
2	0.0007054	0.0010001	179.935	8.39	2504.7	2496.3	0.0306	9.1035
3	0.0007575	0.0010000	168.165	12.60	2506.5	2493.9	0.0459	9.0773
4	0.0008129	0.0010000	157.267	16.80	2508.3	2491.5	0.0611	9.0514
5	0.0008718	0.0010000	147.167	21.01	2510.2	2489.2	0.0762	9.0258
6	0.0009346	0.0010000	137.768	25.21	2512.0	2486.8	0.0913	9.0003
7	0.0010012	0.0010000	129.061	29.41	2513.9	2484.5	0.1063	8.9751
8	0.0010721	0.0010001	120.952	33.60	2515.7	2482.1	0.1213	8.9501
9	0.0011473	0.0010002	113.423	37.80	2517.5	2479.7	0.1362	8.9254
10	0.0012271	0.0010003	106.419	41.99	2519.4	2477.4	0.1510	8.9009
11	0.0013118	0.0010003	99.896	46.19	2521.2	2475.0	0.1658	8.8766
12	0.0014015	0.0010004	93.828	50.38	2523.0	2472.6	0.1805	8.8525
13	0.0014967	0.0010006	88.165	54.57	2524.9	2470.2	0.1952	8.8286
14	0.0015974	0.0010007	82.893	58.75	2526.7	2467.9	0.2098	8.8050
15	0.0017041	0.0010008	77.970	62.94	2528.6	2465.7	0.2243	8.7815
16	0.0018170	0.0010010	73.376	67.13	2530.4	2463.3	0.2388	8.7583

温　度	压　力	比体积		焓		汽化潜热	熵	
		液　体	蒸　汽	液　体	蒸　汽		液　体	蒸　汽
$t/$	$p/$	$v'/$	$v''/$	$h'/$	$h''/$	$r/$	$s'/$	$s''/$
℃	MPa	$\left(\dfrac{m^3}{kg}\right)$	$\left(\dfrac{m^3}{kg}\right)$	$\left(\dfrac{kJ}{kg}\right)$	$\left(\dfrac{kJ}{kg}\right)$	$\left(\dfrac{kJ}{kg}\right)$	$\left(\dfrac{kJ}{kg\cdot K}\right)$	$\left(\dfrac{kJ}{kg\cdot K}\right)$
17	0.0019364	−0.0010012	69.087	71.31	2532.2	2460.9	0.2533	8.7353
18	0.0020626	0.0010013	65.080	75.50	2634.0	2458.5	0.2677	8.7125
19	0.0021960	0.0010015	61.334	79.68	2535.9	2456.2	0.2820	8.6898
20	0.00923368	0.0010017	57.833	83.86	2537.7	2453.8	0.2963	8.6674
22	0.0026424	0.0010022	51.488	92.22	2541.4	2449.2	0.3247	8.6232
24	0.0029824	0.0010026	45.923	100.59	2545.0	2444.4	0.3530	8.5797
26	0.0033600	0.0010032	41.031	108.95	2543.6	2439.6	0.3810	8.5370
28	0.0037785	0.0010037	36.726	117.31	2552.3	2435.0	0.4088	8.4950
30	0.0042417	0.0010043	32.929	125.66	2555.9	2430.2	0.4365	8.4537
35	0.0056217	0.0010060	25.246	146.56	2565.0	2413.4	0.5049	8.3536
40	0.0073749	0.0010078	19.648	167.45	2574.0	2406.5	0.5721	8.2576
45	0.0095817	0.0010099	15.278	188.36	2582.9	2394.5	0.6383	8.1655
50	0.012335	0.0010121	12.048	209.26	2591.8	2382.6	0.7055	9.0771
55	0.015740	0.0010145	9.3812	230.17	2600.7	2370.5	0.7677	7.9922
60	0.019919	0.0010171	7.6807	251.09	2609.5	2368.1	0.8310	7.9106
65	0.025008	0.0010199	6.2042	272.02	2618.2	2346.2	0.8933	7.8320
70	0.031161	0.0010228	5.0479	292.97	2626.8	2333.8	0.9548	7.7565
75	0.038548	0.0010259	4.1356	313.94	2636.3	2321.4	1.0154	7.6837
80	0.047359	0.0010292	3.4104	334.92	2643.8	2208.9	1.0752	7.6135
85	0.057803	0.0010326	2.8300	355.92	2652.1	2296.2	1.1343	7.5459
90	0.070108	0.0010361	2.3624	376.94	2660.3	2283.4	1.1925	7.4805
95	0.084525	0.0010398	1.9832	397.99	2668.4	2270.4	1.2500	7.4174
100	0.101325	0.0010437	1.6738	419.06	2676.3	2227.2	1.3069	7.3564
110	0.14326	0.0010519	1.2106	461.32	2691.8	2230.6	1.4185	7.2402
120	0.19854	0.0010606	0.89202	503.7	2706.6	2202.9	1.5276	7.1310
130	0.27012	0.0010700	0.66851	546.3	2720.7	2174.4	1.6344	7.0281
140	0.36136	0.0010801	0.50875	589.1	2734.0	2144.9	1.7390	6.9307
150	0.47597	0.0010908	0.39261	632.2	2746.3	2114.1	1.8416	6.8381
160	0.61804	0.0011012	0.30685	675.5	2757.7	2082.2	1.9425	6.7498
170	0.79202	0.0011145	0.24259	719.1	2768.0	2048.9	2.0416	6.6652
180	1.0027	0.0011275	0.19381	763.1	2777.1	2014.0	2.1393	6.5838
190	1.2552	0.0011415	0.15631	807.5	2784.9	1977.4	2.2356	6.5052
200	1.5551	0.0011565	0.12714	852.4	2791.4	1939.0	2.3307	6.4289
210	1.9079	0.0011726	0.10422	897.8	2796.4	1898.6	2.4247	6.3546
220	2.3201	0.0011900	0.08602	943.3	2799.9	1856.2	2.5178	6.2819
230	2.7979	0.0012087	0.07143	990.7	2801.7	1811.4	2.6102	6.2104
240	3.3480	0.0012291	0.05964	1037.6	2801.6	1764.0	2.7021	6.1397
250	3.9776	0.0012513	0.05002	1085.8	2799.5	1723.7	2.7936	7.0693
260	4.6940	0.0012756	0.04212	1135.0	2795.2	1660.2	2.8850	5.9989
270	5.5051	0.0013025	0.03557	1185.4	2788.3	1602.9	2.9766	5.9278
280	6.4191	0.0013324	0.03010	1237.0	2778.6	1541.6	3.0687	5.8555
290	7.4448	0.0013659	0.02551	1290.3	2765.4	1475.1	3.1616	5.7811
300	8.5917	0.0014041	0.02162	1345.4	2748.4	1403.0	3.2559	5.7038

续表

温　度	压　力	比体积		焓		汽化潜热	熵	
		液　体	蒸　汽	液　体	蒸　汽		液　体	蒸　汽
$t/$ ℃	$p/$ MPa	$v'/$ $\left(\dfrac{m^3}{kg}\right)$	$v''/$ $\left(\dfrac{m^3}{kg}\right)$	$h'/$ $\left(\dfrac{kJ}{kg}\right)$	$h''/$ $\left(\dfrac{kJ}{kg}\right)$	$r/$ $\left(\dfrac{kJ}{kg}\right)$	$s'/$ $\left(\dfrac{kJ}{kg \cdot K}\right)$	$s''/$ $\left(\dfrac{kJ}{kg \cdot K}\right)$
310	9.8697	0.0014480	0.01829	1402.9	2726.8	1326.9	3.3522	5.6224
320	11.290	0.0014965	0.01544	1463.4	2699.6	1236.2	3.4513	5.5356
330	12.865	0.0015614	0.01296	1527.5	2665.5	1138.0	35546	5.4414
340	14.608	0.0016390	0.01078	1596.8	2622.3	1025.5	3.6638	5.3363
350	16.537	0.0017407	0.008822	1672.9	2566.1	893.2	3.7816	5.2149
360	18.674	0.0018930	0.006970	1763.1	2485.7	722.6	3.9189	5.0603
370	21.053	0.002231	0.0049458	1896.2	2335.7	439.5	4.1198	4.8031
371	21.306	0.002298	0.004710	1916.5	2310.7	394.2	4.1503	4.7624
372	21.562	0.002392	0.004432	1942.0	2280.1	338.1	4.1891	4.7130
373	21.821	0.002525	0.004090	1974.5	2238.3	263.8	4.2385	4.6467
374	22.084	0.002834	0.003432	2039.2	2150.7	111.5	4.3374	4.5096

临界参数

$p = 22.064MPa$，$v = 0.003106m^3/kg$，$t_c = 373.95℃$

$h_c = 2095.2kJ/kg$，$s_c = 4.4237kJ/(kg \cdot K)$

附表 13　　　　　　　饱和水与饱和水蒸气的热力性质（按压力排列）

压　力	温　度	比体积		焓		汽化潜热	熵	
		液　体	蒸　汽	液　体	蒸　汽		液　体	蒸　汽
$p/$ MPa	$t/$ ℃	$v'/$ $\left(\dfrac{m^3}{kg}\right)$	$v''/$ $\left(\dfrac{m^3}{kg}\right)$	$h'/$ $\left(\dfrac{kJ}{kg}\right)$	$h''/$ $\left(\dfrac{kJ}{kg}\right)$	$r/$ $\left(\dfrac{kJ}{kg}\right)$	$s'/$ $\left(\dfrac{kJ}{kg \cdot K}\right)$	$s''/$ $\left(\dfrac{kJ}{kg \cdot K}\right)$
0.0010	6.982	0.0010001	129.208	29.33	2513.8	2484.5	0.1060	8.9756
0.0020	17.511	0.0010012	67.006	73.45	2533.2	2459.8	0.2606	8.7236
0.0030	24.098	0.0010027	45.668	101.00	2545.2	2444.2	0.3543	8.5776
0.0040	28.981	0.0010040	34.803	121.41	2554.1	2432.7	0.4224	8.4747
0.0050	32.90	0.0010052	28.196	137.77	2561.2	2423.4	0.4762	8.3952
0.0060	36.18	0.00100064	23.742	151.50	2567.1	2415.6	0.5209	8.3305
0.0070	39.02	0.0010074	20.532	163.38	2572.2	2408.8	0.5591	82760
0.0080	41.53	0.0010084	18.106	173.87	2576.7	2402.8	0.5926	8.2289
0.0090	43.79	0.0010094	16.206	183.28	2580.8	2397.5	0.6224	8.1875
0.010	45.83	0.0010102	14.676	191.84	2584.4	2392.6	0.6493	8.1505
0.015	54.00	0.0010140	10.025	225.98	2598.9	2372.9	0.7549	8.0089
0.020	60.09	0.0010172	7.6515	251.46	2609.6	23858.1	0.8321	7.9092
0.025	64.99	0.0010199	6.2060	271.99	2618.1	2346.1	0.8932	7.8321
0.030	69.12	0.0010223	5.2308	289.31	2625.3	2336.0	0.9441	7.7695
0.040	75.89	0.0010265	3.9949	317.65	2636.8	2319.2	1.0261	7.6711
0.050	81.35	0.0010301	3.2415	340.57	2645.0	2305.4	1.0912	7.5951

续表

压　力	温　度	比体积		焓		汽化潜热	熵	
		液　体	蒸　汽	液　体	蒸　汽		液　体	蒸　汽
$p/$ MPa	$t/$ ℃	$v'/$ $\left(\dfrac{m^3}{kg}\right)$	$v''/$ $\left(\dfrac{m^3}{kg}\right)$	$h'/$ $\left(\dfrac{kJ}{kg}\right)$	$h''/$ $\left(\dfrac{kJ}{kg}\right)$	$r/$ $\left(\dfrac{kJ}{kg}\right)$	$s'/$ $\left(\dfrac{kJ}{kg\cdot K}\right)$	$s''/$ $\left(\dfrac{kJ}{kg\cdot K}\right)$
0.060	85.95	0.0010333	2.7329	359.93	2653.6	2293.7	1.1454	7.5332
0.070	89.96	0.0010361	2.3658	376.77	2660.2	2283.4	1.1921	7.4811
0.080	93.51	0.0010387	2.0879	391.72	2666.0	2274.3	1.2330	7.4360
0.090	96.71	0.0010412	1.8701	405.21	2671.1	2265.9	1.2696	7.3963
0.10	99.63	0.0010434	1.6946	417.51	2675.7	2258.2	1.3027	7.3608
0.12	104.81	0.0010476	1.4289	439.36	2683.8	2244.4	1.3609	7.2996
0.14	109.32	0.0010513	1.2370	458.42	2690.8	2232.4	1.4109	7.2480
0.16	113.32	0.0010547	1.0917	475.38	2696.8	2221.4	1.4550	7.2032
0.18	116.93	0.0010579	0.97775	490.70	2702.1	2211.4	1.4944	7.1638
0.20	120.23	0.0010608	0.88592	504.7	2706.9	2202.2	1.5301	7.1286
0.25	127.43	0.0010675	0.71881	535.4	2717.2	2181.8	1.6072	7.0540
0.30	133.54	0.0010735	0.60586	561.4	2725.5	2164.1	1.6717	6.9930
0.35	138.88	0.0010789	0.52425	584.3	2732.5	2148.2	1.7273	6.9414
0.40	143.62	0.0010839	0.46242	604.7	2738.5	2133.8	1.7764	6.8966
0.45	147.92	0.0010885	0.41392	623.2	2743.8	2120.6	1.8204	6.8570
0.50	151.85	0.0010928	0.37481	640.1	2748.5	2108.4	1.8604	6.8515
0.60	158.84	0.0011009	0.31556	670.4	2756.4	2086.0	1.9308	6.7598
0.70	164.96	0.0011082	0.27274	697.1	2762.9	2065.8	1.9918	6.7074
0.80	170.42	0.0011150	0.24030	720.9	2768.4	2047.5	2.0457	6.6618
0.90	175.36	0.0011213	0.21481	742.6	2773.0	2030.4	2.0941	6.6212
1.00	179.88	0.0011274	0.19430	762.6	2777.0	2014.1	2.1382	6.5847
1.10	184.06	0.0011331	0.17739	781.1	2780.4	1909.3	2.1786	6.5515
1.20	187.96	0.0011386	0.16320	798.4	2783.4	1985.0	2.2160	6.5210
1.30	191.60	0.0011438	0.15112	814.7	2786.0	1971.3	2.2509	6.4927
1.40	195.04	0.0011489	0.14072	830.1	2788.4	1958.3	2.2836	6.4665
1.50	198.28	0.0011538	0.13165	844.7	2790.4	1945.7	2.3144	6.4418
1.60	201.37	0.0011586	0.12368	858.6	2792.2	1933.6	2.3435	6.4187
1.70	204.30	0.0011633	0.11661	871.8	2793.8	1922.0	2.3712	6.3967
1.80	207.10	0.0011678	0.11031	884.6	2795.1	1910.5	2.3976	6.3759
1.90	209.79	0.0011722	0.10464	896.8	2796.4	1899.6	2.4227	6.3561
2.00	212.37	0.0011766	0.09953	908.6	2797.4	1888.8	2.4468	6.3373
2.20	217.24	0.0011850	0.09064	930.9	2799.1	1868.2	2.4922	6.3018
2.40	221.78	0.0011932	0.08319	951.9	2800.4	1848.5	2.5343	6.2691
2.60	226.03	0.0012011	0.07685	971.7	2801.2	1829.5	2.5736	6.2386
2.80	230.04	0.0012088	0.07138	990.5	2801.7	1811.2	2.6106	6.2101
3.00	233.84	0.0012163	0.06662	1008.4	2801.9	1793.5	2.6455	6.1832
3.50	242.54	0.0012345	0.05702	1049.8	2801.3	1751.5	2.7253	6.1218
4.00	250.33	0.0012521	0.04974	1087.5	2799.4	1711.9	2.7967	6.0670
5.00	263.92	0.0012858	0.03941	1154.6	2792.8	1638.2	2.9209	5.9712
6.00	275.56	0.0013187	0.03241	1213.9	2783.3	1569.4	3.0277	3.8878
7.00	258.80	0.0013514	0.02734	1267.7	2771.4	1503.7	3.1225	5.8126
8.00	294.98	0.0013843	0.02349	1317.5	2757.5	1440.0	3.2083	5.7430
9.00	303.31	0.0014179	0.02046	1364.2	2741.8	1377.6	3.2875	5.6773

压　力	温　度	比体积		焓		汽化潜热	熵	
		液　体	蒸　汽	液　体	蒸　汽		液　体	蒸　汽
$p/$ MPa	$t/$ ℃	$v'/$ $\left(\dfrac{\mathrm{m}^3}{\mathrm{kg}}\right)$	$v''/$ $\left(\dfrac{\mathrm{m}^3}{\mathrm{kg}}\right)$	$h'/$ $\left(\dfrac{\mathrm{kJ}}{\mathrm{kg}}\right)$	$h''/$ $\left(\dfrac{\mathrm{kJ}}{\mathrm{kg}}\right)$	$r/$ $\left(\dfrac{\mathrm{kJ}}{\mathrm{kg}}\right)$	$s'/$ $\left(\dfrac{\mathrm{kJ}}{\mathrm{kg}\cdot\mathrm{K}}\right)$	$s''/$ $\left(\dfrac{\mathrm{kJ}}{\mathrm{kg}\cdot\mathrm{K}}\right)$
10.0	310.96	0.0014526	0.01800	1408.6	2724.4	1315.8	3.3616	5.6143
11.0	318.04	0.0014887	0.01597	1451.2	2705.4	1254.2	3.4316	5.5531
12.0	324.64	0.0015267	0.01425	1492.6	2684.8	1192.2	3.4986	5.4930
13.0	330.81	0.0015670	0.01277	1533.0	2662.4	1129.4	3.5633	5.4333
14.0	336.63	0.0016104	0.01149	1572.8	2638.3	1065.5	3.6262	5.3737
15.0	342.12	0.0016580	0.01035	1612.2	2611.6	999.4	3.6877	5.3122
16.0	347.32	0.0017101	0.009330	1651.5	2582.7	931.2	37486	5.2496
17.0	352.26	0.0017690	0.008401	1691.6	2550.8	859.2	3.8103	5.1841
18.0	356.96	0.0018380	0.007534	1733.4	2514.4	781.0	3.8739	5.1135
19.0	361.44	0.0019231	0.006700	1778.2	2470.1	691.9	3.9417	5.0321
20.0	365.71	0.002038	0.005873	1828.8	2413.8	5850	4.0181	4.9338
21.0	369.79	0.002218	0.005006	1892.2	2340.2	448.0	4.1137	4.8106
22.0	373.68	0.002675	0.003757	2007.7	2192.5	184.8	4.2891	4.5748

附表 14　　　　　　　未饱和水与过热水蒸气的热力性质

p	0.001MPa			0.005MPa		
	$t_s=6.982$ $v'=0.0010001,\ v''=129.208$ $h'=29.33,\ h''=2513.8$ $s'=0.1060,\ s''=8.9756$			$t_s=32.90$ $v'=0.0010052,\ v''=28.196$ $h'=137.77,\ h''=2561.2$ $s'=0.4762,\ s''=8.3952$		
t	v	h	s	v	h	s
℃	m^3/kg	$\mathrm{kJ/kg}$	$\mathrm{kJ/(kg\cdot K)}$	m^2/kg	$\mathrm{kJ/kg}$	$\mathrm{kJ/(kg\cdot K)}$
0	0.0010002	0.0	−0.0001	0.0010002	0.0	−0.0001
10	130.60	2519.5	8.9956	0.0010002	42.0	0.1510
20	135.23	2538.1	9.0604	0.0010017	83.9	0.2963
40	144.47	2575.5	9.1837	28.86	2574.6	8.4385
60	153.71	2613.0	9.2997	30.71	2612.3	8.5552
80	162.95	2650.6	9.4093	32.57	2650.0	8.6652
100	172.19	2688.3	9.5132	34.42	2687.9	8.7695
120	181.42	2726.2	9.6122	36.27	2725.9	8.8687
140	190.66	2764.3	9.7066	38.12	2764.0	8.9633
160	199.89	2802.6	9.7971	39.97	2802.3	9.0539
180	209.12	2841.0	9.8839	41.81	2840.8	9.1408
200	218.35	2879.7	9.9674	43.66	2879.5	9.2244
220	227.58	2918.6	10.0480	45.51	2918.5	9.3049
240	236.82	2957.7	10.1257	47.36	2957.6	9.3828
260	246.05	2997.1	10.2010	49.20	2997.0	9.4580
280	255.28	3036.7	10.2739	51.05	3036.6	9.5310
300	264.51	3076.5	10.3446	52.90	3076.4	9.6017

p	0.001MPa			0.005MPa		
	$t_s=6.982$ $v'=0.0010001,\ v''=129.208$ $h'=29.33,\ h''=2513.8$ $s'=0.1060,\ s''=8.9756$			$t_s=32.90$ $v'=0.0010052,\ v''=28.196$ $h'=137.77,\ h''=2561.2$ $s'=0.4762,\ s''=8.3952$		
t	v	h	s	v	h	s
℃	m³/kg	kJ/kg	kJ/(kg·K)	m²/kg	kJ/kg	kJ/(kg·K)
350	287.58	3177.2	10.5130	57.51	3177.1	9.7702
400	310.66	3279.5	10.6709	62.13	3279.4	9.9280
450	333.74	3383.4	10.820	66.74	3383.3	10.077
500	356.81	3489.0	10.961	71.36	3489.0	10.218
550	379.89	3596.3	11.095	75.98	3596.2	10.352
600	402.96	3705.3	11.224	80.59	3705.3	10.481
p	0.01MPa			0.1MPa		
	$t_s=45.83$ $v'=0.0010102,\ v''=14.676$ $h'=191.84,\ h''=2584.4$ $s'=0.6493,\ s''=8.1505$			$t_s=99.63$ $v'=0.0010434,\ v''=1.6946$ $h'=417.51,\ h''=2675.7$ $s'=1.3027,\ s''=7.36008$		
t	v	h	s	v	h	s
℃	m³/kg	kJ/kg	kJ/(kg·K)	m²/kg	kJ/kg	kJ/(kg·K)
0	0.0010002	0.0	−0.0001	0.0010002	0.1	−0.0001
10	0.0010002	42.0	0.1510	0.0010002	42.1	0.1510
20	0.0010017	83.9	0.2963	0.0010017	84.0	0.2963
40	0.0010078	167.4	0.5721	0.0010078	167.5	0.5721
60	15.34	2611.3	8.2331	0.0010171	251.2	0.8309
80	16.27	2649.3	8.3437	0.0010292	335.0	1.0752
100	17.20	2687.3	8.4484	1.696	2676.5	7.3628
120	18.12	2725.4	8.5479	1.793	2716.8	7.4681
140	19.05	2763.6	8.6427	1.889	2756.6	7.5669
160	19.98	2802.0	8.7334	1.984	2796.2	7.6605
180	20.90	2840.6	8.8204	2.078	2835.7	7.7496
200	21.82	2879.3	8.9041	2.172	2875.2	7.8348
220	22.75	2918.3	8.9848	2.266	2914.7	7.9166
240	23.67	2957.4	9.0626	2.359	2954.3	7.9954
260	24.60	2996.8	9.1379	2.453	2994.1	8.0714
280	25.52	3036.5	9.2109	2.546	3034.0	8.1440
300	26.44	3076.3	9.2817	2.639	3074.1	8.2162
350	28.75	3177.0	9.4502	2.871	3175.3	8.3854
400	31.06	3279.4	9.6081	3.103	3278.0	8.5439
450	33.37	3383.3	9.7570	3.334	3382.2	8.6932
500	35.68	3488.9	9.8982	3.565	3487.9	8.8346
550	37.99	3596.2	10.033	3.797	3595.4	8.9693
600	40.29	3705.2	10.161	4.028	3704.5	9.0979

p	0.5MPa			1.0MPa		
	$t_s=151.85$			$t_s=179.88$		
	$v'=0.0010928,\ v''=0.37481$			$v'=0.0011274,\ v''=0.19430$		
	$h'=640.1,\ h''=2748.5$			$h'=762.6,\ h''=2777.0$		
	$s'=1.8604,\ s''=6.8215$			$s'=2.1382,\ s''=6.5847$		
t	v	h	s	v	h	s
℃	m³/kg	kJ/kg	kJ/(kg · K)	m²/kg	kJ/kg	kJ/(kg · K)
0	0.0010000	0.5	−0.0001	0.0009997	1.0	−0.0001
10	0.0010000	42.5	0.1509	0.0009998	43.0	0.1509
20	0.00110015	84.3	0.2962	0.0010013	84.8	0.2961
40	0.0010076	167.9	0.5719	0.0010074	168.3	0.5717
60	0.0010169	251.5	0.8307	0.0010167	251.9	0.8305
80	0.0010290	335.3	1.0750	0.0010287	335.7	1.0746
100	0.0010435	419.4	1.3066	0.0010432	419.7	1.3062
120	0.0010605	503.9	1.5273	0.0010602	504.3	1.5269
140	0.0010800	589.2	1.7388	0.0010796	589.5	1.7383
160	0.3836	2767.3	6.8654	0.0011019	675.7	1.9420
180	0.4046	2812.1	6.9665	0.1944	2777.3	6.5854
200	0.4250	2855.5	7.0602	0.2059	2827.5	6.6940
220	0.4450	2898.0	7.1481	0.2169	2874.9	6.7921
240	0.4646	2939.9	7.2315	0.2275	2920.5	6.8826
260	0.4841	2981.5	7.3110	0.2378	2964.8	6.9674
280	0.5034	3022.9	7.3872	0.2480	3008.3	7.0475
300	0.5226	3064.2	7.4606	0.2580	3051.3	7.1239
350	0.5701	3167.6	7.6335	0.2825	3157.7	7.3018
400	0.6172	3271.8	7.7944	0.3066	3264.0	7.4606
420	0.6360	3313.8	7.8558	0.3161	3306.6	7.5283
440	0.6548	3355.9	7.9158	0.3256	3349.3	7.5890
450	0.6641	3377.1	7.9452	0.3304	3370.7	7.6188
460	0.6735	3398.3	7.9743	0.3351	3392.1	7.6482
480	0.6922	3440.9	8.0316	0.3446	3435.1	7.7061
500	0.7109	3483.7	8.0877	0.3540	3478.3	7.7627
550	0.7575	3591.7	8.2232	0.3776	3587.2	7.8991
600	0.8040	3701.4	8.3525	0.4010	3697.4	8.0292
p	3MPa			5MPa		
	$t_s=233.84$			$t_s=263.92$		
	$v'=0.0012163,\ v''=0.06662$			$v'=0.0012858,\ v''=0.03941$		
	$h'=1008.4,\ h''=2801.9$			$h'=1154.6,\ h''=2792.8$		
	$s'=2.6455,\ s''=6.1832$			$s'=2.9209,\ s''=5.9712$		
t	v	h	s	v	h	s
℃	m³/kg	kJ/kg	kJ/(kg · K)	m²/kg	kJ/kg	kJ/(kg · K)
0	0.0009987	3.0	0.0001	0.0009977	5.1	0.0002
10	0.0009988	44.9	0.1507	0.0009979	46.9	0.1505
20	0.0010004	86.7	0.2957	0.0009995	88.6	0.2952
40	0.0010065	170.1	0.5709	0.0010056	171.9	0.5702
60	0.0010158	253.6	0.8294	0.0010149	255.3	0.8283

p	3MPa			5MPa		
	$t_s=233.84$ $v'=0.0012163,\ v''=0.06662$ $h'=1008.4,\ h''=2801.9$ $s'=2.6455,\ s''=6.1832$			$t_s=263.92$ $v'=0.0012858,\ v''=0.03941$ $h'=1154.6,\ h''=2792.8$ $s'=2.9209,\ s''=5.9712$		
t	v	h	s	v	h	s
℃	m³/kg	kJ/kg	kJ/(kg·K)	m²/kg	kJ/kg	kJ/(kg·K)
80	0.0010278	337.3	1.0733	0.0010268	338.8	1.0720
100	0.0010422	421.2	1.3046	0.0010412	422.7	1.3030
120	0.0010590	505.7	1.5250	0.0010579	507.1	1.5232
140	0.0010783	590.8	1.7362	0.0010771	592.1	1.7342
160	0.0011005	676.9	1.9396	0.0010990	678.0	1.9373
180	0.0011258	764.1	2.1366	0.0011241	765.2	2.1330
200	0.0011550	853.0	2.3284	0.0011530	853.8	2.3253
220	0.0011891	943.9	2.5166	0.0011866	944.4	2.5129
240	0.06818	2823.0	6.2245	0.0012264	1037.8	2.6985
260	0.07286	2885.5	6.3440	0.0012750	1135.0	2.8842
280	0.07714	2941.8	6.4477	0.04224	2857.0	6.0889
300	0.08116	2994.2	6.5408	0.04532	2925.4	6.2104
350	0.09053	3115.7	6.7443	0.05194	3069.2	6.4513
400	0.09933	3231.6	6.9231	0.05780	3196.9	6.6486
420	0.10276	3276.9	6.9894	0.06002	3245.4	6.7198
440	0.1061	3321.9	7.0535	0.06220	3293.2	6.7875
450	0.1078	3344.4	7.0847	0.06327	3316.8	6.8204
460	0.1095	3366.8	7.1155	0.06434	3340.4	6.8528
480	0.1128	3411.6	7.1758	0.06644	3387.2	6.9158
500	0.1161	3456.4	7.2345	0.06853	3433.8	6.9768
550	0.1243	3568.6	7.3752	0.07363	3549.6	7.1221
600	0.1324	3681.5	7.5084	0.07864	3665.4	7.2586

p	7MPa			10MPa		
	$t_s=285.80$ $v'=0.0013514,\ v''=0.02734$ $h'=1267.7,\ h''=2771.4$ $s'=3.1225,\ s''=5.8126$			$t_s=310.96$ $v'=0.0014526,\ v''=0.01800$ $h'=1408.6,\ h''=2724.4$ $s'=3.3616,\ s''=5.6143$		
t	v	h	s	v	h	s
℃	m³/kg	kJ/kg	kJ/(kg·K)	m²/kg	kJ/kg	kJ/(kg·K)
0	0.0009967	7.1	0.0004	0.0009953	10.1	0.0005
10	0.0009970	48.8	0.1504	0.0009956	51.7	0.1500
20	0.000996	90.4	0.2948	0.0009972	93.2	0.2942
40	0.0010047	173.6	0.5694	0.0010034	176.3	0.5682
60	0.0010140	256.9	0.8273	0.0010126	259.4	0.8257
80	0.0010259	340.4	1.0707	0.0010244	342.8	1.0687
100	0.0010401	424.2	1.3015	0.0010386	426.5	1.2992
120	0.0010567	508.5	1.5215	0.0010551	510.6	1.5188
140	0.0010758	593.4	1.7321	0.0010739	595.4	1.7291

续表

p	7MPa			10MPa		
	t_s＝285.80 v'＝0.0013514, v''＝0.02734 h'＝1267.7, h''＝2771.4 s'＝3.1225, s''＝5.8126			t_s＝310.96 v'＝0.0014526, v''＝0.01800 h'＝1408.6, h''＝2724.4 s'＝3.3616, s''＝5.6143		
t	v	h	s	v	h	s
℃	m³/kg	kJ/kg	kJ/(kg・K)	m²/kg	kJ/kg	kJ/(kg・K)
160	0.0010976	679.2	1.9350	0.0010954	681.0	1.9315
180	0.0011224	766.2	2.132	0.0011199	767.8	2.1272
200	0.0011510	854.6	2.3222	0.0011480	855.9	2.3176
220	0.0011841	945.0	2.5093	0.0011805	946.0	2.5040
240	0.0012233	1038.0	2.6941	0.0012188	1038.4	2.6878
260	0.0012708	1134.7	2.8789	0.0012648	1134.3	2.8711
280	0.0013307	1236.7	3.0667	0.0013221	1235.2	3.0567
300	0.02946	2839.2	5.9322	0.0013978	1343.7	3.2494
350	0.03524	3017.0	6.2306	0.02242	2924.2	5.9464
400	0.03992	3159.7	6.4511	0.02641	3098.5	6.2158
450	0.04414	3288.0	6.6350	0.02974	3242.2	6.4220
500	0.04810	3410.5	6.7988	0.03277	3374.1	6.5984
520	0.04964	3458.6	6.8602	0.03392	3425.1	6.6635
540	0.05116	3506.4	6.9198	0.03505	3475.4	6.7262
550	0.05191	3530.2	6.9490	0.03561	3500.4	6.7568
560	0.05266	3554.1	6.9778	0.03616	3525.4	6.7869
580	0.05414	3601.6	7.0342	0.03726	3574.9	6.8456
600	0.05561	3649.0	7.0890	0.03833	3624.0	6.9025
p	14MPa			20MPa		
	t_s＝336.63 v'＝0.0016104, v''＝0.01149 h'＝1572.8, h''＝2638.3 s'＝3.6262, s''＝5.3737			t_s＝365.71 v'＝0.002038, v''＝0.005873 h'＝1828.8, h''＝2413.8 s'＝4.0181, s''＝4.9338		
t	v	h	s	v	h	s
℃	m³/kg	kJ/kg	kJ/(kg・K)	m²/kg	kJ/kg	kJ/(kg・K)
0	0.0009933	14.1	0.0007	0.0009904	20.1	0.0008
10	0.0009938	55.6	0.1496	0.0009910	61.3	0.1489
20	0.0009955	97.0	0.2933	0.0009929	102.5	0.2919
40	0.0010017	179.8	0.5666	0.0009992	185.1	0.5643
60	0.0010109	262.8	0.8236	0.0010083	267.8	0.8204
80	0.0010226	346.0	1.0661	0.0010199	350.8	1.0623
100	0.0010366	429.5	1.2961	0.0010337	434.0	1.2916
120	0.0010529	513.5	1.5153	0.0010496	517.7	1.5101
140	0.0010715	598.0	1.7251	0.0010679	602.0	1.7192
160	0.0010926	683.4	1.9269	0.0010886	687.1	1.9203
180	0.0011167	769.9	2.1220	0.0011120	773.1	2.1145
200	0.0011442	857.7	2.3117	0.0011387	860.4	2.3030
220	0.0011759	947.2	2.4970	0.0011693	949.3	2.4870

p	14MPa			20MPa		
	$t_s=336.63$			$t_s=365.71$		
	$v'=0.0016104,\ v''=0.01149$			$v'=0.002038,\ v''=0.005873$		
	$h'=1572.8,\ h''=2638.3$			$h'=1828.8,\ h''=2413.8$		
	$s'=3.6262,\ s''=5.3737$			$s'=4.0181,\ s''=4.9338$		
t	v	h	s	v	h	s
℃	m³/kg	kJ/kg	kJ/(kg·K)	m²/kg	kJ/kg	kJ/(kg·K)
240	0.0012129	1039.1	2.6796	0.0012047	1040.3	2.6678
260	0.0012572	1134.1	2.8612	0.0012466	1134.1	2.8470
280	0.0013115	1233.5	3.0441	0.0012971	1231.6	3.0226
300	0.0013816	1339.5	3.2324	0.0013606	1334.6	3.2095
350	0.01323	2753.5	5.5606	0.001666	1648.4	3.7327
400	0.01722	3004.0	5.9488	0.009952	2820.1	5.5578
450	0.02007	3175.8	6.1953	0.01270	3062.4	5.9061
500	0.02251	3323.0	6.3922	0.01477	3240.2	6.1440
520	0.02342	3378.4	6.4630	0.01551	3303.7	6.2251
540	0.02430	3432.5	6.5304	0.01621	3364.6	6.3009
550	0.02473	3459.2	6.5631	0.01655	3394.3	6.3373
560	0.02515	3485.8	6.5951	0.01688	3423.6	6.3726
580	0.02599	3528.2	6.6573	0.01753	3480.9	6.4406
600	0.02681	3589.8	6.7172	0.01816	3536.9	6.5055
p	25MPa			30MPa		
t	v	h	s	v	h	s
℃	m³/kg	kJ/kg	kJ/(kg·K)	m²/kg	kJ/kg	kJ/(kg·K)
0	0.0009881	25.1	0.0009	0.0009857	30.0	0.0008
10	0.0009888	66.1	0.1482	0.0009866	10.8	0.1471
20	0.0009907	107.1	0.2907	0.0009886	0.17	0.2895
40	0.0009971	189.4	0.5623	0.0009950	193.8	0.5604
60	0.0010062	272.0	0.8178	0.0010041	276.1	0.8153
80	0.0010177	354.8	1.0591	0.0010155	358.7	1.0560
100	0.0010313	437.8	1.2879	0.0010289	441.6	1.2843
120	0.0010470	521.3	1.5059	0.0010445	524.9	1.5017
140	0.0010650	605.4	1.7144	0.0010621	603.1	1.7097
160	0.0010853	690.2	1.9148	0.0010821	693.3	1.9095
180	0.0011082	775.9	2.1083	0.0011046	778.7	2.1022
200	0.0011343	862.8	2.2960	0.0011300	865.2	2.2891
220	0.0011640	951.2	2.4789	0.0011590	953.1	2.4711
240	0.0011983	1041.5	2.6584	0.0011922	1042.8	2.6493
260	0.0012384	1134.3	2.8359	0.0012307	1134.8	2.8252
280	0.0012863	1230.5	3.0130	0.0012762	1229.9	3.0002
300	0.0013453	1331.5	3.1922	0.0013315	1329.0	3.1763

p	25MPa			30MPa		
t	v	h	s	v	h	s
℃	m³/kg	kJ/kg	kJ/(kg・K)	m²/kg	kJ/kg	kJ/(kg・K)
350	0.001600	1626.4	3.6844	0.001554	1611.3	3.6475
400	0.006009	2583.2	5.1472	0.002806	2159.1	4.4854
450	0.009168	2952.1	5.6787	0.006730	2823.1	5.4458
500	0.01113	3165.0	5.9639	0.008679	3083.9	5.7954
520	0.01180	3237.0	6.0558	0.009309	3166.1	5.9004
540	0.01242	3304.7	6.1401	0.009889	3241.7	5.9945
550	0.01272	3337.3	6.1800	0.010165	3277.7	6.0385
560	0.01301	3369.2	6.2185	0.01043	3312.6	6.0806
580	0.01358	3431.2	6.2921	0.01095	3379.8	6.1604
600	0.01413	3491.2	6.3616	0.01144	3444.2	6.2351

附表 15　　　　　　　　氨（NH_3）饱和液和饱和蒸汽的热力性质

温度	压　力	比　体　积		比　焓		比　熵	
t(℃)	p(kPa)	v'(m³/kg)	v''(m³/kg)	h'(kJ/kg)	h''(kJ/kg)	s'[kJ/(kg・K)]	s''[kJ/(kg・K)]
−30	119.5	0.001476	0.96339	44.26	1404.0	0.1856	5.7778
−25	151.6	0.001490	0.77119	66.58	1411.2	0.2763	5.6947
−20	190.2	0.001504	0.62334	89.05	1418.0	0.3657	5.6155
−15	236.3	0.001519	0.50838	111.66	1424.6	0.4538	5.5397
−10	290.9	0.001534	0.41808	134.41	1430.8	0.5408	5.4673
−5	354.9	0.001550	0.34648	157.31	1436.7	0.6266	5.3997
0	429.6	0.001556	0.28920	180.36	1442.2	0.7114	5.3309
5	515.9	0.001583	0.24299	203.58	1447.3	0.7951	5.2666
10	615.2	0.001600	0.20504	226.97	1452.0	0.8779	5.2045
15	728.6	0.001619	0.17462	250.54	1456.3	0.9598	5.1444
20	857.5	0.001638	0.14922	274.30	1460.2	1.0408	5.0860
25	1003.2	0.001658	0.12813	298.25	1463.5	1.1210	5.0293
30	1167.0	0.001680	0.11049	322.42	1466.3	1.2005	4.9738
35	1350.4	0.001702	0.09567	346.80	1468.6	1.2792	4.9169
40	1554.9	0.001725	0.08313	371.43	1470.2	1.3574	4.8662
45	1782.0	0.001750	0.07428	396.31	1471.2	1.4350	4.8136
50	2033.1	0.001777	0.06337	421.48	1471.5	1.5121	4.7614
55	2310.1	0.001804	0.05555	446.96	1471.0	1.5888	4.7095
60	2614.4	0.001834	0.04880	472.79	1469.7	1.6652	4.6577

温度	压力	比体积		比焓		比熵	
t(℃)	p(kPa)	v'(m³/kg)	v''(m³/kg)	h'(kJ/kg)	h''(kJ/kg)	s'[kJ/(kg·K)]	s''[kJ/(kg·K)]
65	2947.8	0.001866	0.04296	499.01	1467.5	1.7415	4.6057
70	3312.0	0.001900	0.03787	525.69	1464.4	1.8178	4.5533
75	3709.0	0.001937	0.03341	552.88	1460.1	1.8943	4.5001
80	4140.5	0.001978	0.02951	580.69	1454.6	1.9712	4.4458
85	4608.6	0.002022	0.02606	609.21	1447.8	2.0488	4.3901
90	5115.3	0.002071	0.02300	638.59	1439.4	2.1273	4.3325
95	5662.9	0.002126	0.02028	668.99	1429.2	2.2073	4.2723
100	6253.7	0.002188	0.01784	700.64	1416.9	2.2893	4.2088
105	6890.4	0.002261	0.01546	733.87	1402.0	2.3740	4.1407
110	7575.7	0.002347	0.01363	769.15	1383.7	2.4625	4.0665
115	8313.3	0.002452	0.01178	807.21	1361.0	2.5566	3.9833
120	9107.2	0.002589	0.01003	849.36	1331.7	2.6593	3.8861
132.3	11333.2	0.004255	0.00426	1085.85	1085.9	3.2316	3.2316

附表16　　　　　　　　氨（NH₃）过热蒸汽的热力性质表

t	$p=50$kPa($t_s=-46.53$℃)			$p=75$kPa($t_s=-39.16$℃)			$p=100$kPa($t_s=-33.60$℃)		
	v	h	s	v	h	s	v	h	s
℃	m³/kg	kJ/kg	kJ/(kg·K)	m³/kg	kJ/kg	kJ/(kg·K)	m³/kg	kJ/kg	kJ/(kg·K)
−30	2.34484	1413.4	6.2333	1.55321	1410.1	6.0247	1.15727	1406.7	5.8734
−20	2.44631	1434.6	6.3187	1.62221	1431.7	6.1120	1.21007	1428.8	5.9626
−10	2.54711	1455.7	6.4006	1.69050	1453.3	6.1954	1.26213	1450.8	6.0477
0	2.64736	1476.9	6.4795	1.75823	1474.8	6.2756	1.31362	1472.6	6.1291
10	2.74716	1498.1	6.5556	1.82551	1496.2	6.3527	1.36465	1494.4	6.2073
20	2.84661	1519.3	6.6293	1.89243	1517.7	6.4272	1.41532	1516.1	6.2826
30	2.94578	1540.6	6.7008	1.95906	1539.2	6.4993	1.46569	1537.7	6.3553
40	3.04472	1562.0	6.7703	2.02547	1560.7	6.5693	1.51582	1559.5	6.4258
50	3.14348	1583.5	6.8379	2.09168	1582.4	6.6373	1.56577	1581.2	6.4943
60	3.24209	1605.1	6.9038	2.15775	1604.1	6.7036	1.61557	1603.1	6.5609
70	3.34058	1626.9	6.9682	2.22369	1626.0	6.7683	1.66525	1625.1	6.6258
80	3.43897	1648.8	7.0312	2.28954	1648.0	6.8315	1.71482	1647.1	6.6892
100	3.63551	1693.2	7.1533	2.42099	1692.4	6.9539	1.81373	1691.7	6.8120
120	3.83183	1738.2	7.2708	2.55221	1737.5	7.0716	1.91240	1736.9	6.9300
140	4.02797	1783.9	7.3842	2.68326	1783.4	7.1853	2.01091	1782.8	7.0439
160	4.22398	1830.4	7.4941	2.81418	1829.9	7.2953	2.10927	1829.4	7.1540
180	4.41988	1877.7	7.6008	2.94499	1877.2	7.4021	2.20754	1876.8	7.2609

t	$p=125\text{kPa}(t_s=-29.07℃)$			$p=150\text{kPa}(t_s=-25.22℃)$			$p=200\text{kPa}(t_s=-18.86℃)$		
	v	h	s	v	h	s	v	h	s
℃	m³/kg	kJ/kg	kJ/(kg·K)	m³/kg	kJ/kg	kJ/(kg·K)	m³/kg	kJ/kg	kJ/(kg·K)
−20	0.96271	1425.9	5.8446	0.79774	1422.9	5.7465	—	—	—
−10	1.00506	1448.3	5.9314	0.83364	1445.7	5.8349	0.61926	1440.6	5.6791
0	1.04682	1470.5	6.0141	0.86892	1468.3	5.9189	0.64648	1463.8	5.7659
10	1.08811	1492.5	6.0933	0.90373	1490.6	5.9992	0.67319	1486.8	5.8484
20	1.12903	1514.4	6.1694	0.93815	1512.8	6.0761	0.69951	1509.4	5.9270
30	1.16964	1536.3	6.2428	0.97227	1534.8	6.1502	0.72553	1531.9	6.0025
40	1.21003	1558.2	6.3138	1.00615	1556.9	6.2217	0.75129	1554.3	6.0751
50	1.25022	1580.1	6.3827	1.03984	1578.9	6.2910	0.77685	1576.6	6.1453
60	1.29026	1602.1	6.4496	1.07338	1601.0	6.3583	0.80226	1598.9	6.2133
70	1.33017	1624.1	6.5149	1.10678	1623.2	6.4238	0.82754	1621.3	6.2794
80	1.36998	1646.3	6.5785	1.14009	1645.4	6.4877	0.85271	1643.7	6.3437
100	1.44937	1691.0	6.7017	1.20646	1690.2	6.6112	0.90282	1688.8	6.4679
120	1.52852	1736.3	6.8199	1.27259	1735.6	6.7297	0.95268	1734.4	6.5869
140	1.60749	1782.2	6.9339	1.33855	1781.7	6.8439	1.00237	1780.6	6.7015
160	1.68633	1828.9	7.0443	1.40437	1828.4	6.9544	1.05192	1827.4	6.8123
180	1.76507	1876.3	7.1513	1.47009	1875.9	7.0615	1.10136	1875.0	6.9196
200	1.84371	1924.5	7.2553	1.53572	1924.1	7.1656	1.15072	1923.3	7.0239
220	1.92229	1973.4	7.3566	1.60127	1973.1	7.2670	1.20000	1972.4	7.1255

t	$p=250\text{kPa}(t_s=-13.66℃)$			$p=300\text{kPa}(t_s=-9.24℃)$			$p=350\text{kPa}(t_s=-5.36℃)$		
	v	h	s	v	h	s	v	h	s
℃	m³/kg	kJ/kg	kJ/(kg·K)	m³/kg	kJ/kg	kJ/(kg·K)	m³/kg	kJ/kg	kJ/(kg·K)
0	0.51293	1459.3	5.6441	0.42382	1454.7	5.5420	0.36011	1449.9	5.4532
10	0.53481	1482.9	5.7288	0.44251	1478.9	5.6290	0.37654	1474.9	5.5427
20	0.55629	1506.0	5.8093	0.46077	1502.6	5.7113	0.39251	1499.1	5.6270
30	0.57745	1529.0	5.8861	0.47870	1525.9	5.7896	0.40814	1522.9	5.7068
40	0.59835	1551.7	5.9599	0.49636	1549.0	5.8645	0.42350	1546.3	5.7828
50	0.61904	1574.3	6.0309	0.51382	1571.9	5.9365	0.43865	1569.5	5.8557
60	0.63958	1596.8	6.0997	0.53111	1594.7	6.0060	0.45362	1592.6	5.9259
70	0.65998	1619.4	6.1663	0.54827	1617.5	6.0732	0.46846	1615.5	5.9938
80	0.68028	1641.9	6.2312	0.56532	1640.2	6.1385	0.48319	1638.4	6.0596
100	0.72063	1687.3	6.3561	0.59916	1685.8	6.2642	0.51240	1684.3	6.1860
120	0.76073	1733.1	6.4756	0.63276	1731.8	6.3842	0.54135	1730.5	6.3066
140	0.80065	1779.4	6.5906	0.66618	1778.3	6.4996	0.57012	1777.2	6.4223
160	0.84044	1826.4	6.7016	0.69946	1825.4	6.6109	0.59876	1824.4	6.5340
180	0.88012	1874.1	6.8093	0.73263	1873.2	6.7188	0.62728	1872.3	6.6421
200	0.91972	1922.5	6.9138	0.76572	1921.7	6.8235	0.65571	1920.9	6.7470
220	0.95923	1971.6	7.0155	0.79872	1970.9	6.9254	0.68407	1970.2	6.8491

t	$p=400\text{kPa}(t_s=-1.89℃)$			$p=500\text{kPa}(t_s=-4.13℃)$			$p=600\text{kPa}(t_s=-9.28℃)$		
	v	h	s	v	h	s	v	h	s
℃	m³/kg	kJ/kg	kJ/(kg·K)	m³/kg	kJ/kg	kJ/(kg·K)	m³/kg	kJ/kg	kJ/(kg·K)
10	0.32701	1470.7	5.4663	0.25757	1462.3	5.3340	0.21115	1453.4	5.2205
20	0.34129	1495.6	5.5525	0.26949	1488.3	5.4244	0.22154	1480.8	5.3156
30	0.35520	1519.8	5.6338	0.28103	1513.5	5.5090	0.23152	1507.1	5.4037
40	0.36884	1543.6	5.7111	0.29227	1538.1	5.5889	0.24118	1532.5	5.4862
50	0.38226	1567.1	5.7850	0.30328	1562.3	5.6647	0.25059	1557.3	5.5641
60	0.39550	1590.4	5.8560	0.31410	1586.1	5.7373	0.25981	1581.6	5.6383
70	0.40860	1613.6	5.9244	0.32478	1609.6	5.8070	0.26888	1605.7	5.7094
80	0.42160	1636.7	5.9907	0.33535	1633.1	5.8744	0.27783	1629.5	5.7778
100	0.44732	1682.8	6.1179	0.35621	1679.8	6.0031	0.29545	1676.8	5.9081
120	0.47279	1729.2	6.2390	0.37681	1726.6	6.1253	0.31281	1724.0	6.0314
140	0.49808	1776.0	6.3552	0.39722	1773.8	6.2422	0.32997	1771.5	6.1491
160	0.52323	1823.4	6.4671	0.41748	1821.4	6.3548	0.34699	1819.4	6.2623
180	0.54827	1871.4	6.5755	0.43764	1869.6	6.4636	0.36389	1867.8	6.3717
200	0.57321	1920.1	6.6806	0.45771	1918.5	6.5691	0.38071	1916.9	6.4776
220	0.59809	1969.5	6.7828	0.47770	1968.1	6.6717	0.39745	1966.6	6.5806
240	0.62289	2019.6	6.8825	0.49763	2018.3	6.7717	0.41412	2017.1	6.6808
260	0.64764	2070.5	6.9797	0.51749	2069.3	6.8692	0.43073	2068.2	6.7786
280	0.67234	2122.1	7.0747	0.53731	2121.1	6.9644	0.44729	2120.1	6.8741

t	$p=700\text{kPa}(t_s=13.80℃)$			$p=800\text{kPa}(t_s=17.85℃)$			$p=900\text{kPa}(t_s=21.52℃)$		
	v	h	s	v	h	s	v	h	s
℃	m³/kg	kJ/kg	kJ/(kg·K)	m³/kg	kJ/kg	kJ/(kg·K)	m³/kg	kJ/kg	kJ/(kg·K)
20	0.18721	1473.0	5.2196	0.16138	1464.9	5.1328	—	—	—
30	0.19610	1500.4	5.3115	0.16947	1493.5	5.2287	0.14872	1486.5	5.1530
40	0.20464	1526.7	5.3968	0.17720	1520.8	5.3171	0.15582	1514.7	5.2447
50	0.21293	1552.2	5.4770	0.18465	1547.0	5.3996	0.16263	1541.7	5.3296
60	0.22101	1577.1	5.5529	0.19189	1572.5	5.4774	0.16922	1567.9	5.4093
70	0.22894	1601.6	5.6254	0.19896	1597.5	5.5513	0.17563	1593.3	5.4847
80	0.23674	1625.8	5.6949	0.20590	1622.1	5.6219	0.18191	1618.4	5.5565
100	0.25205	1673.7	5.8268	0.21949	1670.6	5.7555	0.19416	1667.5	5.6919
120	0.26709	1721.4	5.9512	0.23280	1718.7	5.8811	0.20612	1716.1	5.8187
140	0.28193	1769.2	6.0698	0.24590	1766.9	6.0006	0.21787	1764.5	5.9389
160	0.29663	1817.3	6.1837	0.25886	1815.3	6.1150	0.22948	1813.2	6.0541
180	0.31121	1866.0	6.2935	0.27170	1864.2	6.2254	0.24097	1862.4	6.1649
200	0.32570	1915.3	6.3999	0.28445	1913.6	6.3322	0.25236	1912.0	6.2721
220	0.34012	1965.2	6.5032	0.29712	1963.7	6.4358	0.26368	1962.3	6.3762
240	0.35447	2015.8	6.6037	0.30973	2014.5	6.5367	0.27493	2013.2	6.4774
260	0.36876	2067.1	6.7018	0.32228	2065.9	6.6350	0.28612	2064.8	6.5760

续表

t	$p=1000\text{kPa}(t_s=24.90℃)$			$p=1200\text{kPa}(t_s=30.94℃)$			$p=1400\text{kPa}(t_s=36.26℃)$		
	v	h	s	v	h	s	v	h	s
℃	m³/kg	kJ/kg	kJ/(kg·K)	m³/kg	kJ/kg	kJ/(kg·K)	m³/kg	kJ/kg	kJ/(kg·K)
30	0.13206	1479.1	5.0826	—	—	—	—	—	—
40	0.13868	1508.5	5.1778	0.11287	1495.4	5.0564	0.09432	1481.6	4.9463
50	0.14499	1536.3	5.2654	0.11846	1525.1	5.1497	0.09942	1513.4	5.0462
60	0.15106	1563.1	5.3471	0.12378	1553.3	5.2357	0.10423	1543.1	5.1370
70	0.15695	1589.1	5.4240	0.12890	1580.5	5.3159	0.10882	1571.5	5.2209
80	0.16270	1614.6	5.4971	0.13387	1606.8	5.3916	0.11324	1598.8	5.2994
100	0.17389	1664.3	5.6342	0.14347	1658.0	5.5325	0.12172	1651.4	5.4443
120	0.18477	1713.4	5.7622	0.15275	1708.0	5.6631	0.12986	1702.5	5.5775
140	0.19545	1762.2	5.8834	0.16181	1757.5	5.7860	0.13777	1752.8	5.7023
160	0.20597	1811.2	5.9992	0.17071	1807.1	5.9031	0.14552	1802.9	5.8208
180	0.21638	1860.5	6.1105	0.17950	1856.9	6.0156	0.15315	1853.2	5.9343
200	0.22669	1910.4	6.2182	0.18819	1907.1	6.1241	0.16068	1903.8	6.0437
220	0.23693	1960.8	6.3226	0.19680	1957.9	6.2292	0.16813	1955.0	6.1495
240	0.24710	2011.9	6.4241	0.20534	2009.3	6.3313	0.17551	2006.7	6.2523
260	0.25720	2063.6	6.5229	0.21382	2061.3	6.4308	0.18283	2059.0	6.3523
280	0.26726	2116.0	6.6194	0.22225	2114.0	6.5278	0.19010	2111.9	6.4498

附表 17   氟利昂 134a 的饱和性质(按温度排列)

t	p_s	v''	v'	h''	h'	s''	s'
℃	kPa	m³/kg×10⁻³		kJ/kg		kJ/(kg·K)	
−85.00	2.56	5899.997	0.64884	345.37	94.12	1.8702	0.5348
−80.00	3.87	4045.366	0.65501	348.41	99.89	1.8535	0.5668
−75.00	5.72	2816.477	0.66106	351.48	105.68	1.8379	0.5974
−70.00	8.27	2004.070	0.66719	354.57	111.46	1.8239	0.6272
−65.00	11.72	1442.296	0.67327	357.68	117.38	1.8107	0.6562
−60.00	16.29	1055.363	0.67947	360.81	123.37	1.7987	0.6847
−55.00	22.24	785.161	0.68583	363.95	129.42	1.7878	0.7127
−50.00	29.90	593.412	0.69238	367.10	135.54	1.7782	0.7405
−45.00	39.58	454.926	0.69916	370.25	141.72	1.7695	0.7678
−40.00	51.69	353.529	0.70619	373.40	147.96	1.7618	0.7949
−35.00	66.63	278.087	0.71348	376.54	154.26	1.7549	0.8216
−30.00	84.85	221.302	0.72105	379.67	160.62	1.7488	0.8479
−25.00	106.86	177.937	0.72892	382.79	167.04	1.7434	0.8740
−20.00	133.18	144.450	0.73712	385.89	173.52	1.7387	0.8997
−15.00	164.36	118.481	0.74572	388.97	180.04	1.7346	0.9253
−10.00	201.00	97.832	0.75463	392.01	186.63	1.7309	0.9504
−5.00	243.71	81.304	0.76388	395.01	193.29	1.7276	0.9753

t	p_s	v''	v'	h''	h'	s''	s'
℃	kPa	m³/kg×10⁻³		kJ/kg		kJ/(kg·K)	
0.00	293.14	68.164	0.77365	397.98	200.00	1.7248	1.0000
5.00	349.96	57.470	0.78384	400.90	206.78	1.7223	1.0244
10.00	414.88	48.721	0.79453	403.76	213.63	1.7201	1.0486
15.00	488.60	41.532	0.80577	406.57	220.55	1.7182	1.0727
20.00	571.88	35.576	0.81762	409.30	227.55	1.7165	1.0965
25.00	665.49	30.603	0.83017	411.96	234.63	1.7149	1.1202
30.00	770.21	26.424	0.84347	414.52	241.80	1.7135	1.1437
35.00	886.87	22.899	0.85768	416.99	249.07	1.7121	1.1672
40.00	1016.32	19.893	0.87284	419.34	256.44	1.7108	1.1906
45.00	1159.45	17.320	0.88919	421.55	263.94	1.7093	1.2139
50.00	1317.19	15.112	0.90694	423.62	271.57	1.7078	1.2373
55.00	1490.52	13.203	0.92634	425.51	279.36	1.7061	1.2607
60.00	1680.47	11.538	0.94775	427.18	287.33	1.7041	1.2842
65.00	1888.17	10.080	0.97175	428.61	295.51	1.7016	1.3080
70.00	2114.81	8.788	0.99902	429.70	303.94	1.6986	1.3321
75.00	2361.75	7.638	1.03073	430.38	312.71	1.6948	1.3568
80.00	2630.48	6.601	1.06869	430.53	321.92	1.6898	1.3822
85.00	2922.80	5.647	1.11621	429.86	331.74	1.6829	1.4089
90.00	3240.89	4.751	1.18024	427.99	342.54	1.6732	1.4379
95.00	3587.80	3.851	1.27926	423.70	355.23	1.6574	1.4714
100.00	3969.25	2.779	1.53410	412.19	375.04	1.6230	1.5234
101.00	4051.31	2.382	1.96810	404.50	392.88	1.6018	1.5707
101.15	4064.00	1.969	1.96850	393.07	393.07	1.5712	1.5712

附表 18　　　　　　　　**氟利昂 134a 的饱和性质（按压力排列）**

p	t_s	v''	v'	h''	h'	s''	s'
kPa	℃	m³/kg×10⁻³		kJ/kg		kJ/(kg·K)	
10.00	−67.32	1676.284	0.67044	356.24	114.63	1.8166	0.6428
20.00	−56.74	868.908	0.68353	362.86	127.30	1.7915	0.7030
30.00	−49.94	591.338	0.69247	367.14	135.62	1.7780	0.7408
40.00	−44.81	450.539	0.69942	370.37	141.95	1.7692	0.7688
50.00	−40.64	364.782	0.70527	373.00	147.16	1.7627	0.7914
60.00	−37.08	306.836	0.71041	375.24	151.64	1.7577	0.8105
80.00	−31.25	234.033	0.71913	378.90	159.04	1.7503	0.8414
100.00	−26.45	189.737	0.72667	381.89	165.15	1.7451	0.8665
120.00	−22.37	159.324	0.73319	384.42	170.43	1.7409	0.8875

续表

p	t_s	v''	v'	h''	h'	s''	s'
kPa	℃	m³/kg×10⁻³		kJ/kg		kJ/(kg·K)	
140.00	−18.82	137.972	0.73920	386.63	175.04	1.7378	0.9059
160.00	−15.64	121.490	0.74461	388.58	179.20	1.7351	0.9220
180.00	−12.79	108.637	0.74955	390.31	182.95	1.7328	0.9364
200.00	−10.14	98.326	0.75438	391.93	186.45	1.7310	0.9497
250.00	−4.35	79.485	0.76517	395.41	194.16	1.7273	0.9786
300.00	0.63	66.694	0.77492	398.36	200.85	1.7245	1.0031
350.00	5.00	57.477	0.78388	400.90	206.77	1.7223	1.0244
400.00	8.93	50.444	0.79220	403.16	212.16	1.7206	1.0435
450.00	12.44	45.016	0.79992	405.14	217.00	1.7191	1.0604
500.00	15.72	40.612	0.80744	406.96	221.55	1.7180	1.0761
550.00	18.75	36.955	0.81461	408.62	225.79	1.7169	1.0906
600.00	21.55	33.870	0.82129	410.11	229.74	1.7158	1.1038
650.00	24.21	31.327	0.82813	411.54	233.50	1.7152	1.1164
700.00	26.72	29.081	0.83465	412.85	237.09	1.7144	1.1283
800.00	31.32	25.428	0.84714	415.18	243.71	1.7131	1.1500
900.00	35.50	22.569	0.85911	417.22	249.80	1.7120	1.1695
1000.00	39.39	20.228	0.87091	419.05	255.53	1.7109	1.1877
1200.00	46.31	16.708	0.89371	422.11	265.93	1.7089	1.2201
1400.00	52.48	14.130	0.91633	424.58	275.42	1.7069	1.2489
1600.00	57.94	12.198	0.93864	426.52	284.01	1.7049	1.2745
1800.00	62.92	10.664	0.96140	428.04	292.07	1.7027	1.2981
2000.00	67.56	9.398	0.98526	429.21	299.80	1.7002	1.3203
2400.00	75.72	7.482	1.03576	430.45	314.01	1.6941	1.3604
2800.00	82.93	6.036	1.09510	430.28	327.59	1.6861	1.3977
3200.00	89.39	4.860	1.17107	428.32	341.14	1.6746	1.4342
4064.00	101.15	1.969	1.96850	393.07	393.07	1.5712	1.5712

附表 19　　　　　氟利昂 134a 过热蒸汽的热力性质表

t	$p=0.05\mathrm{MPa}(t_s=-40.64℃)$			$p=0.1\mathrm{MPa}(t_s=-26.45℃)$		
	v	h	s	v	h	s
℃	m³/kg	kJ/kg	kJ/(kg·K)	m³/kg	kJ/kg	kJ/(kg·K)
−20.0	0.40477	388.69	1.8282	0.19379	383.10	1.7510
−10.0	0.42195	396.49	1.8584	0.20742	395.08	1.7975
0.0	0.43898	404.43	1.8880	0.21633	403.20	1.8282
10.0	0.45586	412.53	1.9171	0.22508	411.44	1.8578

t	$p=0.05\text{MPa}(t_s=-40.64℃)$			$p=0.1\text{MPa}(t_s=-26.45℃)$		
	v	h	s	v	h	s
℃	m^3/kg	kJ/kg	kJ/(kg·K)	m^3/kg	kJ/kg	kJ/(kg·K)
20.0	0.47273	420.79	1.9458	0.23379	419.81	1.8868
30.0	0.48945	429.21	1.9740	0.24242	428.32	1.9154
40.0	0.50617	437.79	2.0019	0.25094	436.98	1.9435
50.0	0.52281	446.53	2.0294	0.25945	445.79	1.9712
60.0	0.53945	455.43	2.0565	0.26793	454.76	1.9985
70.0	0.55602	464.50	2.0833	0.27637	463.88	2.0255
80.0	0.57258	473.73	2.1098	0.28477	473.15	2.0521
90.0	0.58906	483.12	2.1360	0.29313	482.58	2.0784

t	$p=0.15\text{MPa}(t_s=-17.20℃)$			$p=0.20\text{MPa}(t_s=-10.14℃)$		
	v	h	s	v	h	s
℃	m^3/kg	kJ/kg	kJ/(kg·K)	m^3/kg	kJ/kg	kJ/(kg·K)
−10.0	0.13584	393.63	1.7607	0.09998	392.14	1.7329
0.0	0.14203	401.93	1.7916	0.10486	400.63	1.7646
10.0	0.14183	410.32	1.8218	0.10961	409.17	1.7953
20.0	0.15140	418.81	1.8512	0.11426	417.79	1.8252
30.0	0.16002	427.42	1.8801	0.11881	426.51	1.8545
40.0	0.16586	436.17	1.9085	0.12332	435.34	1.8831
50.0	0.17168	445.05	1.9365	0.12775	444.30	1.9113
60.0	0.17742	454.08	1.9640	0.13215	453.39	1.9390
70.0	0.18313	463.25	1.9911	0.13652	462.62	1.9663
80.0	0.18883	472.57	2.0179	0.14086	471.98	1.9932
90.0	0.19449	482.04	2.0443	0.14516	481.50	2.0197
100.0	0.20016	491.66	2.0704	0.14945	491.15	2.0460

t	$p=0.25\text{MPa}(t_s=-4.35℃)$			$p=0.30\text{MPa}(t_s=0.63℃)$		
	v	h	s	v	h	s
℃	m^3/kg	kJ/kg	kJ/(kg·K)	m^3/kg	kJ/kg	kJ/(kg·K)
0.0	0.08253	399.30	1.7427	—	—	—
10.0	0.08647	408.00	1.7740	0.07103	406.81	1.7560
20.0	0.09031	416.76	1.8044	0.07434	415.70	1.7868

t	$p=0.25\text{MPa}(t_s=-4.35℃)$			$p=0.30\text{MPa}(t_s=0.63℃)$		
	v	h	s	v	h	s
℃	m³/kg	kJ/kg	kJ/(kg·K)	m³/kg	kJ/kg	kJ/(kg·K)
30.0	0.09406	425.58	1.8340	0.07756	424.64	1.8168
40.0	0.09777	434.51	1.8630	0.08072	433.66	1.8461
50.0	0.10141	443.54	1.8914	0.08381	442.77	1.8747
60.0	0.10498	452.69	1.9192	0.08688	451.99	1.9028
70.0	0.10854	461.98	1.9467	0.08989	461.33	1.9305
80.0	0.11207	471.39	1.9738	0.09288	470.80	1.9576
90.0	0.11557	480.95	2.0004	0.09583	480.40	1.9844
100.0	0.11904	490.64	2.0268	0.09875	490.13	2.0109
110.0	0.12250	500.48	2.0528	0.10168	500.00	2.0370

t	$p=0.40\text{MPa}(t_s=8.93℃)$			$p=0.50\text{MPa}(t_s=15.72℃)$		
	v	h	s	v	h	s
℃	m³/kg	kJ/kg	kJ/(kg·K)	m³/kg	kJ/kg	kJ/(kg·K)
20.0	0.05433	413.51	1.7578	0.04227	411.22	1.7336
30.0	0.05689	422.70	1.7886	0.04445	420.68	1.7653
40.0	0.05939	431.92	1.8185	0.04656	430.12	1.7960
50.0	0.06183	441.20	1.8477	0.04860	439.58	1.8257
60.0	0.06420	450.56	1.8762	0.05059	449.09	1.8547
70.0	0.06655	460.02	1.9042	0.05253	458.68	1.8830
80.0	0.06886	469.59	1.9316	0.05444	468.36	1.9108
90.0	0.07114	479.28	1.9587	0.05632	478.14	1.9382
100.0	0.07341	489.09	1.9854	0.05817	488.04	1.9651
110.0	0.07564	499.03	2.0117	0.06000	498.05	1.9915
120.0	0.07786	509.11	2.0376	0.06183	508.19	2.0177
130.0	0.08006	519.31	2.0632	0.06363	518.46	2.0435

t	$p=0.60\text{MPa}(t_s=21.55℃)$			$p=0.70\text{MPa}(t_s=26.72℃)$		
	v	h	s	v	h	s
℃	m³/kg	kJ/kg	kJ/(kg·K)	m³/kg	kJ/kg	kJ/(kg·K)
30.0	0.03613	418.58	1.7452	0.03013	416.37	1.7270
40.0	0.03798	428.26	1.7766	0.03183	426.32	1.7593

t	$p=0.60\text{MPa}(t_s=21.55℃)$			$p=0.70\text{MPa}(t_s=26.72℃)$		
	v	h	s	v	h	s
℃	m³/kg	kJ/kg	kJ/(kg·K)	m³/kg	kJ/kg	kJ/(kg·K)
50.0	0.03977	437.91	1.8070	0.03344	436.19	1.7904
60.0	0.04149	447.58	1.8364	0.03498	446.04	1.8204
70.0	0.04317	457.31	1.8652	0.03648	455.91	1.8496
80.0	0.04482	467.10	1.8933	0.03794	465.82	1.8780
90.0	0.04644	476.99	1.9209	0.03936	475.81	1.9059
100.0	0.04802	486.97	1.9480	0.04076	485.89	1.9333
110.0	0.04959	497.06	1.9747	0.04213	496.06	1.9602
120.0	0.05113	507.27	2.0010	0.04348	506.33	1.9867
130.0	0.05266	517.59	2.0270	0.04483	516.72	2.0128
140.0	0.05417	528.04	2.0526	0.04615	527.23	2.0385

t	$p=0.80\text{MPa}(t_s=31.32℃)$			$p=0.90\text{MPa}(t_s=35.50℃)$		
	v	h	s	v	h	s
℃	m³/kg	kJ/kg	kJ/(kg·K)	m³/kg	kJ/kg	kJ/(kg·K)
40.0	0.02718	424.31	1.7435	0.02355	422.19	1.7287
50.0	0.02867	434.41	1.7753	0.02494	432.57	1.7613
60.0	0.03009	444.45	1.8059	0.02626	442.81	1.7925
70.0	0.03145	454.47	1.8355	0.02752	453.00	1.8227
80.0	0.03277	464.52	1.8644	0.02874	463.19	1.8519
90.0	0.03406	474.62	1.8926	0.02992	473.40	1.8804
100.0	0.03531	484.79	1.9202	0.03106	483.67	1.9083
110.0	0.03654	495.04	1.9473	0.03219	494.01	1.9375
120.0	0.03775	505.39	1.9740	0.03329	504.43	1.9625
130.0	0.03895	515.84	2.0002	0.03438	514.95	1.9889
140.0	0.04013	526.40	2.0261	0.03544	525.57	2.0150

t	$p=1.0\text{MPa}(t_s=39.39℃)$			$p=1.1\text{MPa}(t_s=42.99℃)$		
	v	h	s	v	h	s
℃	m³/kg	kJ/kg	kJ/(kg·K)	m³/kg	kJ/kg	kJ/(kg·K)
40.0	0.02061	419.97	1.7145	—	—	—
50.0	0.02194	430.64	1.7481	0.01947	428.64	1.7355
60.0	0.02319	441.12	1.7800	0.02066	439.37	1.7682
70.0	0.02437	451.49	1.8107	0.02178	449.93	1.7994
80.0	0.02551	461.82	1.8404	0.02285	460.42	1.8296
90.0	0.02660	472.16	1.8692	0.02388	470.89	1.8588
100.0	0.02766	482.53	1.8974	0.02488	481.37	1.8873
110.0	0.02870	492.96	1.9250	0.02584	491.89	1.9151
120.0	0.02971	503.46	1.9520	0.02679	502.48	1.9424

续表

t	$p=1.0\text{MPa}(t_s=39.39℃)$			$p=1.1\text{MPa}(t_s=42.99℃)$		
	v	h	s	v	h	s
℃	m³/kg	kJ/kg	kJ/(kg·K)	m³/kg	kJ/kg	kJ/(kg·K)
130.0	0.03071	514.05	1.9787	0.02771	513.14	1.9692
140.0	0.03169	524.73	2.0048	0.02862	523.88	1.9955
150.0	0.03265	535.52	2.0306	0.02951	534.72	2.0214

t	$p=1.2\text{MPa}(t_s=46.31℃)$			$p=1.3\text{MPa}(t_s=49.44℃)$		
	v	h	s	v	h	s
℃	m³/kg	kJ/kg	kJ/(kg·K)	m³/kg	kJ/kg	kJ/(kg·K)
50.0	0.01739	426.53	1.7233	0.01559	424.30	1.7113
60.0	0.01854	437.55	1.7569	0.01673	435.65	1.7459
70.0	0.01962	448.33	1.7888	0.01778	446.68	1.7785
80.0	0.02064	458.99	1.8194	0.01875	457.52	1.8096
90.0	0.02161	469.60	1.8490	0.01968	468.28	1.8397
100.0	0.02255	480.19	1.8778	0.02057	478.99	1.8688
110.0	0.02346	490.81	1.9059	0.02144	489.72	1.8972
120.0	0.02434	501.48	1.9334	0.02227	500.47	1.9249
130.0	0.02521	512.21	1.9603	0.02309	511.28	1.9520
140.0	0.02606	523.02	1.9868	0.02388	522.16	1.9787
150.0	0.02689	533.92	2.0129	0.02467	533.12	2.0049

t	$p=1.4\text{MPa}(t_s=52.48℃)$			$p=1.5\text{MPa}(t_s=55.23℃)$		
	v	h	s	v	h	s
℃	m³/kg	kJ/kg	kJ/(kg·K)	m³/kg	kJ/kg	kJ/(kg·K)
60.0	0.01516	433.66	1.7351	0.01379	431.57	1.7245
70.0	0.01618	444.96	1.7685	0.01479	443.17	1.7588
80.0	0.01713	456.01	1.8003	0.01572	454.45	1.7912
90.0	0.01802	466.92	1.8308	0.01658	465.54	1.8222
100.0	0.01888	477.77	1.8602	0.01741	476.52	1.8520
110.0	0.01970	488.60	1.8889	0.01819	487.47	1.8810
120.0	0.02050	499.45	1.9168	0.01895	498.41	1.9092
130.0	0.02127	510.34	1.9442	0.01969	509.38	1.9367
140.0	0.02202	521.28	1.9710	0.02041	520.40	1.9637
150.0	0.02276	532.30	1.9973	0.02111	531.48	1.9902

t	$p=1.6\text{MPa}(t_s=57.94℃)$			$p=1.7\text{MPa}(t_s=60.45℃)$		
	v	h	s	v	h	s
℃	m³/kg	kJ/kg	kJ/(kg·K)	m³/kg	kJ/kg	kJ/(kg·K)
60.0	0.01256	429.36	1.7139	—	—	—
70.0	0.01356	441.32	1.7493	0.01247	439.37	1.7398
80.0	0.01447	452.84	1.7824	0.01336	451.17	1.7738
90.0	0.01532	464.11	1.8139	0.01419	462.65	1.8058
100.0	0.01611	475.25	1.8441	0.01497	473.94	1.8365
110.0	0.01687	486.31	1.8734	0.01570	485.14	1.8661
120.0	0.01760	497.36	1.9018	0.01641	496.29	1.8948
130.0	0.01831	508.41	1.9296	0.01709	507.43	1.9228
140.0	0.01900	519.50	1.9568	0.01775	518.60	1.9502
150.0	0.01966	530.65	1.9834	0.01839	529.81	1.9770

参 考 文 献

［1］ 严家骚，王永青．工程热力学．5版．北京：高等教育出版社，2015.

［2］ 冯青，李世武，张丽，等．工程热力学．西安：西北工业大学出版社，2006.

［3］ 武淑萍．工程热力学．重庆：重庆大学出版社，2006.

［4］ 武淑萍．工程热力学学习指导．北京：中国电力出版社，2004.

［5］ 刘宝兴．工程热力学．北京：机械工业出版社，2006.

［6］ 朱明善，史琳．工程热力学．2版．北京：清华大学出版社，2011.

［7］ 庞麓鸣，汪孟砾，冯海仙，等．工程热力学．2版．北京：高等教育出版社，2003.

［8］ 曾丹苓，熬越，张新铭，等．工程热力学．3版．北京：高等教育出版社，2002.

［9］ 陈贵堂．工程热力学．北京：北京理工大学出版社，2001.

［10］ 沈维道，童均耕．工程热力学．6版．北京：高等教育出版社，2022.

［11］ 朱明善，刘颖．工程热力学．2版．北京：清华大学出版社，2011.

［12］ 华永明．工程热力学．2版．北京：中国电力出版社，2023.

［13］ 刘桂玉，刘志刚，阴建民，等．工程热力学．3版．北京：高等教育出版社，1998.

［14］ WILLIAM C R，HENRY C P. Engineering Thermodynamics. New York：McGraw -Hill Book Company，1991.

［15］ 西北工业大学，北京航空学院，南京航空学院．工程热力学．北京：国防工业出版社，1992.

［16］ H. D. 贝尔．工程热力学理论基础及工程应用．杨东华等，译．北京：科学出版社，1993.

［17］ B. A. 基里林，A. E. 欣德林．北京：工程热力学习题集．张成锡，译．北京：中国水利电力出版社，1990.

［18］ L. PMchwle. 热力学题解．陆金龄，译．北京：人民教育出版社，1992.

［19］ 华自强，张忠进．工程热力学．3版．北京：高等教育出版社，2000.

［20］ KERINETH W J，DONALD E R. Thermodynamics. 6th Ed. 北京：清华大学出版社，2006.

［21］ 宋之平，王加璇．节能原理．北京：中国水利电力出版社，1985.

［22］ 李笑乐．工程热力学．北京：中国水利电力出版社，1993.